수학 좀 한다면

디딤돌 연산은 수학이다 3B

펴낸날 [초판 1쇄] 2024년 1월 26일 [초판 2쇄] 2024년 7월 15일
펴낸이 이기열
펴낸곳 (주)디딤돌 교육
주소 (03972) 서울특별시 마포구 월드컵북로 122 청원선와이즈타워
대표전화 02-3142-9000
구입문의 02-322-8451
내용문의 02-323-9166
팩시밀리 02-338-3231
홈페이지 www.didimdol.co.kr
등록번호 제10-718호

1 손으로 푸는 100문제보다 머리로 푸는 10문제가 수학 실력이 된다.

계산 방법만 익히는 연산은 '계산력'은 기를 수 있어도 '수학 실력'으로 이어지지 못합니다.
계산에 원리와 방법이 있는 것처럼 계산에는 저마다의 성질이 있고 계산과 계산 사이의 관계가 있습니다.
또한 아이들은 계산을 활용해 볼 수 있어야 하고 계산을 통해 수 감각을 기를 수 있어야 합니다.
이렇듯 계산의 단면이 아닌 입체적인 계산 훈련이 가능하도록 하나의 연산을 다양한 각도에서
생각해 볼 수 있는 문제들을 수학적 설계 근거를 바탕으로 구성하였습니다.

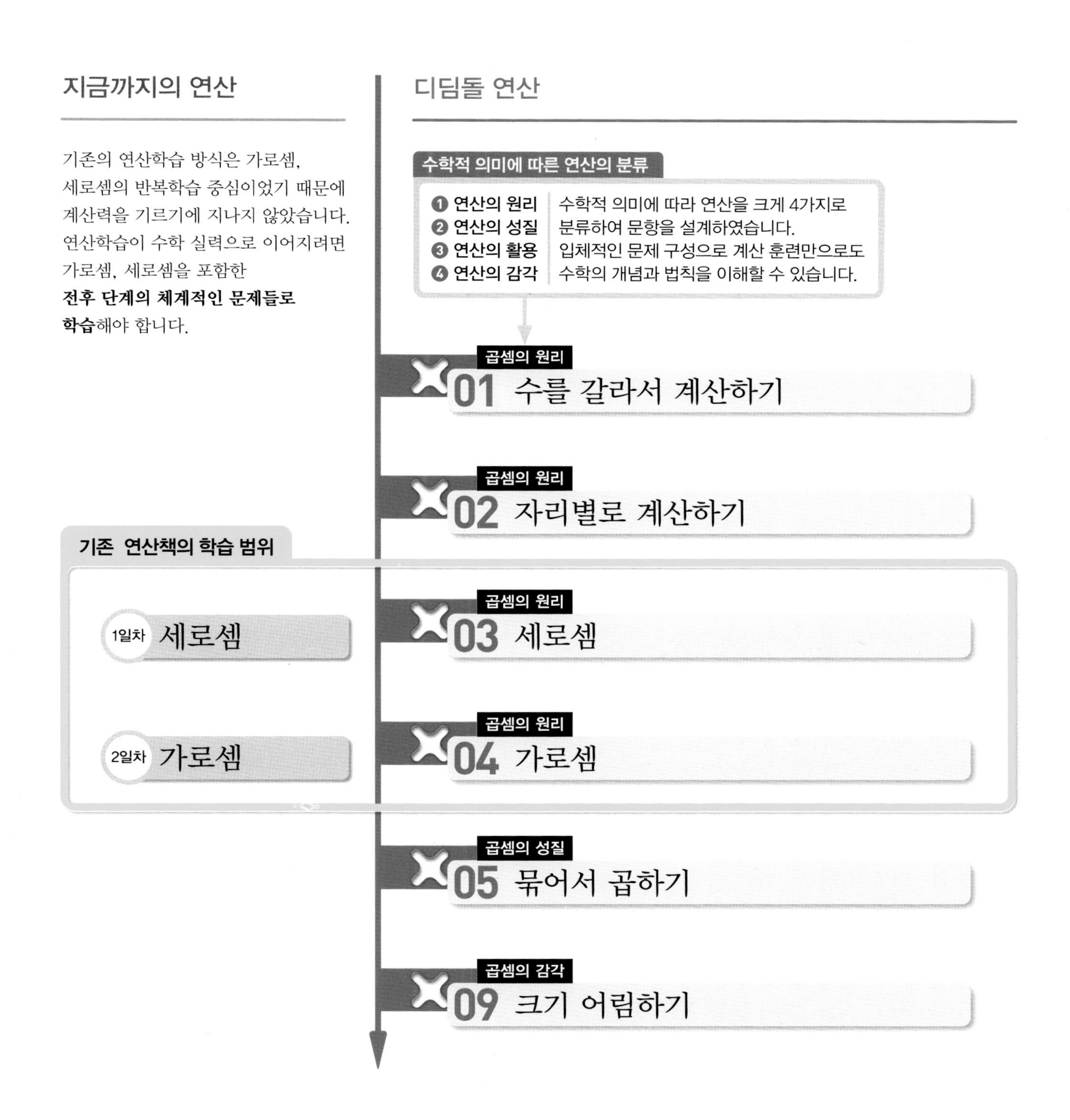

지금까지의 연산
기존의 연산학습 방식은 가로셈, 세로셈의 반복학습 중심이었기 때문에 계산력을 기르기에 지나지 않았습니다. 연산학습이 수학 실력으로 이어지려면 가로셈, 세로셈을 포함한 전후 단계의 체계적인 문제들로 학습해야 합니다.
기존 연산책의 학습 범위
1일차 세로셈
2일차 가로셈
디딤돌 연산
수학적 의미에 따른 연산의 분류
❶ 연산의 원리
❷ 연산의 성질
❸ 연산의 활용
❹ 연산의 감각
수학적 의미에 따라 연산을 크게 4가지로 분류하여 문항을 설계하였습니다. 입체적인 문제 구성으로 계산 훈련만으로도 수학의 개념과 법칙을 이해할 수 있습니다.
곱셈의 원리
01 수를 갈라서 계산하기
곱셈의 원리
02 자리별로 계산하기
곱셈의 원리
03 세로셈
곱셈의 원리
04 가로셈
곱셈의 성질
05 묶어서 곱하기
곱셈의 감각
09 크기 어림하기

5학년 A

혼합 계산의 원리 / 수의 원리 / 덧셈과 뺄셈의 원리
혼합 계산의 성질 / 수의 성질 / 덧셈과 뺄셈의 성질
혼합 계산의 활용 / 수의 활용 / 덧셈과 뺄셈의 감각
혼합 계산의 감각 / 수의 감각

1 덧셈과 뺄셈의 혼합 계산
2 곱셈과 나눗셈의 혼합 계산
3 덧셈, 뺄셈, 곱셈(나눗셈)의 혼합 계산
4 덧셈, 뺄셈, 곱셈, 나눗셈의 혼합 계산
5 약수와 배수
6 공약수와 최대공약수
7 공배수와 최소공배수
8 약분
9 통분
10 분모가 다른 진분수의 덧셈
11 분모가 다른 진분수의 뺄셈
12 분모가 다른 대분수의 덧셈
13 분모가 다른 대분수의 뺄셈

5학년 B

곱셈의 원리
곱셈의 성질
곱셈의 활용
곱셈의 감각

1 분수와 자연수의 곱셈
2 단위분수의 곱셈
3 진분수, 가분수의 곱셈
4 대분수의 곱셈
5 분수와 소수
6 소수와 자연수의 곱셈
7 소수의 곱셈

6학년 A

나눗셈의 원리 / 비와 비율의 원리
나눗셈의 성질
나눗셈의 활용
나눗셈의 감각

1 (자연수)÷(자연수)를 분수로 나타내기
2 (분수)÷(자연수)
3 (대분수)÷(자연수)
4 분수, 자연수의 곱셈과 나눗셈
5 (소수)÷(자연수)
6 (자연수)÷(자연수)를 소수로 나타내기
7 비와 비율

6학년 B

나눗셈의 원리 / 혼합 계산의 원리 / 비와 비율의 원리
나눗셈의 성질 / 혼합 계산의 성질 / 비와 비율의 성질
나눗셈의 활용 / 혼합 계산의 감각 / 비와 비율의 활용
나눗셈의 감각

1 분모가 같은 진분수끼리의 나눗셈
2 분모가 다른 진분수끼리의 나눗셈
3 (자연수)÷(분수)
4 대분수의 나눗셈
5 분수의 혼합 계산
6 나누어떨어지는 소수의 나눗셈
7 나머지가 있는 소수의 나눗셈
8 소수의 혼합 계산
9 간단한 자연수의 비로 나타내기
10 비례식
11 비례배분

연산의 원리

계산 원리
계산 방법
자릿값
사칙연산의 의미
덧셈과 곱셈의 관계
뺄셈과 나눗셈의 관계

연산의 성질

계산 순서/교환법칙
결합법칙/분배법칙
덧셈과 뺄셈의 관계
곱셈과 나눗셈의 관계
0과 1의 계산
등식

연산의 활용

상황에 맞는 계산
규칙의 발견과 적용
추상화된 식의 계산

연산의 감각

어림하기
연산의 다양성
수의 조작

3학년 A

덧셈과 뺄셈의 원리	나눗셈의 원리	곱셈의 원리
덧셈과 뺄셈의 성질	나눗셈의 활용	곱셈의 성질
덧셈과 뺄셈의 활용	나눗셈의 감각	곱셈의 활용
덧셈과 뺄셈의 감각		곱셈의 감각

3학년 B

곱셈의 원리	나눗셈의 원리	분수의 원리
곱셈의 성질	나눗셈의 성질	
곱셈의 활용	나눗셈의 활용	
곱셈의 감각	나눗셈의 감각	

4학년 A

곱셈의 원리	나눗셈의 원리
곱셈의 성질	나눗셈의 성질
곱셈의 활용	나눗셈의 활용
곱셈의 감각	나눗셈의 감각

4학년 B

분수의 원리	덧셈과 뺄셈의 감각
덧셈과 뺄셈의 원리	
덧셈과 뺄셈의 성질	
덧셈과 뺄셈의 활용	

2 사칙연산이 아니라 수학이 담긴 연산을 해야 초·중·고 수학이 잡힌다.

수학은 초등, 중등, 고등까지 하나로 연결되어 있는 과목이기 때문에 초등에서의 개념 형성이
중고등 학습에도 영향을 주게 됩니다.
초등에서 배우는 개념은 가볍게 여기기 쉽지만 중고등 과정에서의 중요한 개념과 연결되므로
그것의 수학적 의미를 짚어줄 수 있는 연산 학습이 반드시 필요합니다.
또한 중고등 과정에서 배우는 수학의 법칙들을 초등 눈높이에서부터 경험하게 하여
전체 수학 학습의 중심을 잡아줄 수 있어야 합니다.

초등: 자리별로 계산하기

	백	십	일
		2	2
×			5
		1	0
+	1	0	0
	1	1	0

초등: 곱하여 더해 보기

$10 \times 2 = 20$

$3 \times 2 = 6$

$13 \times 2 = 26$

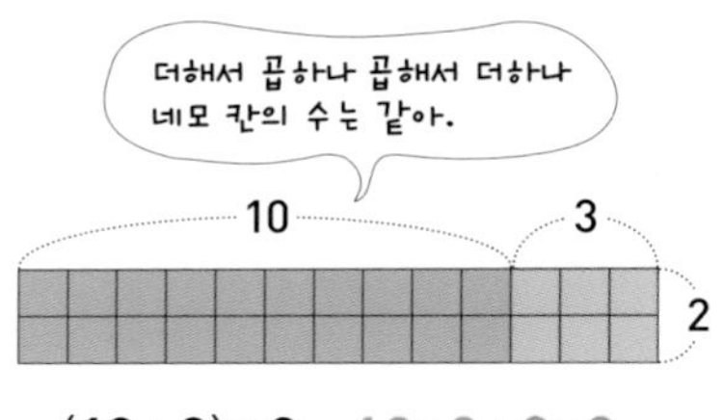

더해서 곱하나 곱해서 더하나
네모 칸의 수는 같아.
10
3
2

$(10+3) \times 2 = 10 \times 2 + 3 \times 2$

중등: 동류항끼리 계산하기

다항식: $2x-3y+5$

동류항의 계산: $2a+3b-a+2b=a+5b$

고등: 동류항끼리 계산하기

복소수의 사칙계산

실수 a, b, c, d에 대하여

$(a+bi)+(c+di)=(a+c)+(b+d)i$

$(a+bi)-(c+di)=(a-c)+(b-d)i$

중등: 분배법칙

곱셈의 분배법칙

$a \times (b+c) = a \times b + a \times c$

다항식의 곱셈

다항식 a, b, c, d에 대하여

$(a+b) \times (c+d) = a \times c + a \times d + b \times c + b \times d$

다항식의 인수분해

다항식 m, a, b에 대하여

$ma+mb=m(a+b)$

3 생각하고, 풀고, 느껴야 수학 개념이 남는다.

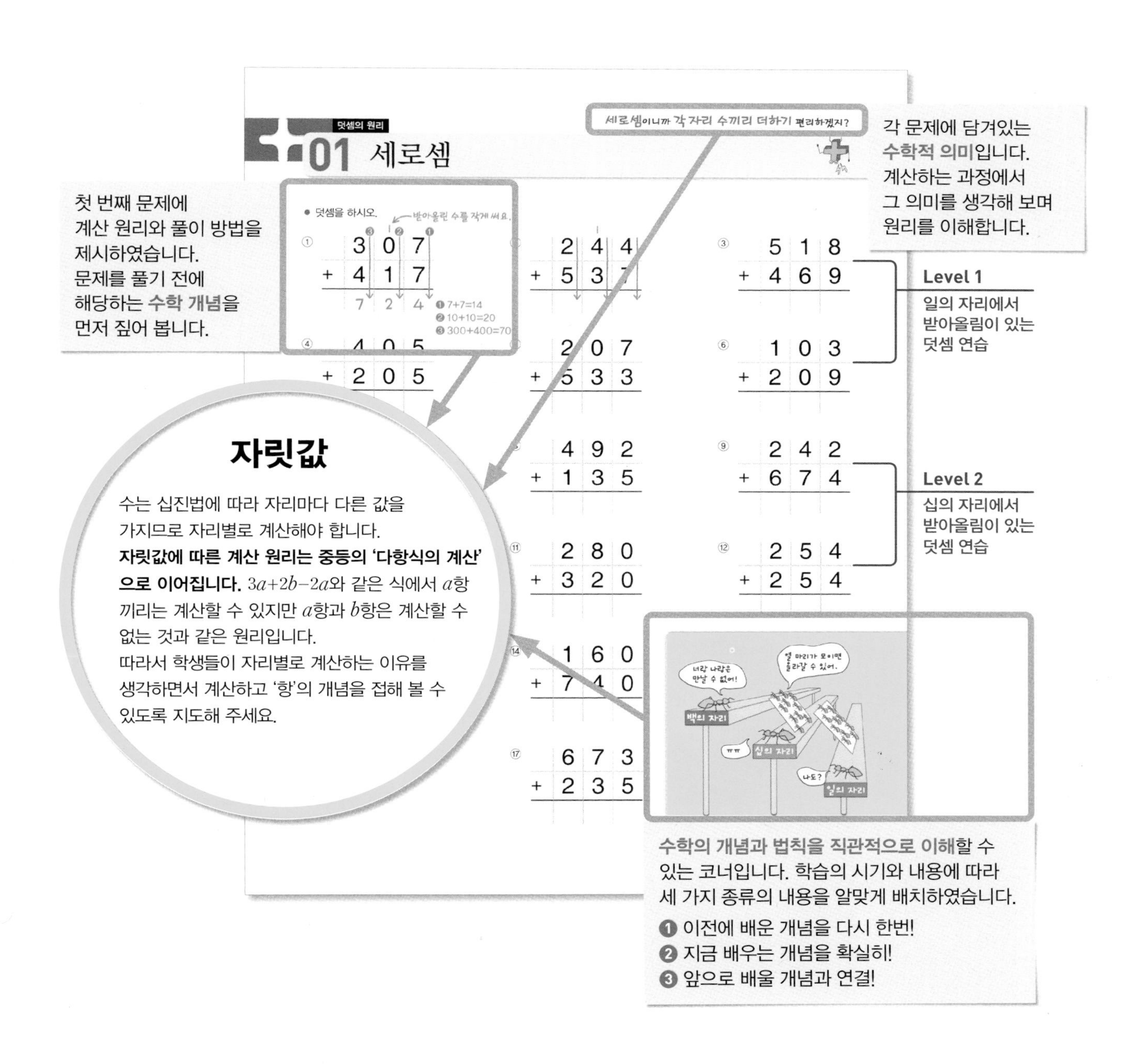

덧셈의 원리
01 세로셈
세로셈이니까 각 자리 수끼리 더하기 편리하겠지?
각 문제에 담겨있는 수학적 의미입니다. 계산하는 과정에서 그 의미를 생각해 보며 원리를 이해합니다.
첫 번째 문제에 계산 원리와 풀이 방법을 제시하였습니다. 문제를 풀기 전에 해당하는 수학 개념을 먼저 짚어 봅니다.
● 덧셈을 하시오.
받아올린 수를 작게 써요.
① 307 + 417
724
❶ 7+7=14
❷ 10+10=20
❸ 300+400=700
244 + 537
③ 518 + 469
④ 405 + 205
207 + 533
⑥ 103 + 209
492 + 135
⑨ 242 + 674
⑪ 280 + 320
⑫ 254 + 254
⑭ 160 + 740
⑰ 673 + 235
Level 1
일의 자리에서 받아올림이 있는 덧셈 연습
Level 2
십의 자리에서 받아올림이 있는 덧셈 연습
자릿값
수는 십진법에 따라 자리마다 다른 값을 가지므로 자리별로 계산해야 합니다.
자릿값에 따른 계산 원리는 중등의 '다항식의 계산'으로 이어집니다. $3a+2b-2a$와 같은 식에서 a항끼리는 계산할 수 있지만 a항과 b항은 계산할 수 없는 것과 같은 원리입니다.
따라서 학생들이 자리별로 계산하는 이유를 생각하면서 계산하고 '항'의 개념을 접해 볼 수 있도록 지도해 주세요.
너랑 나랑은 만날 수 없어!
열 마리가 모이면 올라갈 수 있어.
백의 자리
십의 자리
나도?
일의 자리
수학의 개념과 법칙을 직관적으로 이해할 수 있는 코너입니다. 학습의 시기와 내용에 따라 세 가지 종류의 내용을 알맞게 배치하였습니다.
❶ 이전에 배운 개념을 다시 한번!
❷ 지금 배우는 개념을 확실히!
❸ 앞으로 배울 개념과 연결!

수학적 연산 분류에 따른 전체 학습 설계

1학년 A

수 감각
덧셈과 뺄셈의 원리
덧셈과 뺄셈의 성질
덧셈과 뺄셈의 감각

1 수를 가르기하고 모으기하기
2 합이 9까지인 덧셈
3 한 자리 수의 뺄셈
4 덧셈과 뺄셈의 관계
5 10을 가르기하고 모으기하기
6 10의 덧셈과 뺄셈
7 연이은 덧셈, 뺄셈

1학년 B

덧셈과 뺄셈의 원리
덧셈과 뺄셈의 성질
덧셈과 뺄셈의 활용
덧셈과 뺄셈의 감각

1 두 수의 합이 10인 세 수의 덧셈
2 두 수의 차가 10인 세 수의 뺄셈
3 받아올림이 있는 (몇)+(몇)
4 받아내림이 있는 (십몇)−(몇)
5 (몇십)+(몇), (몇)+(몇십)
6 받아올림, 받아내림이 없는 (몇십몇)±(몇)
7 받아올림, 받아내림이 없는 (몇십몇)±(몇십몇)

2학년 A

덧셈과 뺄셈의 원리
덧셈과 뺄셈의 성질
덧셈과 뺄셈의 활용
덧셈과 뺄셈의 감각

1 받아올림이 있는 (몇십몇)+(몇)
2 받아올림이 한 번 있는 (몇십몇)+(몇십몇)
3 받아올림이 두 번 있는 (몇십몇)+(몇십몇)
4 받아내림이 있는 (몇십몇)−(몇)
5 받아내림이 있는 (몇십몇)−(몇십몇)
6 세 수의 계산(1)
7 세 수의 계산(2)

2학년 B

곱셈의 원리
곱셈의 성질
곱셈의 활용
곱셈의 감각

1 곱셈의 기초
2 2, 5단 곱셈구구
3 3, 6단 곱셈구구
4 4, 8단 곱셈구구
5 7, 9단 곱셈구구
6 곱셈구구 종합
7 곱셈구구 활용

수학을 품은 연산 3B

디딤돌
연산은
수학이다.

디딤돌

수학적 의미에 따른 연산의 분류

연산의 분류			수학적 의미
1 올림이 없는 (세 자리 수)×(한 자리 수)	6p	01 단계에 따라 계산하기	곱셈의 원리 ▶ 계산 원리 이해
		02 수를 가르기하여 계산하기	
		03 자리별로 계산하기	곱셈의 원리 ▶ 계산 방법과 자릿값의 이해
		04 세로셈	
		05 가로셈	
		06 바꾸어 곱하기	곱셈의 성질 ▶ 교환법칙
		07 여러 가지 수 곱하기	곱셈의 원리 ▶ 계산 원리 이해
		08 정해진 수 곱하기	
		09 계산하지 않고 크기 비교하기	곱셈의 원리 ▶ 계산 방법 이해
		10 곱하는 수 구하기	곱셈의 감각 ▶ 수의 조작
2 올림이 한 번 있는 (세 자리 수)×(한 자리 수)	20p	01 수를 가르기하여 계산하기	곱셈의 원리 ▶ 계산 원리 이해
		02 자리별로 계산하기	곱셈의 원리 ▶ 계산 방법과 자릿값의 이해
		03 세로셈	
		04 가로셈	
		05 정해진 수 곱하기	곱셈의 원리 ▶ 계산 원리 이해
		06 다르면서 같은 곱셈	
		07 쌓기나무의 무게 구하기	곱셈의 활용 ▶ 곱셈의 적용
		08 등식 완성하기	곱셈의 성질 ▶ 등식
3 올림이 두 번 있는 (세 자리 수)×(한 자리 수)	32p	01 수를 가르기하여 계산하기	곱셈의 원리 ▶ 계산 원리 이해
		02 자리별로 계산하기	곱셈의 원리 ▶ 계산 방법과 자릿값의 이해
		03 세로셈	
		04 가로셈	
		05 여러 가지 수 곱하기	곱셈의 원리 ▶ 계산 원리 이해
		06 다르면서 같은 곱셈	
		07 묶어서 곱하기	곱셈의 성질 ▶ 결합법칙
		08 알파벳으로 곱셈하기	곱셈의 활용 ▶ 곱셈의 추상화
4 (두 자리 수)×(두 자리 수)	44p	01 단계에 따라 계산하기	곱셈의 원리 ▶ 계산 원리 이해
		02 수를 가르기하여 계산하기	
		03 자리별로 계산하기	곱셈의 원리 ▶ 계산 방법과 자릿값의 이해
		04 세로셈	
		05 가로셈	
		06 여러 가지 수 곱하기	곱셈의 원리 ▶ 계산 원리 이해
		07 다르면서 같은 곱셈	
		08 편리하게 계산하기	곱셈의 감각 ▶ 수의 조작
		09 내가 만드는 곱셈식	곱셈의 감각 ▶ 곱셈의 다양성
		10 곱셈식을 보고 식 완성하기	곱셈의 원리 ▶ 계산 방법 이해
5 나머지가 있는 나눗셈	58p	01 묶어서 몫과 나머지 구하기	나눗셈의 원리 ▶ 계산 원리 이해
		02 뺄셈으로 몫과 나머지 구하기	
		03 곱셈으로 몫과 나머지 구하기	
		04 2, 3으로 나누기	
		05 4, 5로 나누기	
		06 6, 7로 나누기	
		07 8, 9로 나누기	
		08 세로셈	나눗셈의 원리 ▶ 계산 방법과 자릿값의 이해
		09 가로셈	
		10 정해진 수로 나누기	나눗셈의 원리 ▶ 계산 원리 이해
		11 검산하기	
		12 나누어지는 수 구하기	나눗셈의 원리 ▶ 계산 방법 이해
		13 몫을 어림하여 비교하기	나눗셈의 감각 ▶ 수의 조작
		14 단위가 있는 나눗셈	나눗셈의 원리 ▶ 계산 방법 이해
		15 알맞은 수 찾기	나눗셈의 감각 ▶ 수의 조작
6 (몇십)÷(몇), (몇백몇십)÷(몇)	80p	01 단계에 따라 계산하기	나눗셈의 원리 ▶ 계산 원리 이해
		02 가로셈	나눗셈의 원리 ▶ 계산 방법과 자릿값의 이해
		03 세로셈	
		04 검산하기	나눗셈의 원리 ▶ 계산 원리 이해
		05 같은 수로 나누기	
		06 단위가 있는 나눗셈	
		07 계산하지 않고 크기 비교하기	나눗셈의 원리 ▶ 계산 방법 이해
		08 몫이 정해진 나눗셈식 만들기	나눗셈의 감각 ▶ 나눗셈의 다양성

같아 보이지만 완전히 다릅니다!

1. 입체적 학습의 흐름

연산은 수학적 개념을 바탕으로 합니다.
따라서 단순 계산 문제를 반복하는 것이 아니라 원리를 이해하고, 계산 방법을 익히고,
수학적 법칙을 경험해 볼 수 있는 문제를 다양하게 접할 수 있어야 합니다.
연산을 다양한 각도에서 생각해 볼 수 있는 문제들로 계산력을 뛰어넘는 수학 실력을 길러 주세요.

연산

곱셈의 원리 ▸ 계산 원리 이해

02 수를 가르기하여 계산하기

곱셈의 원리 ▸ 계산 방법과 자릿값의 이해

03 자리별로 계산하기

본 학습에 들어가기 전에 필요한 도움닫기 문제입니다.
이전에 배운 내용과 연계하거나 단계를 주어 계산 원리를
쉽게 이해할 수 있도록 하였습니다.

곱셈의 원리 ▸ 계산 방법과 자릿값의 이해

04 세로셈

곱셈의 원리 ▸ 계산 방법과 자릿값의 이해

05 가로셈

가장 기본적인 계산 문제입니다.
본 학습의 계산 원리를 익힐 수 있도록
충분히 연습합니다.

기존 연산책의 학습 범위

곱셈의 성질 ▸ 교환법칙

06 바꾸어 곱하기

곱셈의 원리 ▸ 계산 원리 이해

07 여러 가지 수 곱하기

연산의 원리, 성질들을 느끼고 활용해 보는 문제입니다.
하나의 연산 원리를 다양한 관점에서 생각해 보고
수학의 개념과 법칙을 이해합니다.

곱셈의 원리 ▸ 계산 방법 이해

09 계산하지 않고 크기 비교하기

곱셈의 감각 ▸ 수의 조작

10 곱하는 수 구하기

연산의 원리를 바탕으로 수를 다양하게 조작해 보고
추론하여 해결하는 문제입니다. 앞서 학습한 연산의 원리,
성질들을 이용하여 사고력과 수 감각을 기릅니다.

수학

2. 입체적 학습의 구성

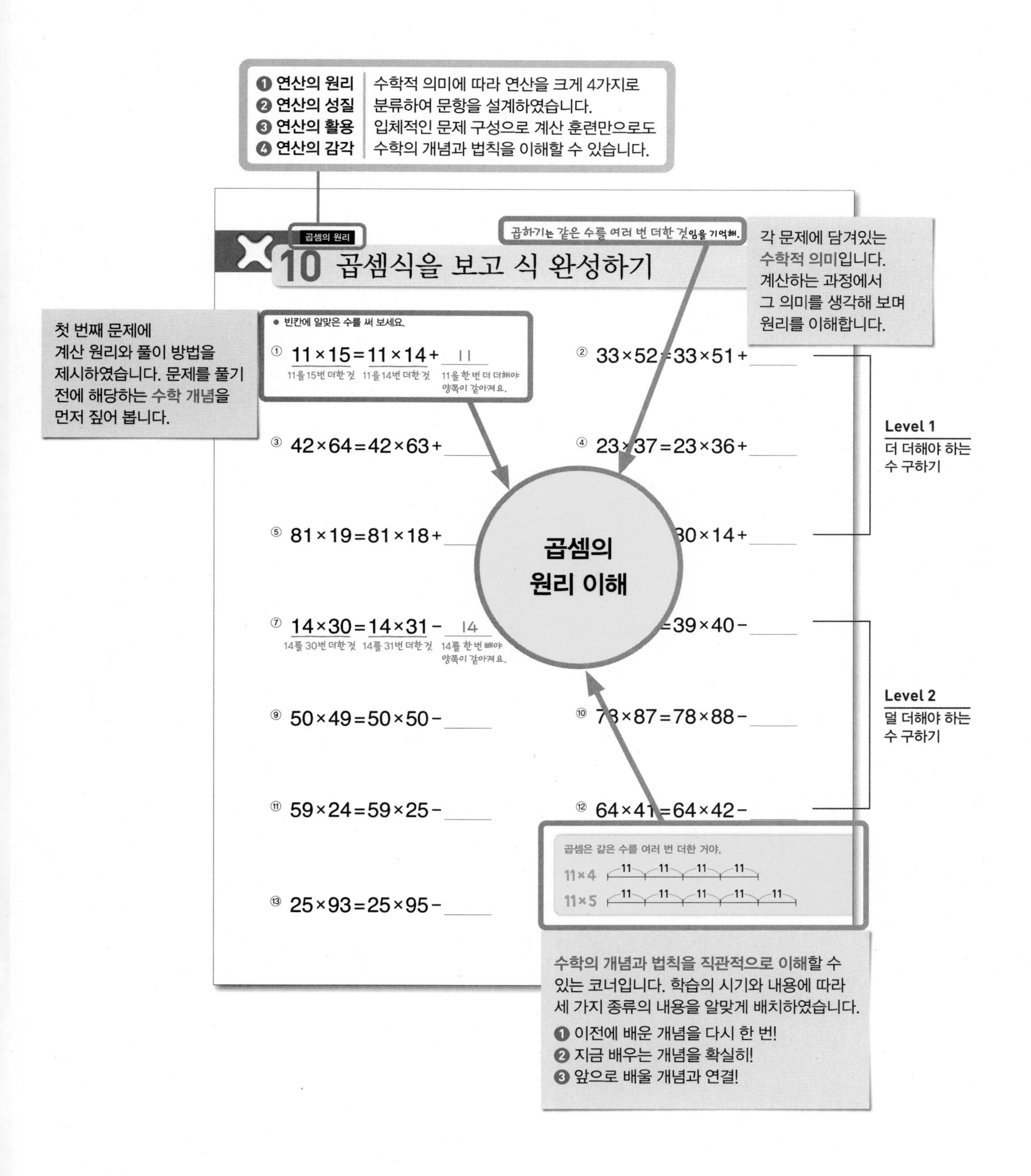

❶ 연산의 원리
❷ 연산의 성질
❸ 연산의 활용
❹ 연산의 감각
수학적 의미에 따라 연산을 크게 4가지로 분류하여 문항을 설계하였습니다. 입체적인 문제 구성으로 계산 훈련만으로도 수학의 개념과 법칙을 이해할 수 있습니다.
곱셈의 원리
곱하기는 같은 수를 여러 번 더한 것임을 기억해.
10 곱셈식을 보고 식 완성하기
각 문제에 담겨있는 수학적 의미입니다. 계산하는 과정에서 그 의미를 생각해 보며 원리를 이해합니다.
첫 번째 문제에 계산 원리와 풀이 방법을 제시하였습니다. 문제를 풀기 전에 해당하는 수학 개념을 먼저 짚어 봅니다.
● 빈칸에 알맞은 수를 써 보세요.
① 11×15=11×14+ 11
11을 15번 더한 것
11을 14번 더한 것
11을 한 번 더 더해야 양쪽이 같아져요.
② 33×52=33×51+
③ 42×64=42×63+
④ 23×37=23×36+
⑤ 81×19=81×18+
30×14+
곱셈의 원리 이해
Level 1
더 더해야 하는 수 구하기
⑦ 14×30=14×31- 14
14를 30번 더한 것
14를 31번 더한 것
14를 한 번 빼야 양쪽이 같아져요.
=39×40-
⑨ 50×49=50×50-
⑩ 78×87=78×88-
Level 2
덜 더해야 하는 수 구하기
⑪ 59×24=59×25-
⑫ 64×41=64×42-
⑬ 25×93=25×95-
곱셈은 같은 수를 여러 번 더한 거야.
11×4
11×5
수학의 개념과 법칙을 직관적으로 이해할 수 있는 코너입니다. 학습의 시기와 내용에 따라 세 가지 종류의 내용을 알맞게 배치하였습니다.
❶ 이전에 배운 개념을 다시 한 번!
❷ 지금 배우는 개념을 확실히!
❸ 앞으로 배울 개념과 연결!

올림이 없는 (세 자리 수)×(한 자리 수)

일의 자리, 십의 자리, 백의 자리 순서로 곱해서 더해.

● 123 × 3

	1	2	3	
×			3	
			9	← 3 × 3 (일의 자리)
		6	0	← 20 × 3 (십의 자리)
+	3	0	0	← 100 × 3 (백의 자리)
	3	6	9	← 123 × 3

올림이 없는 곱셈은 가로셈으로 쉽게 계산할 수 있어.

123 × 3 = 369

❶ ❷ ❸

"자리별로 곱해서
그 자리에 쓰면 되는구나."

곱에서 0의 개수가 어떻게 달라지는지 살펴봐.

01 단계에 따라 계산하기

● 곱셈을 해 보세요.

① $1 \times 3 = 3$
$10 \times 3 = 30$
$100 \times 3 = 300$

② $2 \times 2 =$
$20 \times 2 =$
$200 \times 2 =$

③ $2 \times 4 =$
$20 \times 4 =$
$200 \times 4 =$

④ $3 \times 3 =$
$30 \times 3 =$
$300 \times 3 =$

⑤ $4 \times 1 =$
$40 \times 1 =$
$400 \times 1 =$

⑥ $3 \times 2 =$
$30 \times 2 =$
$300 \times 2 =$

⑦ $4 \times 2 =$
$40 \times 2 =$
$400 \times 2 =$

⑧ $1 \times 5 =$
$10 \times 5 =$
$100 \times 5 =$

⑨ $6 \times 2 =$
$60 \times 2 =$
$600 \times 2 =$

⑩ $5 \times 3 =$
$50 \times 3 =$
$500 \times 3 =$

⑪ $3 \times 4 =$
$30 \times 4 =$
$300 \times 4 =$

⑫ $7 \times 2 =$
$70 \times 2 =$
$700 \times 2 =$

수를 (몇)+(몇십)+(몇백)으로 가르기하여 곱해 봐.

02 수를 가르기하여 계산하기

● 곱해지는 수를 가르기하여 곱셈을 해 보세요.

①
2×2= 4
20×2= 40
100×2= 200

122×2= 244

122=2+20+100으로 가르기하여 계산해요.

②
1×3=
20×3=
100×3=

121×3=

121=1+20+100

③
3×2=
10×2=
100×2=

113×2=

④
1×3=
30×3=
100×3=

131×3=

⑤
4×2=
10×2=
100×2=

114×2=

⑥
1×4=
10×4=
200×4=

211×4=

⑦
8×1=
40×1=
300×1=

348×1=

⑧
1×7=
10×7=
100×7=

111×7=

⑨
0×5=
10×5=
100×5=

110×5=

⑩
2×3=
20×3=
200×3=

222×3=

⑪
2×4=
10×4=
100×4=

112×4=

⑫
3×3=
10×3=
200×3=

213×3=

일의 자리와 십의 자리, 백의 자리를 각각 곱해서 더하는 거란다.

03 자리별로 계산하기

● 각 자리의 곱을 구하여 더해 보세요.

①

	백	십	일	
	2	1	2	
×			4	
			8	❶ 2×4
		4	0	❷ 10×4
+	8	0	0	❸ 200×4
	8	4	8	❹ ❶+❷+❸

②

	백	십	일	
	3	0	0	
×			2	
				❶ 0×2
				❷ 0×2
				❸ 300×2

③

	백	십	일
	3	0	4
×			2

④

	백	십	일
	2	2	4
×			2

⑤ 431 × 2

⑥ 122 × 4

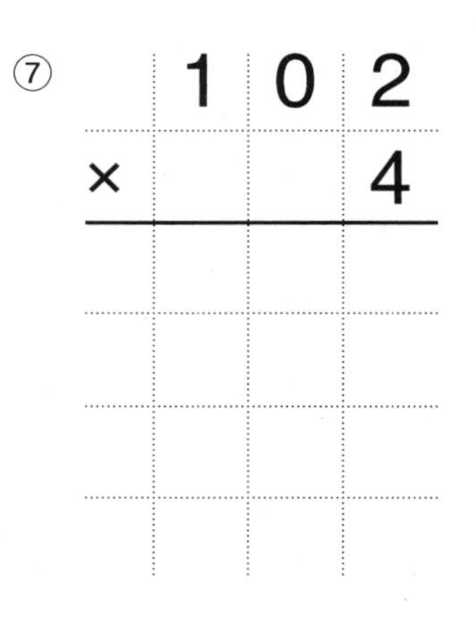

⑦ 102 × 4

⑧ 402 × 2

⑨ 220 × 3

⑩ 213 × 2

⑪ 400 × 2

⑫ 312 × 3

곱셈의 원리

04 세로셈

자리를 맞추어 계산하는 것이 핵심!

● 곱셈을 해 보세요.

①

	백	십	일
	1	2	4
×			2
	2	4	8
	1×2	2×2	4×2

②

	백	십	일
	2	0	0
×			3

③

	백	십	일
	1	2	0
×			3

④ 102×4

⑤ 201×2

⑥ 130×2

⑦ 141×2

⑧ 202×2

⑨ 211×3

⑩ 203×3

⑪ 312×3

⑫ 410×2

⑬ 121×3

⑭ 213×3

⑮ 144×2

⑯ 242×2

⑰ 342×2

⑱ 210×4

⑲ $\begin{array}{r} 321 \\ \times \quad 3 \\ \hline \end{array}$

⑳ $\begin{array}{r} 411 \\ \times \quad 2 \\ \hline \end{array}$

㉑ $\begin{array}{r} 302 \\ \times \quad 3 \\ \hline \end{array}$

㉒ $\begin{array}{r} 104 \\ \times \quad 2 \\ \hline \end{array}$

㉓ $\begin{array}{r} 243 \\ \times \quad 2 \\ \hline \end{array}$

㉔ $\begin{array}{r} 312 \\ \times \quad 2 \\ \hline \end{array}$

㉕ $\begin{array}{r} 423 \\ \times \quad 2 \\ \hline \end{array}$

㉖ $\begin{array}{r} 210 \\ \times \quad 2 \\ \hline \end{array}$

㉗ $\begin{array}{r} 130 \\ \times \quad 3 \\ \hline \end{array}$

㉘ $\begin{array}{r} 201 \\ \times \quad 4 \\ \hline \end{array}$

㉙ $\begin{array}{r} 421 \\ \times \quad 2 \\ \hline \end{array}$

㉚ $\begin{array}{r} 221 \\ \times \quad 3 \\ \hline \end{array}$

㉛ $\begin{array}{r} 142 \\ \times \quad 2 \\ \hline \end{array}$

㉜ $\begin{array}{r} 210 \\ \times \quad 3 \\ \hline \end{array}$

㉝ $\begin{array}{r} 132 \\ \times \quad 3 \\ \hline \end{array}$

㉞ $\begin{array}{r} 133 \\ \times \quad 3 \\ \hline \end{array}$

㉟ $\begin{array}{r} 301 \\ \times \quad 3 \\ \hline \end{array}$

㊱ $\begin{array}{r} 101 \\ \times \quad 7 \\ \hline \end{array}$

05 가로셈

세로셈으로 하면 더 정확히 계산할 수 있어.

● 세로셈으로 쓰고 곱셈을 해 보세요.

① 422×2

	4	2	2
×			2
	8	4	4
	4×2	2×2	2×2

② 100×3

	1	0	0
×			3

③ 110×4

④ 121×2

⑤ 103×3

⑥ 201×4

⑦ 133×3

⑧ 122×2

⑨ 140×2

⑩ 313×3

⑪ 214×2

⑫ 412×2

⑬ 433×2

⑭ 210×4

⑮ 231×3

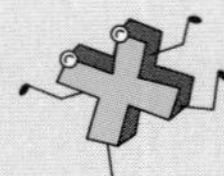
세로셈으로 하면 더 정확히 계산할 수 있어.

⑯ 343×2

⑰ 134×2

⑱ 421×2

⑲ 114×2

⑳ 314×2

㉑ 213×3

㉒ 333×2

㉓ 310×3

㉔ 323×3

㉕ 223×3

㉖ 143×2

㉗ 123×2

㉘ 230×3

㉙ 320×3

㉚ 203×3

곱셈에서는 두 수를 바꾸어 계산해도 계산 결과는 같아.

06 바꾸어 곱하기

● 곱셈을 하고 계산 결과를 비교해 보세요.

① $112 \times 4 = 448$

$4 \times 112 = 448$

계산 결과가 같아요.

❶ $\begin{array}{r} 112 \\ \times \quad 4 \\ \hline 448 \end{array}$ ❷ $\begin{array}{r} 4 \\ \times 112 \\ \hline 448 \end{array}$

② $203 \times 3 =$

$3 \times 203 =$

③ $333 \times 3 =$

$3 \times 333 =$

④ $123 \times 3 =$

$3 \times 123 =$

⑤ $220 \times 2 =$

$2 \times 220 =$

⑥ $113 \times 3 =$

$3 \times 113 =$

⑦ $302 \times 3 =$

$3 \times 302 =$

⑧ $221 \times 4 =$

$4 \times 221 =$

⑨ $203 \times 2 =$

$2 \times 203 =$

⑩ $348 \times 1 =$

$1 \times 348 =$

⑪ $131 \times 3 =$

$3 \times 131 =$

⑫ $213 \times 2 =$

$2 \times 213 =$

⑬ $101 \times 4 =$

$4 \times 101 =$

⑭ $310 \times 2 =$

$2 \times 310 =$

⑮ $422 \times 2 =$

$2 \times 422 =$

⑯ $301 \times 3 =$

$3 \times 301 =$

⑰ $121 \times 4 =$

$4 \times 121 =$

100 m씩 3일 동안 간 거리 (100×3)
= 3 m씩 100일 동안 간 거리 (3×100)

오예~ 난 3일이면 도착!
하루
100 m
하루
3 m
100일 후에 만나ㅠㅠ

곱하는 수가 일정하게 늘어나면 계산 결과도 일정하게 늘어나.

07 여러 가지 수 곱하기

● 곱셈을 해 보세요.

① 200×2=400
200×3=600
200×4=800

곱하는 수가 1씩 커지면 계산 결과는 200씩 커져요.

② 130×1=
130×2=
130×3=

③ 140×0=
140×1=
140×2=

④ 102×2=
102×3=
102×4=

⑤ 201×2=
201×3=
201×4=

⑥ 112×2=
112×3=
112×4=

⑦ 100×4=
100×3=
100×2=

곱하는 수가 1씩 작아지면 계산 결과는 어떻게 될까요?

⑧ 103×3=
103×2=
103×1=

⑨ 202×4=
202×3=
202×2=

⑩ 120×4=
120×3=
120×2=

⑪ 121×4=
121×3=
121×2=

⑫ 210×4=
210×3=
210×2=

곱셈을 하고 계산 결과에 어떤 규칙이 있는지 살펴봐.

08 정해진 수 곱하기

● 곱셈을 해 보세요.

① 2를 곱해 보세요.

곱해지는 수가 1씩 커지면

		1	0	0				1	0	1				1	0	2				1	0	3
	×			2			×			2												
		2	0	0				2	0	2												

계산 결과는 2씩 커져요.

② 1을 곱해 보세요.

		1	0	0				1	0	1				1	0	2				1	0	3

③ 3을 곱해 보세요.

		1	0	0				1	1	0				1	2	0				1	3	0

④ 4를 곱해 보세요.

		1	0	0				1	1	0				2	0	0				2	1	0

곱하는 수의 크기를 비교하면 알 수 있어.

09 계산하지 않고 크기 비교하기

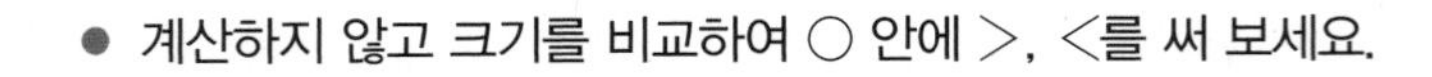
● 계산하지 않고 크기를 비교하여 ○ 안에 >, <를 써 보세요.

① 200×3 (<) 200×4
큰 수를 곱한 쪽이 더 커요.

② 100×3 ○ 100×2

③ 120×2 ○ 120×3

④ 202×1 ○ 202×4

⑤ 410×2 ○ 410×1

⑥ 112×2 ○ 112×4

⑦ 103×3 ○ 103×2

⑧ 233×3 ○ 233×1

⑨ 312×2 ○ 313×2

⑩ 300×2 ○ 301×2

⑪ 310×3 ○ 301×3

⑫ 421×2 ○ 424×2

⑬ 303×2 ○ 313×2

⑭ 201×4 ○ 102×4

⑮ 400×3 ○ 402×3

⑯ 203×3 ○ 200×3

계산 결과가 얼만큼 커졌는지 살펴봐.

10 곱하는 수 구하기

● 계산 결과가 어떻게 달라졌는지 살펴보고 빈칸에 알맞은 수를 써 보세요.

① $300 \times 2 = 600$ (+300)

➡ $300 \times$ 3 $= 900$

② $114 \times 1 = 114$ (+114)

➡ $114 \times$ ____ $= 228$

③ $232 \times 2 = 464$

➡ $232 \times$ ____ $= 696$

④ $222 \times 2 = 444$

➡ $222 \times$ ____ $= 666$

⑤ $422 \times 1 = 422$

➡ $422 \times$ ____ $= 844$

⑥ $313 \times 2 = 626$

➡ $313 \times$ ____ $= 939$

⑦ $244 \times 1 = 244$

➡ $244 \times$ ____ $= 488$

⑧ $312 \times 2 = 624$

➡ $312 \times$ ____ $= 936$

⑨ $111 \times 2 = 222$

➡ $111 \times$ ____ $= 444$

⑩ $130 \times 1 = 130$

➡ $130 \times$ ____ $= 390$

올림이 한 번 있는 (세 자리 수)×(한 자리 수)

자리별로 곱하고 올림하여 더해.

● 141 × 3

	1	4	1	
×			3	
			3	← 1 × 3 (일의 자리)
	1	2	0	← 40 × 3 (십의 자리)
+	3	0	0	← 100 × 3 (백의 자리)
	4	2	3	← 141 × 3

실제 계산에서는 올림을 표시하며 곱해.

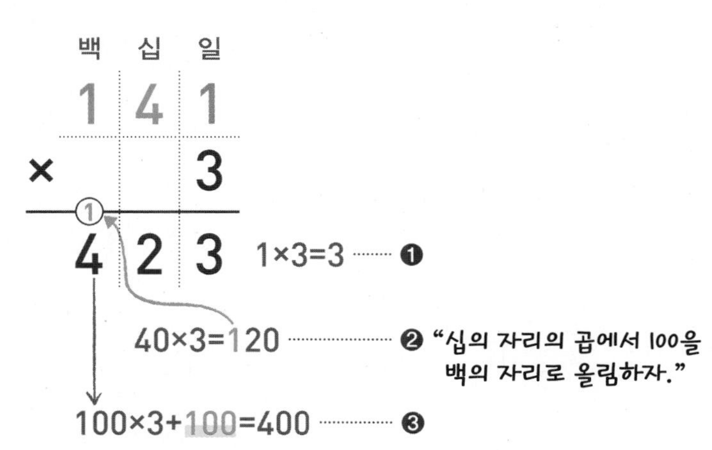

백 십 일
1 4 1
× 3
1
4 2 3
1×3=3 ❶
40×3=120 ❷ "십의 자리의 곱에서 100을 백의 자리로 올림하자."
100×3+100=400 ❸

01 수를 가르기하여 계산하기

● 곱해지는 수를 가르기하여 곱셈을 해 보세요.

①
$1\times3=$ 3
$20\times3=$ 60
$700\times3=$ 2100
$721\times3=$ 2163

721=1+20+700으로 가르기하여 계산해요.

②
$3\times3=$
$70\times3=$
$200\times3=$
$273\times3=$

273=3+70+200

③
$9\times2=$
$40\times2=$
$400\times2=$
$449\times2=$

④
$3\times2=$
$40\times2=$
$500\times2=$
$543\times2=$

⑤
$0\times6=$
$60\times6=$
$100\times6=$
$160\times6=$

⑥
$1\times8=$
$20\times8=$
$100\times8=$
$121\times8=$

⑦
$1\times3=$
$10\times3=$
$900\times3=$
$911\times3=$

⑧
$6\times2=$
$10\times2=$
$300\times2=$
$316\times2=$

⑨
$0\times7=$
$10\times7=$
$900\times7=$
$910\times7=$

⑩
$3\times3=$
$0\times3=$
$600\times3=$
$603\times3=$

⑪
$3\times7=$
$10\times7=$
$100\times7=$
$113\times7=$

⑫
$1\times4=$
$20\times4=$
$300\times4=$
$321\times4=$

일의 자리와 십의 자리, 백의 자리를 각각 곱해서 더하는 거란다.

02 자리별로 계산하기

● 각 자리의 곱을 구하여 더해 보세요.

①

	천	백	십	일	
		1	0	2	
×				5	
			1	0	❶ 2×5
				0	❷ 0×5
+		5	0	0	❸ 100×5
		5	1	0	❹ ❶+❷+❸

②

	천	백	십	일	
		1	2	0	
×				5	
					❶ 0×5
					❷ 20×5
					❸ 100×5

③

	천	백	십	일
		6	1	1
×				9

④ 211×6

⑤ 230×4

⑥ 309×2

⑦ 514×2

⑧ 448×2

⑨ 730×2

03 세로셈 올림한 수를 잊지 말기! 자리를 맞추어 쓰기!

● 곱셈을 해 보세요.

① (천 백 십 일)

천	백	십	일
	1	0	5
×		□(1)	2
	2	1	0

올림한 1을 작게 써요.

❶ 5×2=10에서 0을 일의 자리에 쓰고
❷ 0×2+1=1
❸ 1×2=2

② (천 백 십 일)

천	백	십	일
	6	0	0
×			2
1	2	0	0

6×2=12에서 2는 백의 자리에 1은 천의 자리에 써요.

③ (천 백 십 일) 190×3

④ 146×2

⑤ 231×4

⑥ 411×3

⑦ 141×4

⑧ 524×2

⑨ 304×3

⑩ 410×6

⑪ 225×3

⑫ 361×2

⑬ 237×2

⑭ 530×3

⑮ 163×3

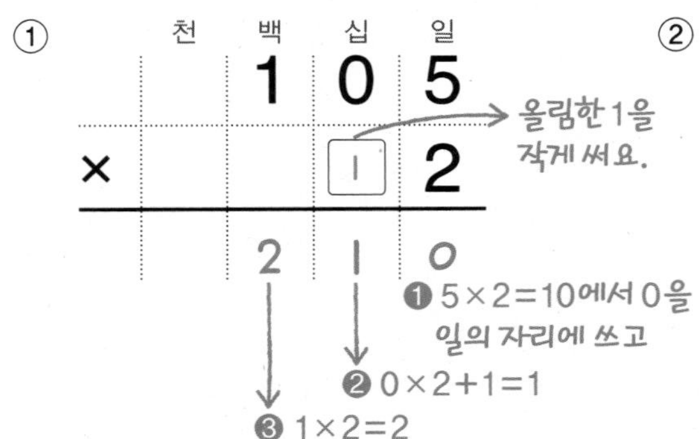

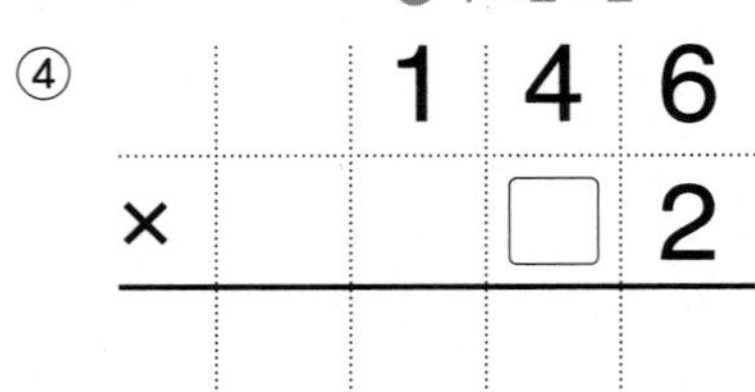

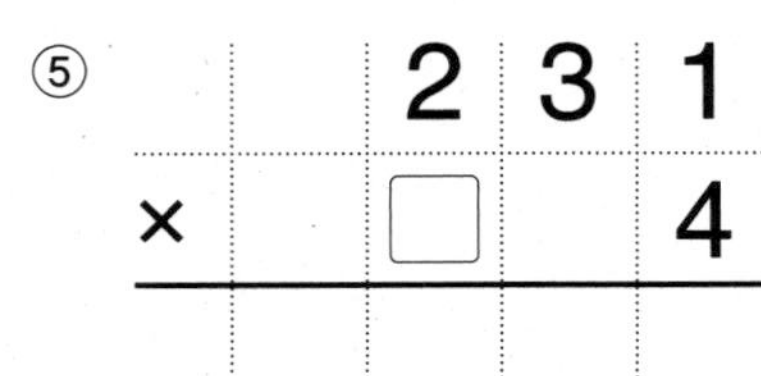

⑯
$$\begin{array}{r} 183 \\ \times \quad 2 \\ \hline \end{array}$$

⑰
$$\begin{array}{r} 326 \\ \times \quad 2 \\ \hline \end{array}$$

⑱
$$\begin{array}{r} 924 \\ \times \quad 2 \\ \hline \end{array}$$

⑲
$$\begin{array}{r} 400 \\ \times \quad 4 \\ \hline \end{array}$$

⑳
$$\begin{array}{r} 214 \\ \times \quad 4 \\ \hline \end{array}$$

㉑
$$\begin{array}{r} 172 \\ \times \quad 4 \\ \hline \end{array}$$

㉒
$$\begin{array}{r} 239 \\ \times \quad 2 \\ \hline \end{array}$$

㉓
$$\begin{array}{r} 370 \\ \times \quad 2 \\ \hline \end{array}$$

㉔
$$\begin{array}{r} 321 \\ \times \quad 4 \\ \hline \end{array}$$

㉕
$$\begin{array}{r} 148 \\ \times \quad 2 \\ \hline \end{array}$$

㉖
$$\begin{array}{r} 210 \\ \times \quad 7 \\ \hline \end{array}$$

㉗
$$\begin{array}{r} 242 \\ \times \quad 3 \\ \hline \end{array}$$

㉘
$$\begin{array}{r} 181 \\ \times \quad 4 \\ \hline \end{array}$$

㉙
$$\begin{array}{r} 431 \\ \times \quad 3 \\ \hline \end{array}$$

㉚
$$\begin{array}{r} 227 \\ \times \quad 3 \\ \hline \end{array}$$

곱셈의 원리

04 가로셈

세로셈으로 하면 더 정확히 계산할 수 있어.

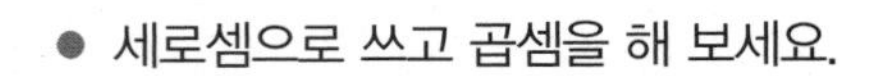

● 세로셈으로 쓰고 곱셈을 해 보세요.

① 142×3

		1	4	2
×		1		3
		4	2	6

❶ 2×3=6
❷ 4×3=12
❸ 1×3+1=4

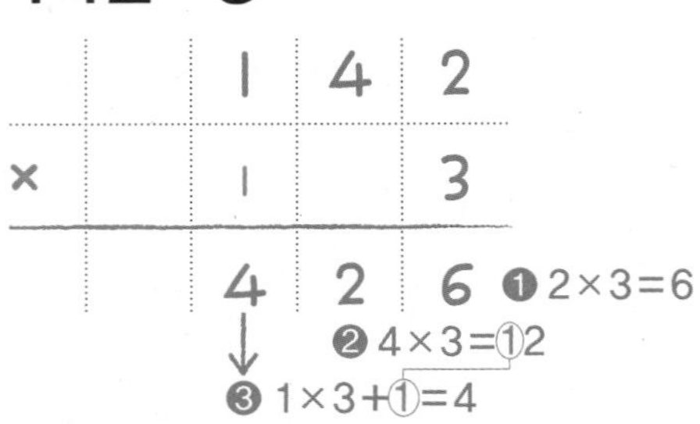

② 700×2

		7	0	0
×				2

③ 170×5

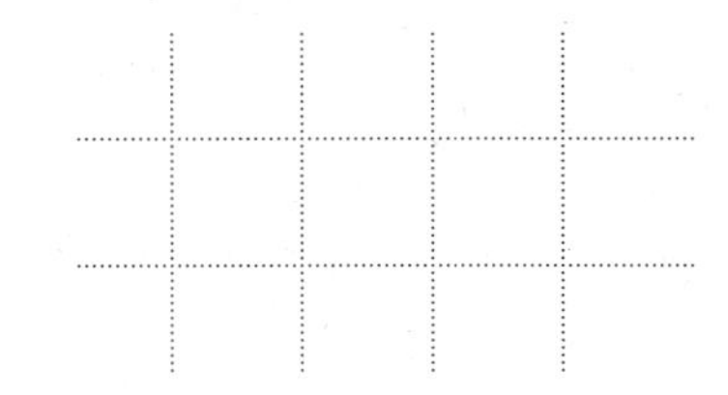

④ 104×3

⑤ 320×4

⑥ 213×4

⑦ 293×2

⑧ 412×3

⑨ 318×2

⑩ 128×3

⑪ 263×2

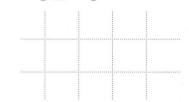

⑫ 531×2

⑬ 152×3

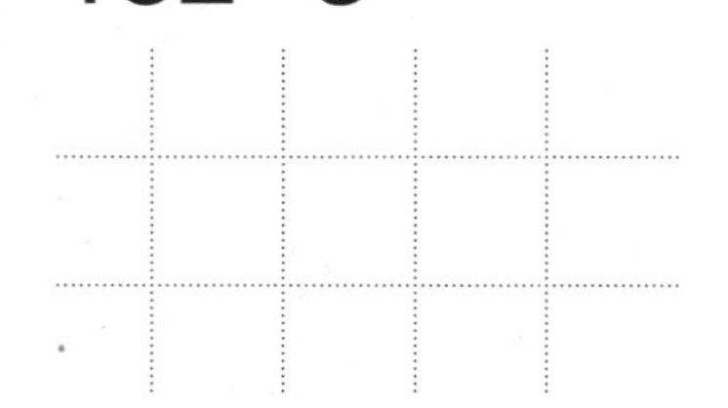

⑭ 432×3

⑮ 207×3

⑯ 512×2

⑰ 314×3

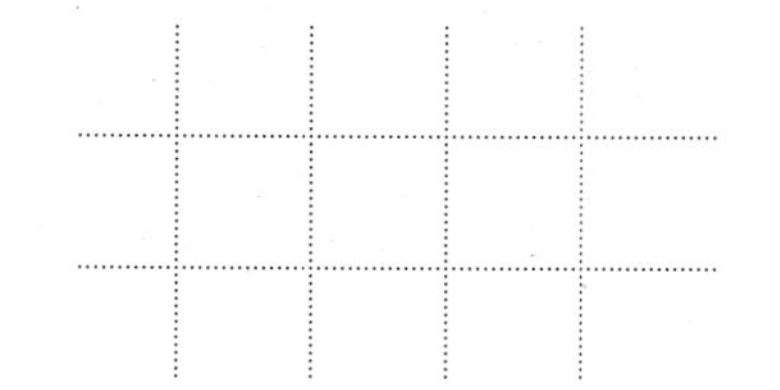

⑱ 471×2

⑲ 200×8

⑳ 109×2

㉑ 281×2

㉒ 611×3

㉓ 164×2

㉔ 205×3

㉕ 338×2

㉖ 453×2

㉗ 513×2

㉘ 192×2

㉙ 324×3

㉚ 832×2

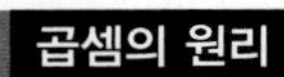

곱셈을 하고 계산 결과에 어떤 규칙이 있는지 살펴봐.

05 정해진 수 곱하기

● 곱셈을 해 보세요.

① 5를 곱해 보세요.

곱해지는 수가 1씩 커지면

102	103	104	105
× 5	× 5		
510	515		

계산 결과는 5씩 커져요.

② 4를 곱해 보세요.

113	114	115	116

③ 8을 곱해 보세요.

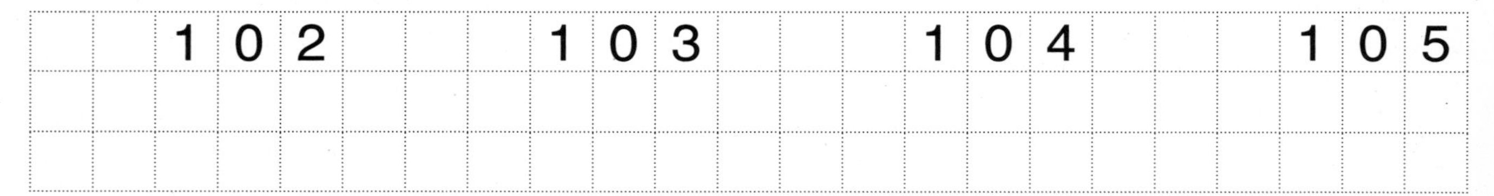

102	103	104	105

④ 7을 곱해 보세요.

411	511	611	711

⑤ 2를 곱해 보세요.

252	262	272	282

식이 다른데 계산 결과가 같은 이유가 뭘까?

06 다르면서 같은 곱셈

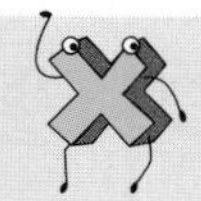

● 곱셈을 해 보세요.

① 400×6= 2400
800×3= 2400
커진 만큼 작아져요.

② 250×4=
500×2=

③ 200×8=
400×4=

④ 200×6=
600×2=

⑤ 180×4=
360×2=

⑥ 105×6=
210×3=

⑦ 210×6=
630×2=

⑧ 104×6=
208×3=

⑨ 182×4=
364×2=

⑩ 260×3=
130×6=
작아진 만큼 커져요.

⑪ 840×2=
420×4=

⑫ 224×4=
112×8=

⑬ 624×2=
312×4=

⑭ 218×3=
109×6=

곱하는 수가 달라도 계산 결과는 같을 수 있다.

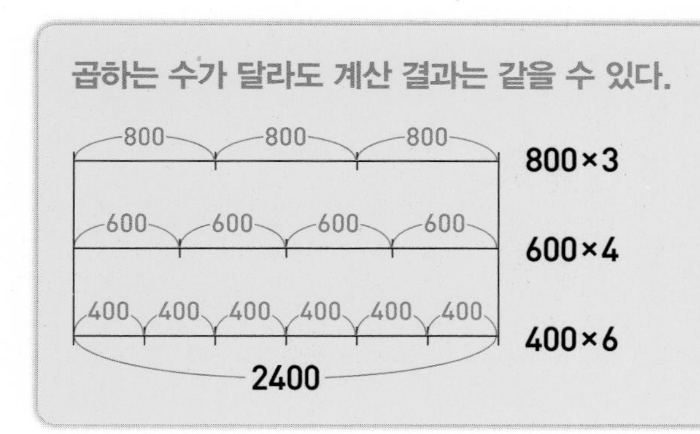

07 쌓기나무의 무게 구하기

● 쌓기나무의 무게는 몇 g인지 구해 보세요. (단, 보이지 않는 쌓기나무는 없습니다.)

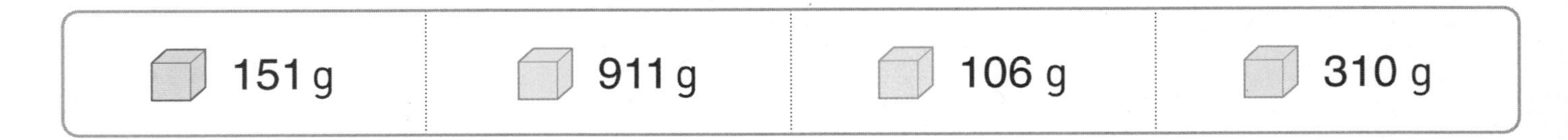

①

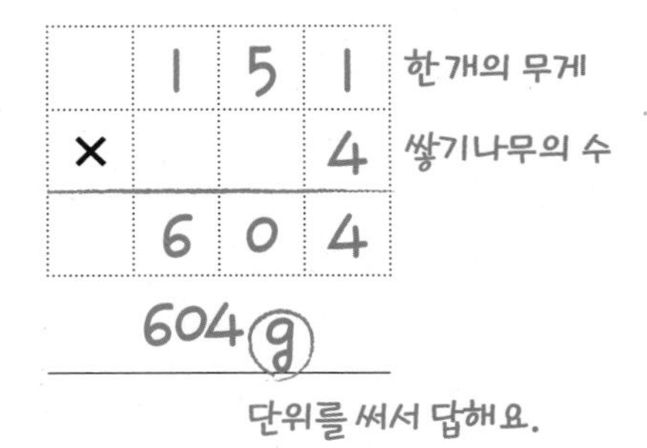

②

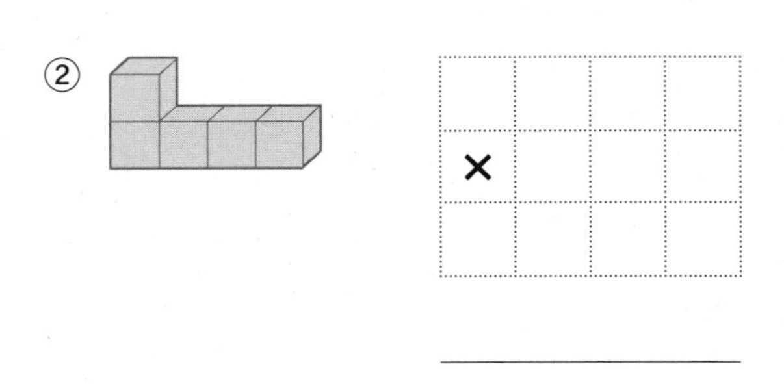

③

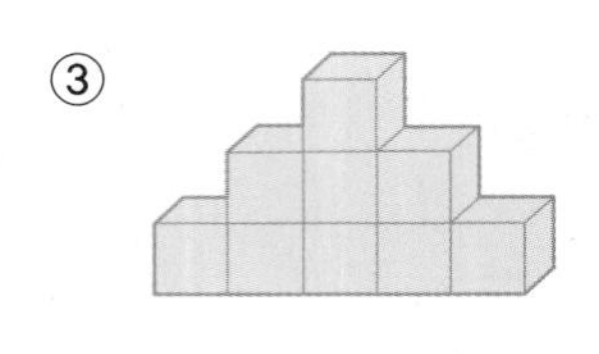

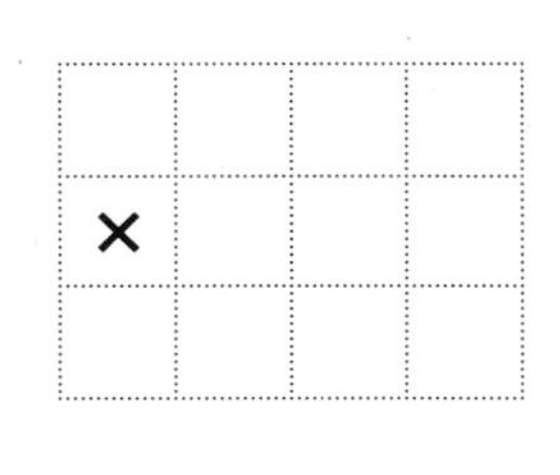

④

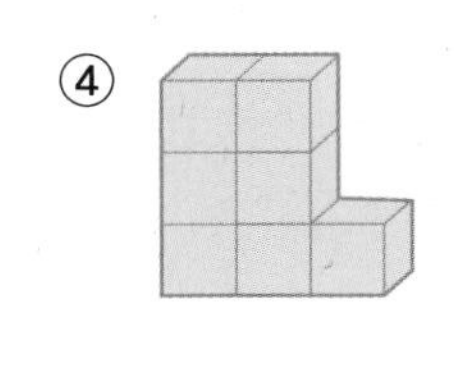

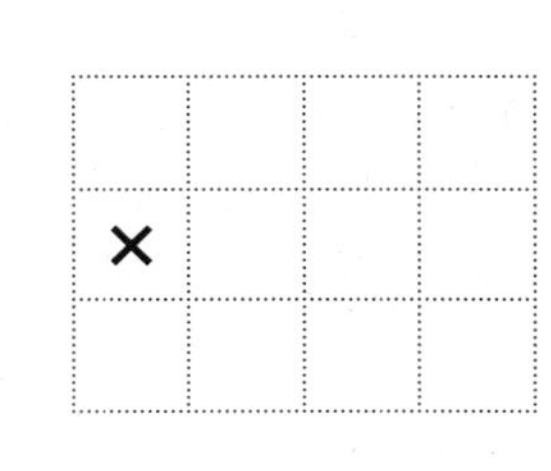

⑤

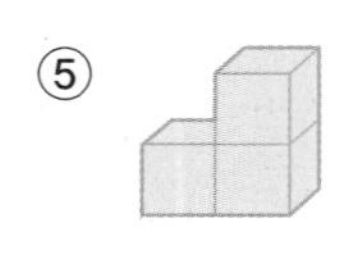

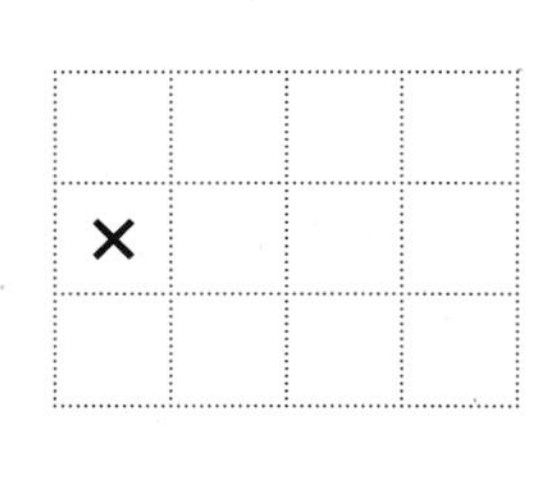

⑥

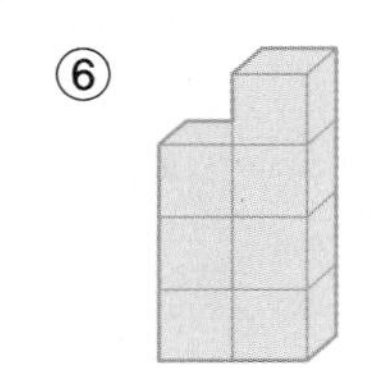

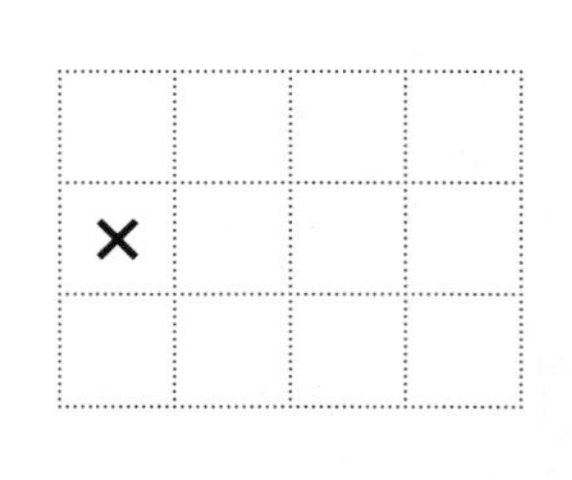

⑦

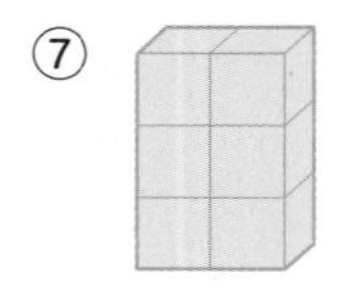

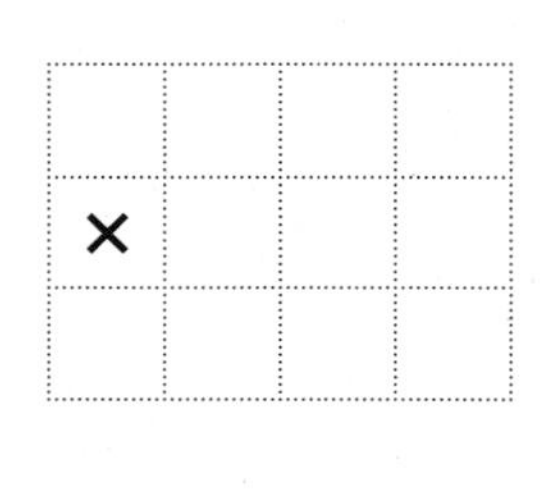

⑧

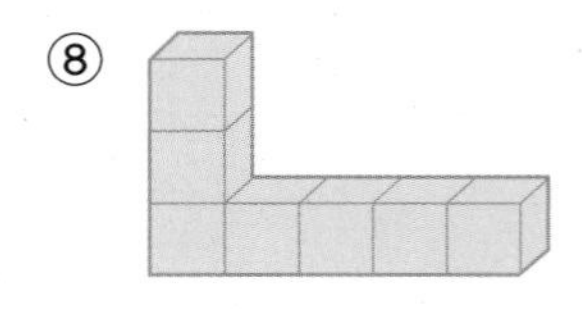

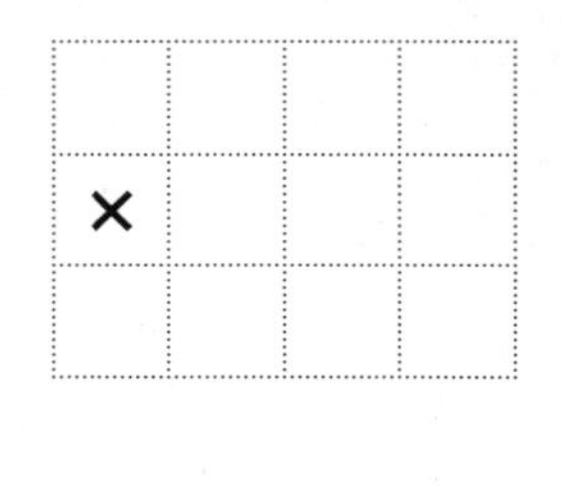

'='는 '='의 왼쪽과 오른쪽이 같음을 나타내는 기호야.

08 등식 완성하기

● '='의 양쪽이 같게 되도록 빈칸에 알맞은 수를 써 보세요.

① $112\times6 = 600+$ 72

❶ $112\times6=672$

❷ 672가 되려면 600에 72를 더해야 해요.

② $209\times4 = 800+$ _____

③ $415\times2 = 800+$ _____

④ $132\times4 = 400+$ _____

⑤ $240\times4 = 800+$ _____

⑥ $305\times3 = 900+$ _____

⑦ $238\times2 = 400+$ _____

⑧ $309\times2 = 600+$ _____

⑨ $271\times2 = 500+$ _____

⑩ $210\times5 = 1000+$ _____

⑪ $543\times2 = 1000+$ _____

⑫ $710\times3 = 2100+$ _____

⑬ $394\times2 = 800-$ _____

⑭ $109\times9 = 1000-$ _____

×3 올림이 두 번 있는 (세 자리 수)×(한 자리 수)

자리별로 곱하고 올림하여 더해.

● 451 × 3

		4	5	1	
×				3	
				3	← 1 × 3 (일의 자리)
		1	5	0	← 50 × 3 (십의 자리)
+	1	2	0	0	← 400 × 3 (백의 자리)
	1	3	5	3	← 451 × 3

실제 계산에서는 올림을 표시하며 곱해.

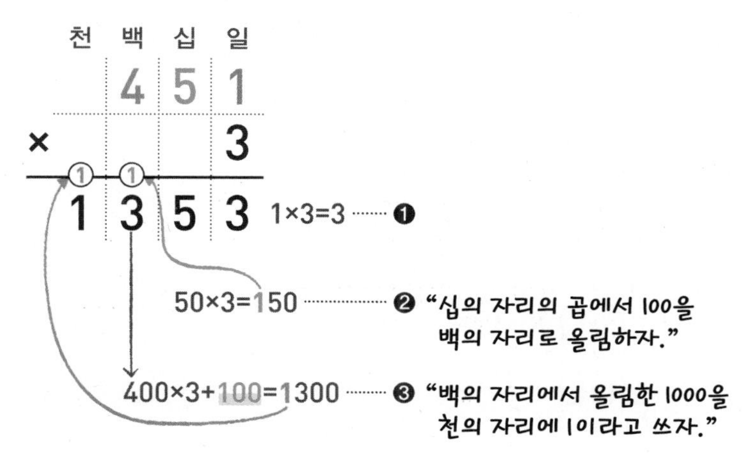

수를 (몇)+(몇십)+(몇백)으로 가르기하여 곱해 봐.

01 수를 가르기하여 계산하기

● 곱해지는 수를 가르기하여 곱셈을 해 보세요.

①
$4\times3=$ 12
$10\times3=$ 30 ⊕
$600\times3=$ 1800

$614\times3=$ 1842

614=4+10+600으로 가르기하여 계산해요.

②
$9\times2=$
$70\times2=$
$100\times2=$

$179\times2=$

179=9+70+100

③
$2\times5=$
$10\times5=$
$700\times5=$

$712\times5=$

④
$4\times4=$
$20\times4=$
$300\times4=$

$324\times4=$

⑤
$6\times2=$
$10\times2=$
$800\times2=$

$816\times2=$

⑥
$9\times9=$
$90\times9=$
$900\times9=$

$999\times9=$

⑦
$6\times6=$
$60\times6=$
$100\times6=$

$166\times6=$

⑧
$3\times8=$
$70\times8=$
$200\times8=$

$273\times8=$

⑨
$4\times4=$
$10\times4=$
$300\times4=$

$314\times4=$

⑩
$9\times3=$
$40\times3=$
$100\times3=$

$149\times3=$

⑪
$3\times4=$
$50\times4=$
$200\times4=$

$253\times4=$

⑫
$7\times7=$
$80\times7=$
$800\times7=$

$887\times7=$

곱셈의 원리 일의 자리와 십의 자리, 백의 자리를 각각 곱해서 더하는 거란다.

02 자리별로 계산하기

● 각 자리의 곱을 구하여 더해 보세요.

①

	천	백	십	일	
		1	3	6	
×				4	
			2	4	❶ 6×4
		1	2	0	❷ 30×4
+		4	0	0	❸ 100×4
		5	4	4	❹ ❶+❷+❸

②

	천	백	십	일	
		2	0	2	
×				5	
					❶ 2×5
					❷ 0×5
					❸ 200×5

③

	천	백	십	일
		2	5	0
×				6

④ 342×5

⑤ 276×2

⑥ 428×3

⑦ 505×5

⑧ 319×7

⑨ 470×9

03 세로셈

올림한 수를 잊지 말기! 자리를 맞추어 쓰기!

● 곱셈을 해 보세요.

①

	천	백	십	일
		1	4	4
×		3	2	7
	1	0	0	8

올림한 수를 작게 써요.

일의 자리부터 차례로 곱해요.

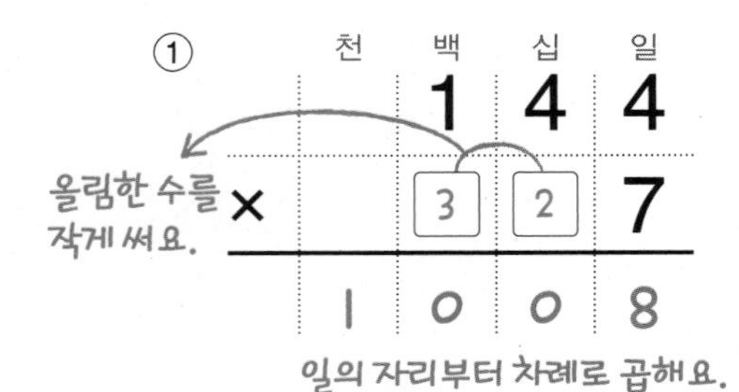

②

	천	백	십	일
		1	5	3
×		□	□	4

③

	천	백	십	일
		8	3	1
×		□		9

④

		2	0	8
×			□	5

⑤

		2	5	6
×		□	□	2

⑥

		3	1	7
×		□	□	6

⑦

		3	8	4
×		□	□	3

⑧

		4	6	5
×		□	□	2

⑨

		5	1	4
×			□	3

⑩

		4	3	0
×		□		6

⑪

		6	2	9
×		□	□	7

⑫

		4	2	8
×		□	□	6

⑬

		5	3	1
×		□		8

⑭

		8	7	1
×		□		9

⑮

		7	2	3
×			□	4

⑯

		1	9	4
×		□	□	3

⑰

		5	3	6
×		□	□	5

⑱

		9	2	4
×		□	□	7

⑲ $\begin{array}{r} 125 \\ \times \quad 6 \\ \hline 750 \end{array}$

올림한 수를 작게 써요. (1, 3)

⑳ $\begin{array}{r} 217 \\ \times \quad 5 \\ \hline \end{array}$

㉑ $\begin{array}{r} 333 \\ \times \quad 4 \\ \hline \end{array}$

㉒ $\begin{array}{r} 248 \\ \times \quad 7 \\ \hline \end{array}$

㉓ $\begin{array}{r} 356 \\ \times \quad 4 \\ \hline \end{array}$

㉔ $\begin{array}{r} 906 \\ \times \quad 9 \\ \hline \end{array}$

㉕ $\begin{array}{r} 558 \\ \times \quad 2 \\ \hline \end{array}$

㉖ $\begin{array}{r} 695 \\ \times \quad 7 \\ \hline \end{array}$

㉗ $\begin{array}{r} 455 \\ \times \quad 5 \\ \hline \end{array}$

㉘ $\begin{array}{r} 404 \\ \times \quad 3 \\ \hline \end{array}$

㉙ $\begin{array}{r} 732 \\ \times \quad 8 \\ \hline \end{array}$

㉚ $\begin{array}{r} 516 \\ \times \quad 6 \\ \hline \end{array}$

㉛ $\begin{array}{r} 841 \\ \times \quad 3 \\ \hline \end{array}$

㉜ $\begin{array}{r} 430 \\ \times \quad 5 \\ \hline \end{array}$

㉝ $\begin{array}{r} 662 \\ \times \quad 6 \\ \hline \end{array}$

㉞ $\begin{array}{r} 730 \\ \times \quad 8 \\ \hline \end{array}$

㉟ $\begin{array}{r} 293 \\ \times \quad 7 \\ \hline \end{array}$

㊱ $\begin{array}{r} 846 \\ \times \quad 9 \\ \hline \end{array}$

04 가로셈

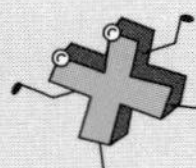

세로셈으로 하면 더 정확히 계산할 수 있어.

● 세로셈으로 쓰고 곱셈을 해 보세요.

① 146×3

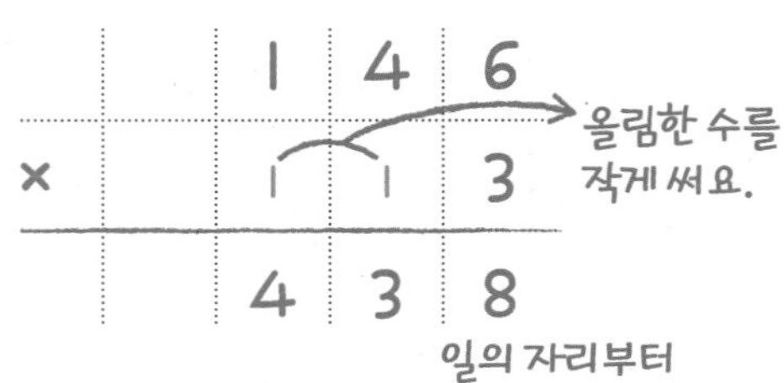

		1	4	6
×		1	1	3
		4	3	8

올림한 수를 작게 써요.

일의 자리부터 차례로 곱해요.

② 188×5

		1	8	8
×				5

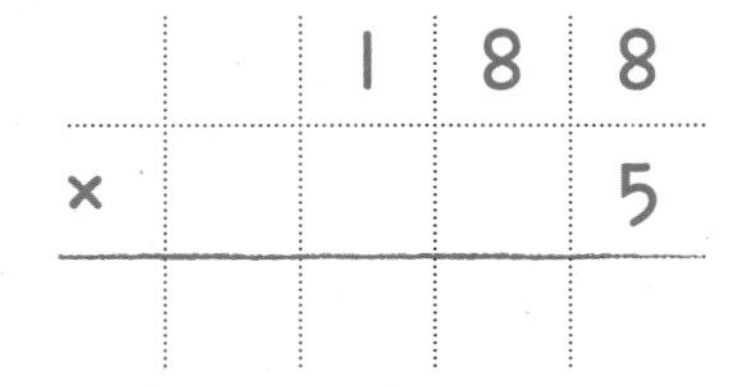

③ 371×4

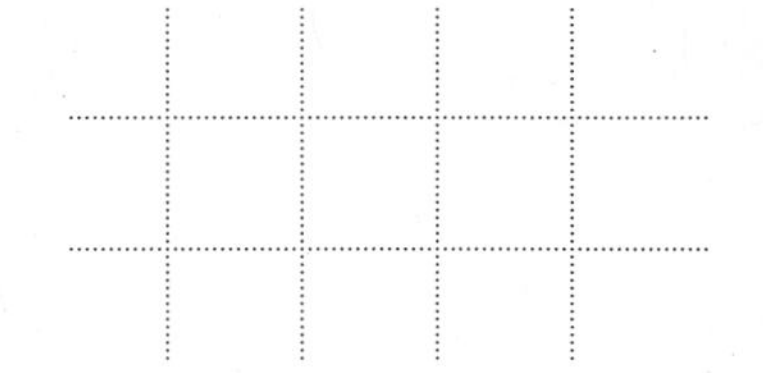

④ 220×7

⑤ 330×7

⑥ 440×7

⑦ 417×3

⑧ 394×4

⑨ 529×2

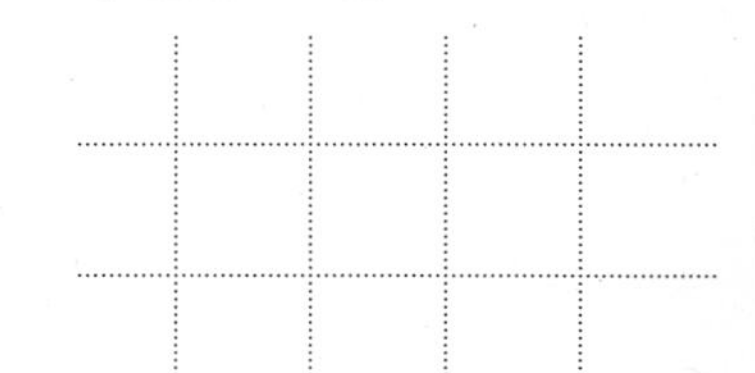

⑩ 635×2

⑪ 442×3

⑫ 707×8

⑬ 814×6

⑭ 560×9

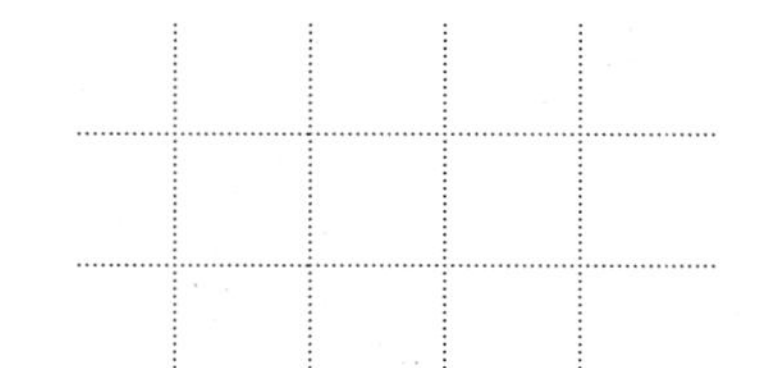

⑮ 954×4

⑯ 962×6

⑰ 549×2

⑱ 199×9

⑲ 762×4

⑳ 270×9

㉑ 352×6

㉒ 154×6

㉓ 494×4

㉔ 555×5

㉕ 378×5

㉖ 427×7

㉗ 959×8

㉘ 259×7

㉙ 837×3

㉚ 660×5

곱셈의 원리

곱하는 수가 일정하게 늘어나면 계산 결과는 어떻게 달라질까?

05 여러 가지 수 곱하기

● 곱셈을 해 보세요.

① $220\times5=$ 1100
$220\times6=$ 1320
$220\times7=$ 1540

곱하는 수가 1씩 커지면 계산 결과는 220씩 커져요.

② $350\times3=$
$350\times4=$
$350\times5=$

③ $420\times5=$
$420\times6=$
$420\times7=$

④ $123\times4=$
$123\times5=$
$123\times6=$

⑤ $308\times3=$
$308\times4=$
$308\times5=$

⑥ $409\times7=$
$409\times8=$
$409\times9=$

⑦ $240\times9=$
$240\times8=$
$240\times7=$

곱하는 수가 1씩 작아지면 계산 결과는 어떻게 될까요?

⑧ $450\times8=$
$450\times7=$
$450\times6=$

⑨ $530\times5=$
$530\times4=$
$530\times3=$

⑩ $195\times8=$
$195\times7=$
$195\times6=$

⑪ $529\times6=$
$529\times5=$
$529\times4=$

⑫ $914\times4=$
$914\times3=$
$914\times2=$

식이 달라도 계산 결과는 같을 수 있어.

06 다르면서 같은 곱셈

● 곱셈을 해 보세요.

① $880 \times 2 =$ 1760
$440 \times 4 =$ 1760
$220 \times 8 =$ 1760
작아진 만큼 커져요.

② $666 \times 2 =$
$333 \times 4 =$
$222 \times 6 =$

③ $700 \times 2 =$
$350 \times 4 =$
$175 \times 8 =$

④ $900 \times 2 =$
$450 \times 4 =$
$225 \times 8 =$

⑤ $810 \times 2 =$
$405 \times 4 =$
$270 \times 6 =$

⑥ $940 \times 1 =$
$470 \times 2 =$
$235 \times 4 =$

⑦ $240 \times 9 =$
$360 \times 6 =$
$720 \times 3 =$
커진 만큼 작아져요.

⑧ $130 \times 6 =$
$195 \times 4 =$
$390 \times 2 =$

⑨ $190 \times 9 =$
$285 \times 6 =$
$570 \times 3 =$

⑩ $155 \times 8 =$
$310 \times 4 =$
$620 \times 2 =$

⑪ $142 \times 6 =$
$284 \times 3 =$
$426 \times 2 =$

⑫ $206 \times 8 =$
$412 \times 4 =$
$824 \times 2 =$

공부한 날: 월 일 4일차

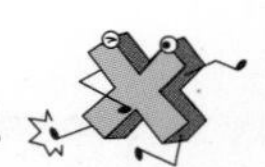

곱셈의 성질

07 묶어서 곱하기

● 순서에 따라 곱셈을 해 보세요.

① $(145\times2)\times2=145\times(2\times2)$

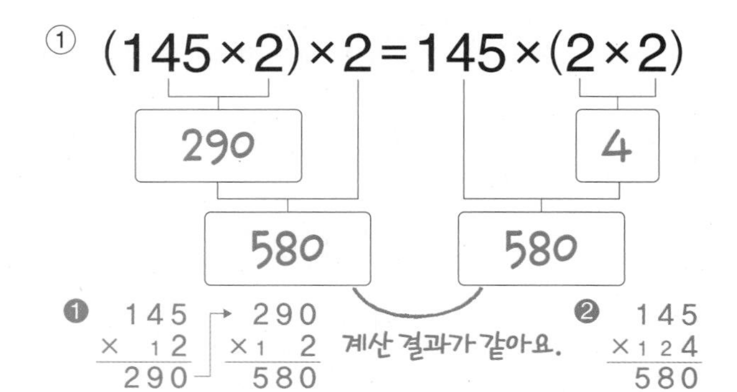

② $(325\times2)\times3=325\times(2\times3)$

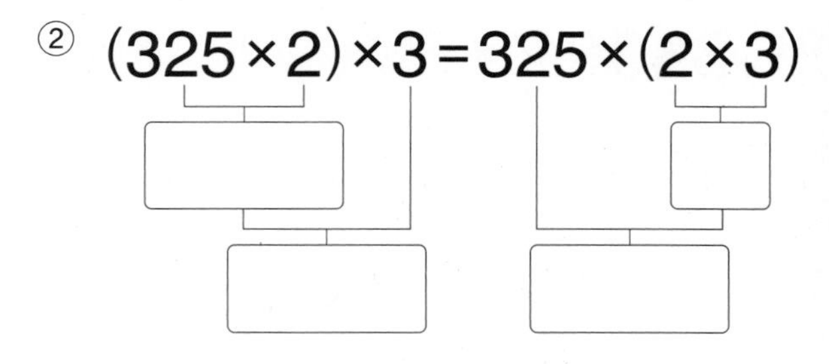

③ $(238\times2)\times4=238\times(2\times4)$

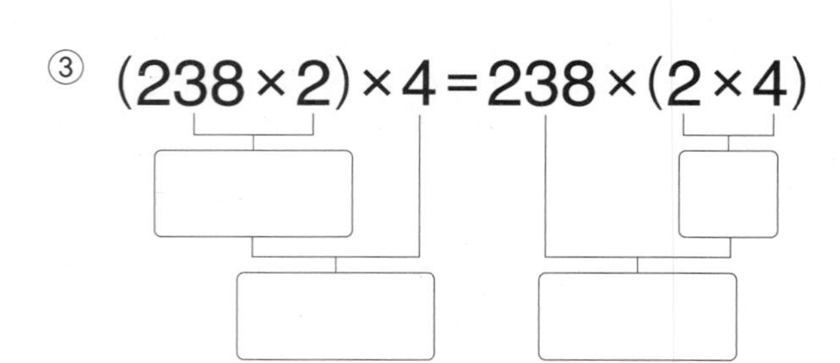

④ $(244\times3)\times2=244\times(3\times2)$

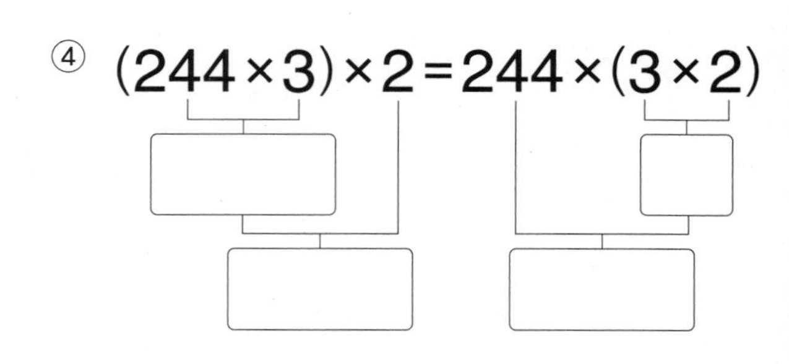

⑤ $(358\times3)\times3=358\times(3\times3)$

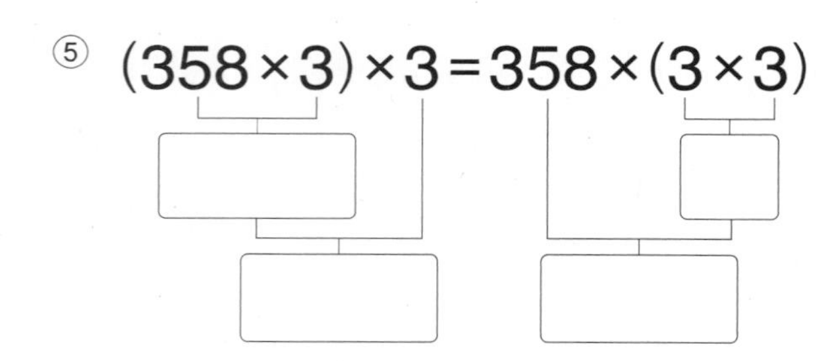

⑥ $(374\times2)\times4=374\times(2\times4)$

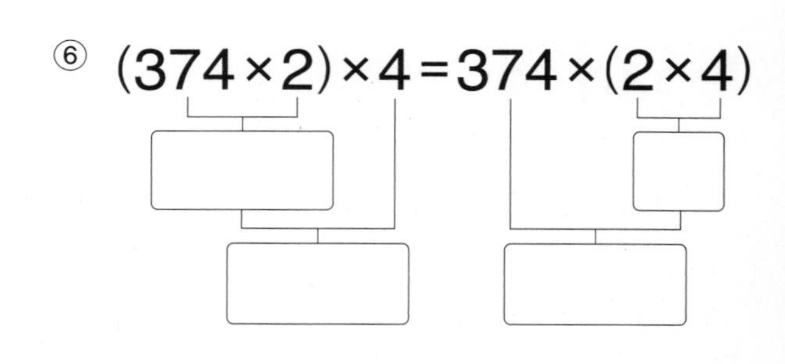

⑦ $(197\times4)\times2=197\times(4\times2)$

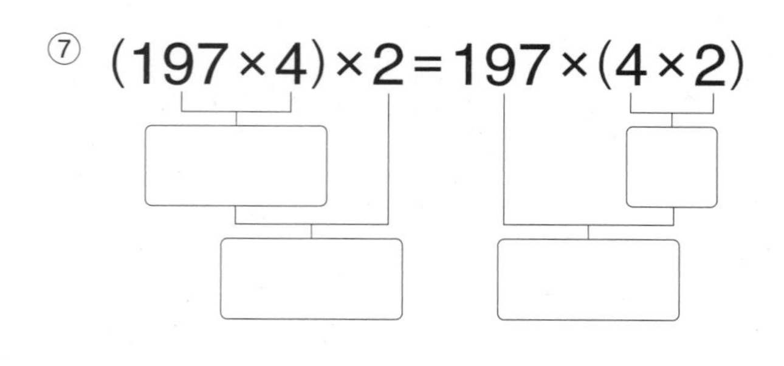

⑧ $(158\times3)\times3=158\times(3\times3)$

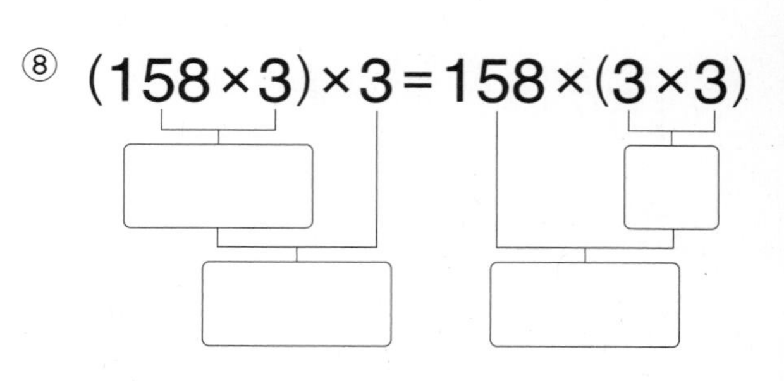

알파벳이 수를 나타낸다는 것을 잊지마.

08 알파벳으로 곱셈하기

● 알파벳이 나타내는 수를 찾아 곱셈을 해 보세요.

A	B	C	D	E	F	G	H	I	J	K	L
285	173	4	5	462	3	206	8	6	826	7	724

① A×C= 1140
285 4

② B×C= ______
173 4

③ E×D= ______

④ A×F= ______

⑤ E×F= ______

⑥ B×D= ______

⑦ G×K= ______

⑧ J×I= ______

⑨ L×K= ______

⑩ G×I= ______

⑪ L×H= ______

⑫ G×H= ______

(두 자리 수)×(두 자리 수)

일, 십의 자리 순서로 곱한 다음 자리를 맞추어 더해.

● 16 × 22

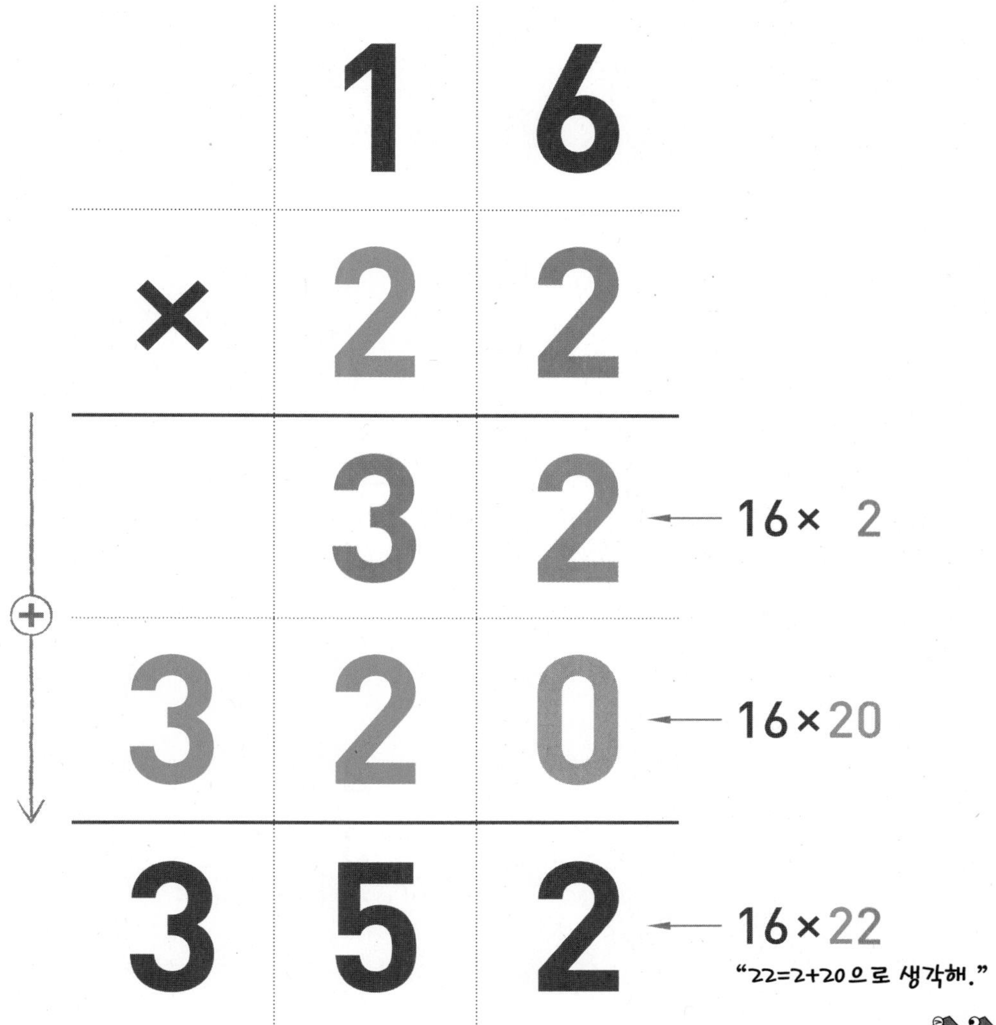

일의 자리, 십의 자리 순서로 곱셈을 해 봐.

01 단계에 따라 계산하기

● 곱셈을 해 보세요.

①

		1	7
×			2
		3	4

➡

		1	7
×		2	0
	3	4	0

➡

			1	7
	×		2	2
❶ 17×2			3	4
❷ 17×20	+	3	4	0
❸ ❶+❷		3	7	4

②

		1	5
×			4

➡

		1	5
×		3	0

➡

		1	5
×		3	4

③

		2	4
×			2

➡

		2	4
×		3	0

➡

		2	4
×		3	2

④

		5	3
×			7

➡

		5	3
×		6	0

		5	3
×		6	7

수를 (몇)+(몇십)으로 가르기하여 곱해 봐.

02 수를 가르기하여 계산하기

● 수를 가르기하여 곱셈을 해 보세요.

① $13\times1=13$
$13\times30=390$
$13\times31=403$
31=1+30으로 가르기하여 계산해요.

② $12\times1=$
$12\times70=$
$12\times71=$
71=1+70

③ $33\times3=$
$33\times60=$
$33\times63=$

④ $27\times2=$
$27\times50=$
$27\times52=$

⑤ $48\times3=$
$48\times30=$
$48\times33=$

⑥ $56\times8=$
$56\times20=$
$56\times28=$

⑦ $1\times64=$
$40\times64=$
$41\times64=$

⑧ $2\times32=$
$20\times32=$
$22\times32=$

⑨ $4\times95=$
$10\times95=$
$14\times95=$

⑩ $2\times17=$
$60\times17=$
$62\times17=$

⑪ $3\times79=$
$40\times79=$
$43\times79=$

⑫ $6\times82=$
$80\times82=$
$86\times82=$

곱셈의 원리  일의 자리와 십의 자리를 각각 곱해서 더하는 거란다.

03 자리별로 계산하기

● 각 자리의 곱을 구하여 더해 보세요.

① $\begin{array}{r} 34 \\ \times\ 21 \\ \hline 34 \\ +\ 680 \\ \hline 714 \end{array}$ ❶ 34×1 ❷ 34×20 ❸ ❶+❷

② $\begin{array}{r} 17 \\ \times\ 48 \\ \hline \end{array}$ ❶ 17×8 ❷ 17×40

③ $\begin{array}{r} 37 \\ \times\ 64 \\ \hline \end{array}$

④ $\begin{array}{r} 15 \\ \times\ 19 \\ \hline \end{array}$

⑤ $\begin{array}{r} 22 \\ \times\ 62 \\ \hline \end{array}$

⑥ $\begin{array}{r} 42 \\ \times\ 24 \\ \hline \end{array}$

⑦ $\begin{array}{r} 71 \\ \times\ 88 \\ \hline \end{array}$

⑧ $\begin{array}{r} 56 \\ \times\ 49 \\ \hline \end{array}$

⑨ $\begin{array}{r} 85 \\ \times\ 59 \\ \hline \end{array}$

⑩ $\begin{array}{r} 67 \\ \times\ 26 \\ \hline \end{array}$

⑪ $\begin{array}{r} 52 \\ \times\ 82 \\ \hline \end{array}$

⑫ $\begin{array}{r} 74 \\ \times\ 41 \\ \hline \end{array}$

04 세로셈

계산 순서를 생각하며 자리를 맞추어 계산해 보자.

● 곱셈을 해 보세요.

①
```
      7 7
×     7 7
---------
    5 3 9   ❶ 77×7
+ 5 3 9 ◌   ❷ 77×7
---------
  5 9 2 9   ❸ ❶+❷
```

②
```
      3 8
×     1 8
---------
            ❶ 38×8
            ❷ 38×1
```

③ $\begin{array}{r} 23 \\ \times\ 21 \\ \hline \end{array}$

④
```
      4 2
×     1 0
---------
    4 2 0
```
❶ 일의 자리에 0을 쓰고

❷ 42×1을 백의 자리부터 써요.

⑤ $\begin{array}{r} 49 \\ \times\ 39 \\ \hline \end{array}$

⑥ $\begin{array}{r} 61 \\ \times\ 25 \\ \hline \end{array}$

⑦ $\begin{array}{r} 93 \\ \times\ 54 \\ \hline \end{array}$

⑧ $\begin{array}{r} 57 \\ \times\ 64 \\ \hline \end{array}$

⑨ $\begin{array}{r} 37 \\ \times\ 40 \\ \hline \end{array}$

⑩ $\begin{array}{r} 41 \\ \times\ 42 \\ \hline \end{array}$

⑪ $\begin{array}{r} 15 \\ \times\ 86 \\ \hline \end{array}$

⑫ $\begin{array}{r} 12 \\ \times\ 95 \\ \hline \end{array}$

계산 순서를 생각하며 자리를 맞추어 계산해 보자.

⑬ $\begin{array}{r} 14 \\ \times\ 35 \\ \hline \end{array}$

⑭ $\begin{array}{r} 86 \\ \times\ 68 \\ \hline \end{array}$

⑮ $\begin{array}{r} 25 \\ \times\ 37 \\ \hline \end{array}$

⑯ $\begin{array}{r} 34 \\ \times\ 28 \\ \hline \end{array}$

⑰ $\begin{array}{r} 45 \\ \times\ 13 \\ \hline \end{array}$

⑱ $\begin{array}{r} 93 \\ \times\ 61 \\ \hline \end{array}$

⑲ $\begin{array}{r} 60 \\ \times\ 50 \\ \hline \end{array}$

⑳ $\begin{array}{r} 49 \\ \times\ 76 \\ \hline \end{array}$

㉑ $\begin{array}{r} 23 \\ \times\ 27 \\ \hline \end{array}$

㉒ $\begin{array}{r} 59 \\ \times\ 43 \\ \hline \end{array}$

㉓ $\begin{array}{r} 11 \\ \times\ 82 \\ \hline \end{array}$

㉔ $\begin{array}{r} 97 \\ \times\ 18 \\ \hline \end{array}$

곱셈의 원리

05 가로셈

세로셈으로 하면 더 정확히 계산할 수 있어.

● 세로셈으로 쓰고 곱셈을 해 보세요.

① 50×62

			5	0	
×			6	2	
		1	0	0	❶ 50×2
+	3	0	0		❷ 50×6
	3	1	0	0	❸ ❶+❷

② 32×51

			3	2
×			5	1

③ 43×44

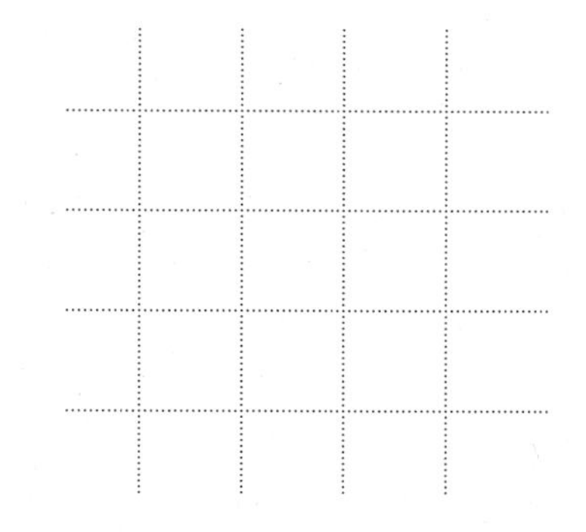

④ 29×73

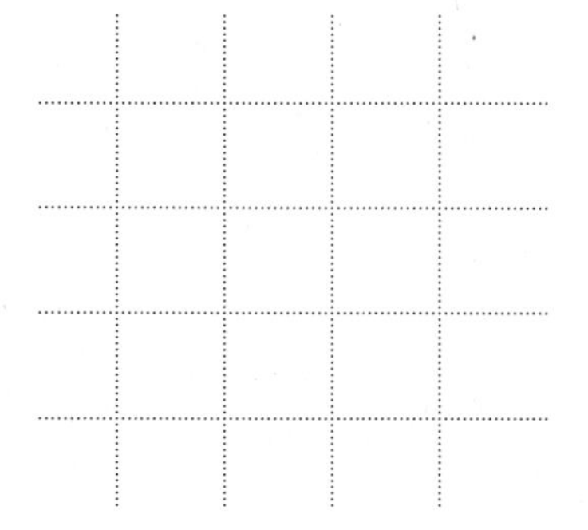

⑤ 27×19

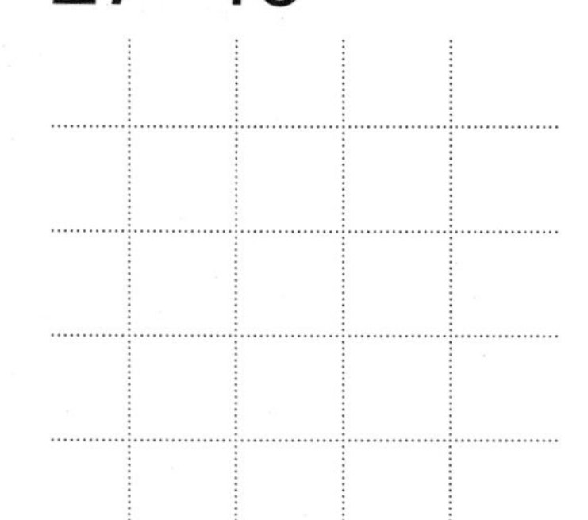

⑥ 54×26

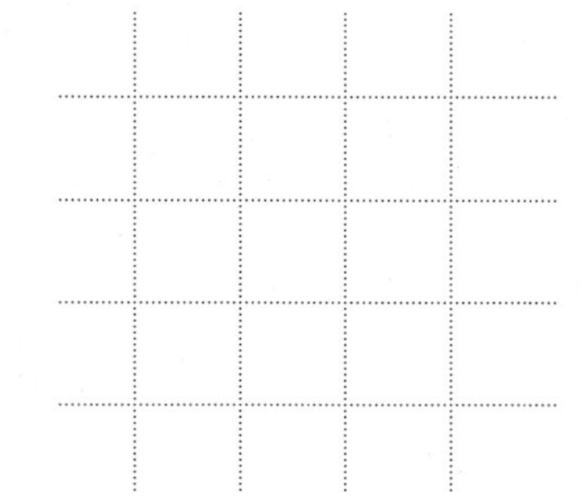

⑦ 61×82

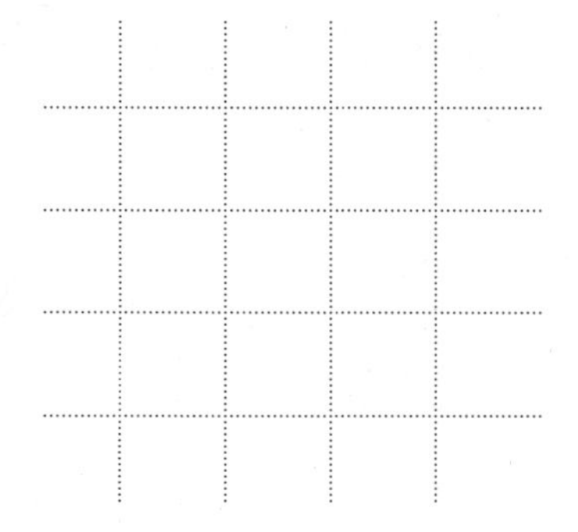

⑧ 45×40

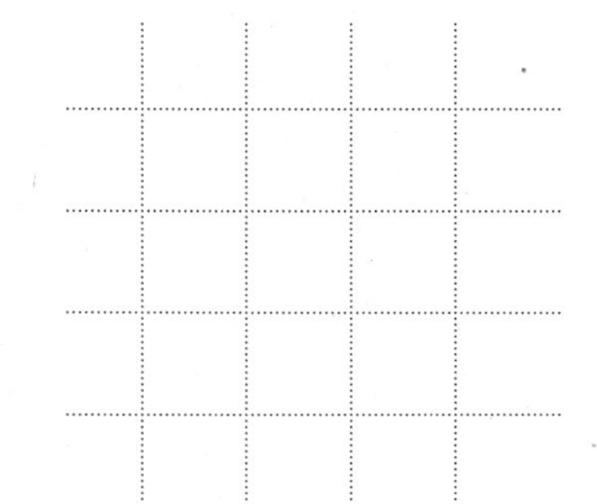

⑨ 98×77

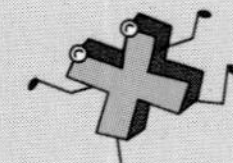

세로셈으로 하면 더 정확히 계산할 수 있어.

⑩ 16×17

⑪ 12×46

⑫ 38×56

⑬ 29×47

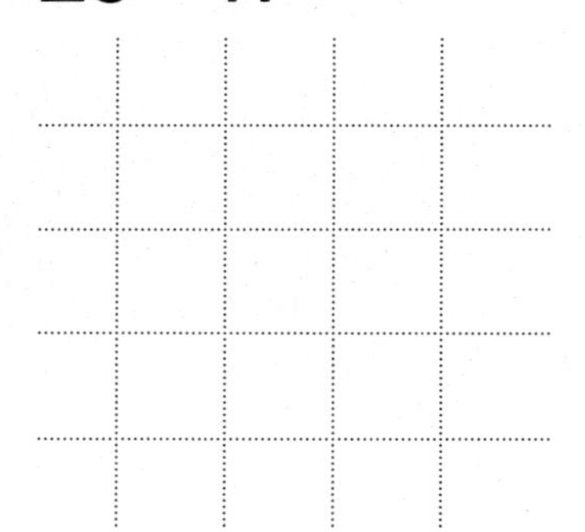

⑭ 60×22

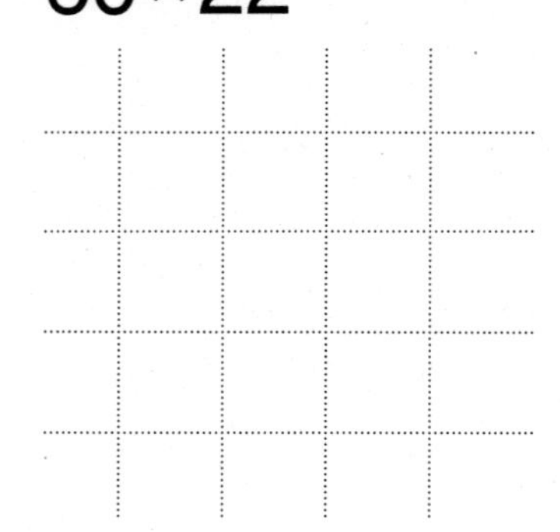

⑮ 34×55

⑯ 58×95

⑰ 93×74

⑱ 76×38

곱하는 수에 따라 계산 결과가 어떻게 달라지는지 비교해 봐.

06 여러 가지 수 곱하기

● 곱셈을 해 보세요.

①

$$\begin{array}{r} 25 \\ \times\ 2\textcircled{0} \\ \hline 500 \end{array} \qquad \begin{array}{r} 25 \\ \times\ 2\textcircled{1} \\ \hline 25 \\ +\ 50 \\ \hline 525 \end{array} \qquad \begin{array}{r} 25 \\ \times\ 22 \\ \hline \end{array}$$

곱하는 수가 1씩 커지면 계산 결과는 25씩 커져요.

②

$$\begin{array}{r} 15 \\ \times\ 45 \\ \hline \end{array} \qquad \begin{array}{r} 15 \\ \times\ 46 \\ \hline \end{array} \qquad \begin{array}{r} 15 \\ \times\ 47 \\ \hline \end{array}$$

③

$$\begin{array}{r} 45 \\ \times\ 1\textcircled{3} \\ \hline \end{array} \qquad \begin{array}{r} 45 \\ \times\ 1\textcircled{2} \\ \hline \end{array} \qquad \begin{array}{r} 45 \\ \times\ 11 \\ \hline \end{array}$$

곱하는 수가 1씩 작아지면
곱은 어떻게 될까요?

④

$$\begin{array}{r} 73 \\ \times\ 68 \\ \hline \end{array} \qquad \begin{array}{r} 73 \\ \times\ 67 \\ \hline \end{array} \qquad \begin{array}{r} 73 \\ \times\ 66 \\ \hline \end{array}$$

다른 식이지만 계산 결과가 같은 이유를 생각해 봐.

07 다르면서 같은 곱셈

● 곱셈을 해 보세요.

①
```
    3 3  (×2→)     6 6
×   2 4  (←×2) ×   1 2
  1 3 2          1 3 2
+ 6 6          + 6 6
  7 9 2          7 9 2
```
곱해지는 수가 커진 만큼 곱하는 수는 작아져요.

② 27×52, 54×26

③ 32×88, 64×44

④ 21×56, 84×14

⑤ 60×24, 30×48

⑥ 46×18, 23×36

⑦ 82×37, 41×74

⑧ 36×24, 12×72

몇백이 되는 계산을 먼저 하면 훨씬 쉽지.

08 편리하게 계산하기

● □ 안에 알맞은 수를 써 보세요.

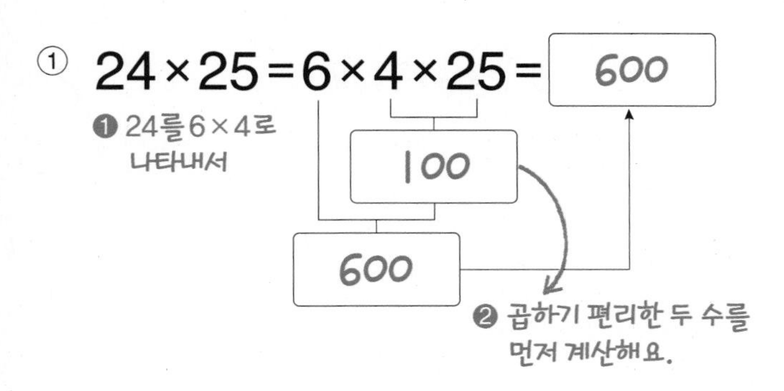

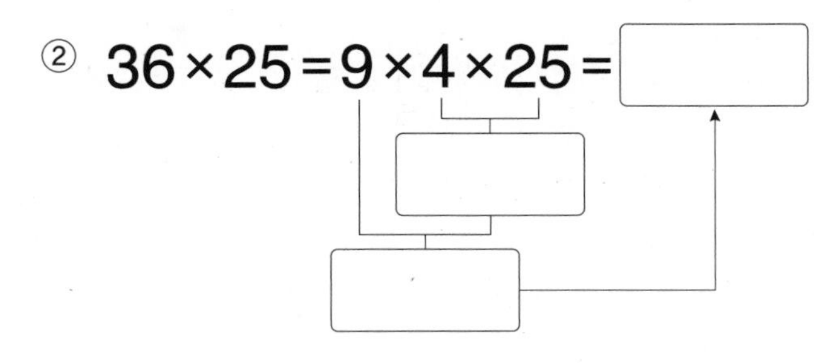

① $24\times25=6\times4\times25=$ 600

❶ 24를 6×4로 나타내서

100

600

❷ 곱하기 편리한 두 수를 먼저 계산해요.

② $36\times25=9\times4\times25=$ □

③ $18\times50=9\times2\times50=$ □

④ $28\times50=7\times4\times50=$ □

⑤ $25\times28=25\times4\times7=$ □

⑥ $50\times36=50\times4\times9=$ □

⑦ $50\times48=50\times2\times24=$ □

⑧ $25\times56=25\times8\times7=$ □

곱셈의 감각

계산하기 편리한 수를 고르면 쉽겠는데?!

09 내가 만드는 곱셈식

● ▭에서 원하는 수를 골라 빈칸에 쓰고 곱셈을 해 보세요. (단, 답은 여러 가지가 될 수 있습니다.)

① 10 72 95 → (예)

		9	4
×		1	0
	9	4	0

계산하기 쉽게 10을 골랐어요.

② 46 15 30 →

		4	2
×			

③ 12 38 74 →

		1	5
×			

④ 61 25 82 →

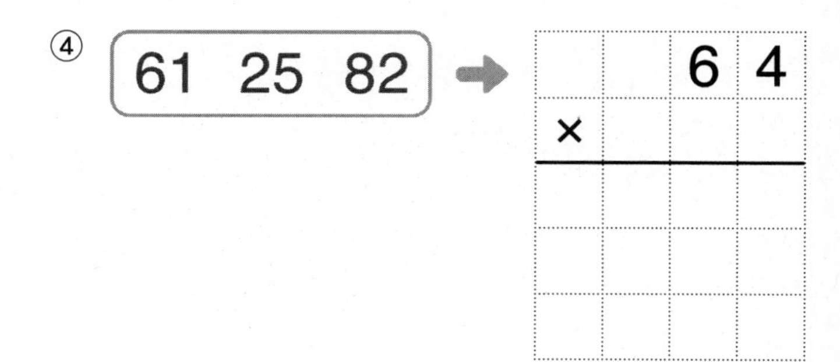

		6	4
×			

⑤ 23 11 42 →

		5	7
×			

⑥ 13 26 67 →

		7	1
×			

⑦ 59 85 50 →

		8	5
×			

⑧ 45 36 93 →

		2	8
×			

곱하기는 같은 수를 여러 번 더한 것임을 기억해.

10 곱셈식을 보고 식 완성하기

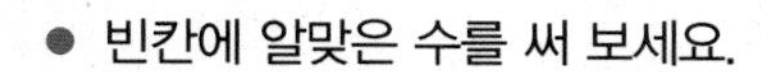

● 빈칸에 알맞은 수를 써 보세요.

① $11\times15=11\times14+$ 11

11을 15번 더한 것 / 11을 14번 더한 것 / 11을 한 번 더 더해야 양쪽이 같아져요.

② $33\times52=33\times51+$ ____

③ $42\times64=42\times63+$ ____

④ $23\times37=23\times36+$ ____

⑤ $81\times19=81\times18+$ ____

⑥ $30\times16=30\times14+$ ____

⑦ $14\times30=14\times31-$ 14

14를 30번 더한 것 / 14를 31번 더한 것 / 14를 한 번 빼야 양쪽이 같아져요.

⑧ $39\times39=39\times40-$ ____

⑨ $50\times49=50\times50-$ ____

⑩ $78\times87=78\times88-$ ____

⑪ $59\times24=59\times25-$ ____

⑫ $64\times41=64\times42-$ ____

⑬ $25\times93=25\times95-$ ____

곱셈은 같은 수를 여러 번 더한 거야.

11×4 : 11, 11, 11, 11

11×5 : 11, 11, 11, 11, 11

5 나머지가 있는 나눗셈

나누어떨어지지 않으면 몫과 나머지를 구해.

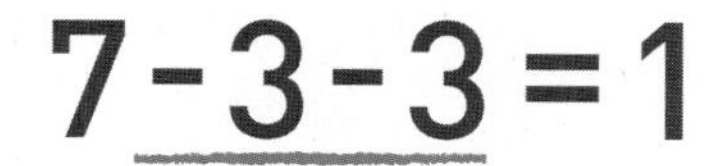

7에서 3을 2번 뺄 수 있고 1이 남습니다.

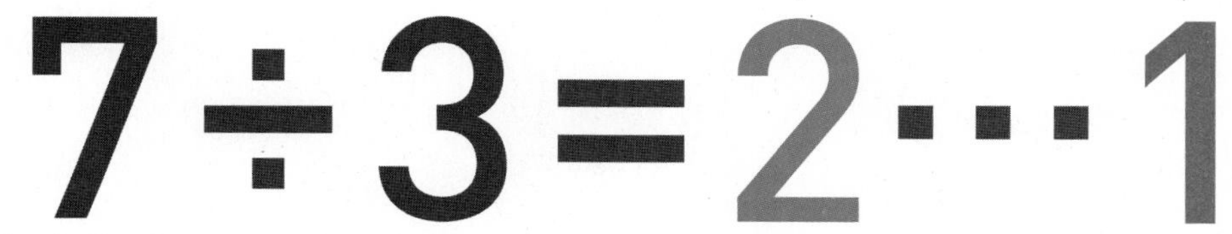

나누어지는 수 나누는 수 몫 나머지

"7 나누기 3의 몫은 2이고
나머지는 1이야."

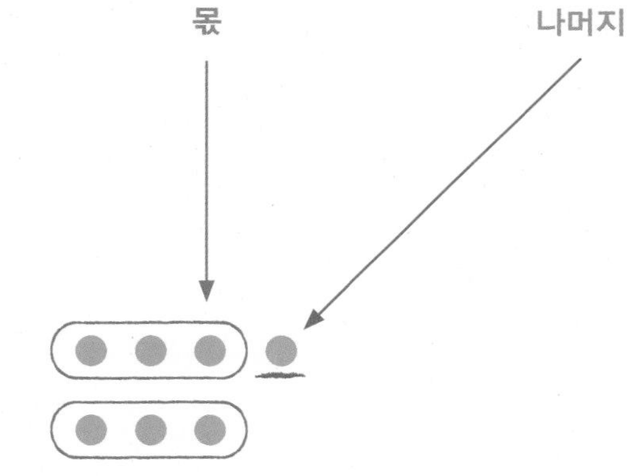

7을 3씩 묶으면
2묶음이 되고 1이 남습니다.

몇 묶음이 되고 몇 개가 남는지 살펴봐.

01 묶어서 몫과 나머지 구하기

● 나누는 수만큼 묶고 빈칸에 알맞은 수를 써 보세요.

① 예

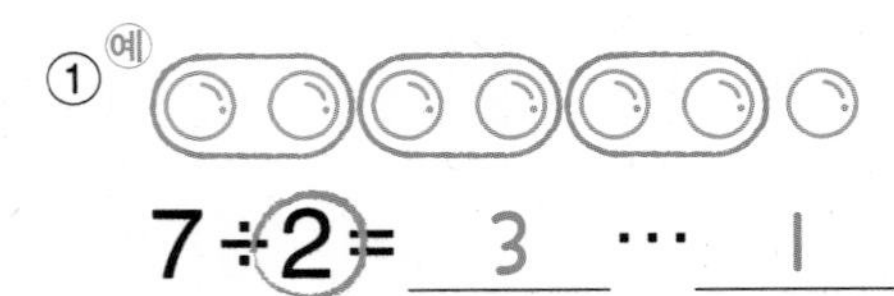

7 ÷ 2 = 3 … 1

❶ 2개씩 묶으면 ❷ 3묶음이 되고 (몫) ❸ 1개가 남아요. (나머지)

② ○○○○○

5 ÷ 2 = ____ … ____

❶ 2개씩 묶으면 ❷ 2묶음이 되고 ❸ 1개가 남아요.

③ ○○○○○○○○○○

10 ÷ 4 = ____ … ____

④ ○○○○○○○○○○ ○

11 ÷ 3 = ____ … ____

⑤ ○○○○○○○○○○ ○○○○○○○○○○ ○○○

23 ÷ 3 = ____ … ____

⑥ ○○○○○○○○○○ ○○○○○○○○○○ ○○○○○○○○○

29 ÷ 5 = ____ … ____

⑦ ○○○○○○○○○○ ○○○○○○○○○○ ○○○

23 ÷ 6 = ____ … ____

⑧ ○○○○○○○○○○ ○○○○○○○○○○ ○

21 ÷ 9 = ____ … ____

⑨ ○○○○○○○○○○ ○○○○○○○○○

19 ÷ 8 = ____ … ____

⑩ ○○○○○○○○○○ ○○○○○○○○○○

20 ÷ 7 = ____ … ____

⑪

$19 \div 4 =$ ____ ⋯ ____

⑫

$16 \div 6 =$ ____ ⋯ ____

⑬

$30 \div 9 =$ ____ ⋯ ____

⑭

$15 \div 4 =$ ____ ⋯ ____

⑮

$25 \div 8 =$ ____ ⋯ ____

⑯

$25 \div 7 =$ ____ ⋯ ____

⑰

$15 \div 2 =$ ____ ⋯ ____

⑱

$14 \div 3 =$ ____ ⋯ ____

⑲

$22 \div 5 =$ ____ ⋯ ____

⑳

$27 \div 6 =$ ____ ⋯ ____

나누어지는 수에서 나누는 수를 몇 번 뺄 수 있고 몇이 남는지 살펴봐.

02 뺄셈으로 몫과 나머지 구하기

● 뺄셈을 이용하여 나눗셈의 몫과 나머지를 구해 보세요.

① $9-2-2-2-2=$ 1 ➡ $9\div2=$ 4 ⋯ 1

1번 2번 3번 4번

❶ 9에서 2를 최대 4번 뺄 수 있고

❷ 1이 남아요.
$2\times4=8$, $9-8=1$

② $10-3-3-3=$ ____ ➡ $10\div3=$ ____ ⋯ ____

③ $18-8-8=$ ____ ➡ $18\div8=$ ____ ⋯ ____

④ $25-7-7-7=$ ____ ➡ $25\div7=$ ____ ⋯ ____

⑤ $33-6-6-6-6-6=$ ____ ➡ $33\div6=$ ____ ⋯ ____

⑥ $39-9-9-9-9=$ ____ ➡ $39\div9=$ ____ ⋯ ____

⑦ $42-5-5-5-5-5-5-5-5=$ ____ ➡ $42\div5=$ ____ ⋯ ____

⑧ $27-4-4-4-4-4-4=$ ____ ➡ $27\div4=$ ____ ⋯ ____

⑨ $70-8-8-8-8-8-8-8-8=$ ____ ➡ $70\div8=$ ____ ⋯ ____

⑩ $70-9-9-9-9-9-9-9=$ ____ ➡ $70\div9=$ ____ ⋯ ____

나누어지는 수보다 크지 않은 수 중에서 알맞은 곱을 찾아.

03 곱셈으로 몫과 나머지 구하기

● 나눗셈에 필요한 곱셈식을 찾아 ○표 하고 나눗셈의 몫과 나머지를 구해 보세요.

① $2\times4=8$, ($2\times5=10$), $2\times6=12$

$2\overline{)11}$ 몫 5, -10, 나머지 1

❶ 2단 곱셈구구에서 11보다 크지 않은 수 중에서 11에 가장 가까운 수를 찾아요.

❷ 11−10=1

② $5\times1=5$, $5\times2=10$, ($5\times3=15$)

$5\overline{)18}$ 몫, 나머지

③ $3\times6=18$, $3\times7=21$, $3\times8=24$

$3\overline{)19}$

④ $5\times4=20$, $5\times5=25$, $5\times6=30$

$5\overline{)23}$

⑤ $7\times4=28$, $7\times5=35$, $7\times6=42$

$7\overline{)43}$

⑥ $4\times6=24$, $4\times7=28$, $4\times8=32$

$4\overline{)30}$

⑦ $8\times5=40$, $8\times6=48$, $8\times7=56$

$8\overline{)63}$

⑧ $8\times7=56$, $8\times8=64$, $8\times9=72$

$8\overline{)69}$

⑨ $7\times3=21$, $7\times4=28$, $7\times5=35$

$7\overline{)25}$

⑩ $9\times7=63$, $9\times8=72$, $9\times9=81$

$9\overline{)80}$

⑪

$2\times2=4$
$2\times3=6$
$2\times4=8$

$7\div2=$ 3 ⋯ 1

6

$7-6=1$

⑫

$7\times1=7$
$7\times2=14$
$7\times3=21$

$10\div7=$ ___ ⋯ ___

⑬

$3\times3=9$
$3\times4=12$
$3\times5=15$

$13\div3=$ ___ ⋯ ___

⑭

$6\times2=12$
$6\times3=18$
$6\times4=24$

$26\div6=$ ___ ⋯ ___

⑮

$5\times7=35$
$5\times8=40$
$5\times9=45$

$42\div5=$ ___ ⋯ ___

⑯

$9\times7=63$
$9\times8=72$
$9\times9=81$

$65\div9=$ ___ ⋯ ___

⑰

$8\times4=32$
$8\times5=40$
$8\times6=48$

$52\div8=$ ___ ⋯ ___

⑱

$6\times5=30$
$6\times6=36$
$6\times7=42$

$37\div6=$ ___ ⋯ ___

⑲

$9\times7=63$
$9\times8=72$
$9\times9=81$

$75\div9=$ ___ ⋯ ___

⑳

$3\times6=18$
$3\times7=21$
$3\times8=24$

$22\div3=$ ___ ⋯ ___

㉑

$8\times7=56$
$8\times8=64$
$8\times9=72$

$66\div8=$ ___ ⋯ ___

㉒

$7\times7=49$
$7\times8=56$
$7\times9=63$

$58\div7=$ ___ ⋯ ___

나눗셈의 원리

각 단의 곱셈구구의 결과 중에서 나누어지는 수에 가까운 수를 생각해 봐.

04 2, 3으로 나누기

● 2단 곱셈구구를 생각하여 계산해 보세요.

① $13 \div 2 =$ 6 … 1

곱해서 빼면 나머지를 구할 수 있어.

×6
2) 13
 −12
   1

13÷2=6…1
12
13−12=1

② $3 \div 2 =$ ____ … ____

③ $7 \div 2 =$ ____ … ____

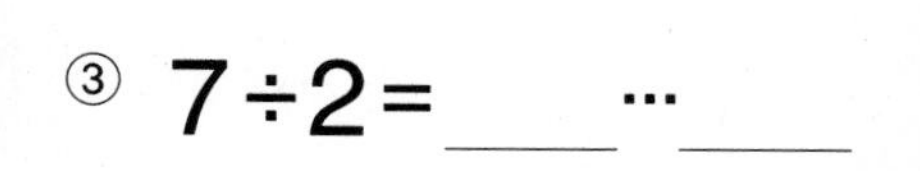

④ $17 \div 2 =$ ____ … ____

⑤ $19 \div 2 =$ ____ … ____

⑥ $11 \div 2 =$ ____ … ____

⑦ $3 \div 2 =$ ____ … ____

⑧ $9 \div 2 =$ ____ … ____

⑨ $5 \div 2 =$ ____ … ____

⑩ $19 \div 2 =$ ____ … ____

⑪ $7 \div 2 =$ ____ … ____

⑫ $15 \div 2 =$ ____ … ____

⑬ $17 \div 2 =$ ____ … ____

● 3단 곱셈구구를 생각하여 계산해 보세요.

① $4 \div 3 =$ 1 … 1

3
4−3=1

② $5 \div 3 =$ ____ … ____

③ $10 \div 3 =$ ____ … ____

④ $7 \div 3 =$ ____ … ____

⑤ $8 \div 3 =$ ____ … ____

⑥ $20 \div 3 =$ ____ … ____

⑦ $13 \div 3 =$ ____ … ____

⑧ $26 \div 3 =$ ____ … ____

⑨ $29 \div 3 =$ ____ … ____

⑩ $23 \div 3 =$ ____ … ____

⑪ $16 \div 3 =$ ____ … ____

⑫ $19 \div 3 =$ ____ … ____

⑬ $11 \div 3 =$ ____ … ____

⑭ $22 \div 3 =$ ____ … ____

⑮ $14 \div 3 =$ ____ … ____

05 4, 5로 나누기

나누어지는 수보다 작은 곱을 생각해 봐.

● 4단 곱셈구구를 생각하여 계산해 보세요.

① $5 \div 4 =$ 1 ··· 1 (4, 5−4=1)

② $6 \div 4 =$ ___ ··· ___

③ $7 \div 4 =$ ___ ··· ___

④ $10 \div 4 =$ ___ ··· ___

⑤ $11 \div 4 =$ ___ ··· ___

⑥ $17 \div 4 =$ ___ ··· ___

⑦ $15 \div 4 =$ ___ ··· ___

⑧ $35 \div 4 =$ ___ ··· ___

⑨ $38 \div 4 =$ ___ ··· ___

⑩ $23 \div 4 =$ ___ ··· ___

⑪ $31 \div 4 =$ ___ ··· ___

⑫ $29 \div 4 =$ ___ ··· ___

⑬ $21 \div 4 =$ ___ ··· ___

⑭ $27 \div 4 =$ ___ ··· ___

⑮ $13 \div 4 =$ ___ ··· ___

● 5단 곱셈구구를 생각하여 계산해 보세요.

① $9 \div 5 =$ 1 ··· 4 (5, 9−5=4)

② $26 \div 5 =$ ___ ··· ___

③ $18 \div 5 =$ ___ ··· ___

④ $28 \div 5 =$ ___ ··· ___

⑤ $22 \div 5 =$ ___ ··· ___

⑥ $23 \div 5 =$ ___ ··· ___

⑦ $31 \div 5 =$ ___ ··· ___

⑧ $32 \div 5 =$ ___ ··· ___

⑨ $33 \div 5 =$ ___ ··· ___

⑩ $42 \div 5 =$ ___ ··· ___

⑪ $16 \div 5 =$ ___ ··· ___

⑫ $39 \div 5 =$ ___ ··· ___

⑬ $14 \div 5 =$ ___ ··· ___

⑭ $36 \div 5 =$ ___ ··· ___

⑮ $48 \div 5 =$ ___ ··· ___

나눗셈의 원리 나누어지는 수에서 몫과 나누는 수의 곱을 뺀 수가 나머지야.

06 6, 7로 나누기

● 6단 곱셈구구를 생각하여 계산해 보세요.

① $9 \div 6 =$ 1 … 3

6

9−6=3

② $31 \div 6 =$ ___ … ___

③ $17 \div 6 =$ ___ … ___

④ $27 \div 6 =$ ___ … ___

⑤ $14 \div 6 =$ ___ … ___

⑥ $15 \div 6 =$ ___ … ___

⑦ $19 \div 6 =$ ___ … ___

⑧ $52 \div 6 =$ ___ … ___

⑨ $59 \div 6 =$ ___ … ___

⑩ $40 \div 6 =$ ___ … ___

⑪ $46 \div 6 =$ ___ … ___

⑫ $23 \div 6 =$ ___ … ___

⑬ $37 \div 6 =$ ___ … ___

⑭ $32 \div 6 =$ ___ … ___

⑮ $50 \div 6 =$ ___ … ___

● 7단 곱셈구구를 생각하여 계산해 보세요.

① $11 \div 7 =$ 1 … 4

7

11−7=4

② $43 \div 7 =$ ___ … ___

③ $34 \div 7 =$ ___ … ___

④ $24 \div 7 =$ ___ … ___

⑤ $16 \div 7 =$ ___ … ___

⑥ $52 \div 7 =$ ___ … ___

⑦ $61 \div 7 =$ ___ … ___

⑧ $62 \div 7 =$ ___ … ___

⑨ $9 \div 7 =$ ___ … ___

⑩ $26 \div 7 =$ ___ … ___

⑪ $41 \div 7 =$ ___ … ___

⑫ $40 \div 7 =$ ___ … ___

⑬ $69 \div 7 =$ ___ … ___

⑭ $48 \div 7 =$ ___ … ___

⑮ $67 \div 7 =$ ___ … ___

07 8, 9로 나누기

몫을 먼저 구해야 나머지를 구할 수 있어.

● 8단 곱셈구구를 생각하여 계산해 보세요.

① 9÷8= 1 … 1

8

9−8=1

② 29÷8= ___ … ___

③ 42÷8= ___ … ___

④ 18÷8= ___ … ___

⑤ 17÷8= ___ … ___

⑥ 60÷8= ___ … ___

⑦ 68÷8= ___ … ___

⑧ 39÷8= ___ … ___

⑨ 79÷8= ___ … ___

⑩ 53÷8= ___ … ___

⑪ 35÷8= ___ … ___

⑫ 65÷8= ___ … ___

⑬ 77÷8= ___ … ___

⑭ 63÷8= ___ … ___

⑮ 31÷8= ___ … ___

● 9단 곱셈구구를 생각하여 계산해 보세요.

① 12÷9= 1 … 3

9

12−9=3

② 20÷9= ___ … ___

③ 30÷9= ___ … ___

④ 37÷9= ___ … ___

⑤ 67÷9= ___ … ___

⑥ 68÷9= ___ … ___

⑦ 50÷9= ___ … ___

⑧ 75÷9= ___ … ___

⑨ 32÷9= ___ … ___

⑩ 52÷9= ___ … ___

⑪ 58÷9= ___ … ___

⑫ 76÷9= ___ … ___

⑬ 73÷9= ___ … ___

⑭ 75÷9= ___ … ___

⑮ 89÷9= ___ … ___

08 세로셈

세로셈을 할 때는 자리를 맞추어 써야 해.

● 나눗셈의 몫과 나머지를 구해 보세요.

① 3)15 — 몫 5, 3×5=15를 빼면 0

❶ 3×5=15
❷ 15−15=0

② 3)17 — 몫 5, 3×5=15를 빼면 2

❶ 3×5=15
❷ 17−15=2

③ 5)17

④ 2)9

⑤ 6)22

⑥ 3)25

⑦ 8)11

⑧ 6)21

⑨ 9)21

⑩ 4)13

⑪ 5)22

⑫ 6)29

⑬ 2)15

⑭ 4)14

⑮ 7)31

⑯ 9)10

⑰ 8)27

⑱ 8)28

⑲ 3)23

⑳ 9)48

세로셈을 할 때는 자리를 맞추어 써야 해.

㉑ $7\overline{)48}$

㉒ $6\overline{)38}$

㉓ $5\overline{)32}$

㉔ $8\overline{)54}$

㉕ $7\overline{)29}$

㉖ $4\overline{)33}$

㉗ $2\overline{)3}$

㉘ $9\overline{)55}$

㉙ $6\overline{)44}$

㉚ $6\overline{)45}$

㉛ $5\overline{)47}$

㉜ $3\overline{)20}$

㉝ $7\overline{)40}$

㉞ $2\overline{)13}$

㉟ $4\overline{)39}$

㊱ $8\overline{)71}$

㊲ $5\overline{)43}$

㊳ $3\overline{)26}$

㊴ $6\overline{)56}$

㊵ $9\overline{)24}$

09 가로셈

곱셈구구를 이용해서 나누어지는 수에 가장 가까운 수를 생각해 봐.

● 나눗셈의 몫과 나머지를 구해 보세요.

① $32 \div 4 =$ ____

② $33 \div 4 =$ 8 … 1

33－32=1 (4×8=32)

③ $34 \div 8 =$ ____ … ____

④ $35 \div 6 =$ ____ … ____

⑤ $31 \div 9 =$ ____ … ____

⑥ $17 \div 3 =$ ____ … ____

⑦ $50 \div 7 =$ ____ … ____

⑧ $13 \div 2 =$ ____ … ____

⑨ $39 \div 5 =$ ____ … ____

⑩ $16 \div 6 =$ ____ … ____

⑪ $41 \div 9 =$ ____ … ____

⑫ $30 \div 4 =$ ____ … ____

⑬ $43 \div 8 =$ ____ … ____

⑭ $44 \div 8 =$ ____ … ____

⑮ $45 \div 8 =$ ____ … ____

⑯ $25 \div 3 =$ ____ … ____

⑰ $11 \div 2 =$ ____ … ____

⑱ $68 \div 7 =$ ____ … ____

⑲ $19 \div 7 =$ ____ … ____

⑳ $22 \div 4 =$ ____ … ____

㉑ $56 \div 6 =$ ____ … ____

㉒ $54 \div 7 =$ ____ … ____

㉓ $47 \div 5 =$ ____ … ____

㉔ $79 \div 9 =$ ____ … ____

곱셈구구를 이용해서 나누어지는 수에 가장 가까운 수를 생각해 봐.

㉕ $14 \div 4 =$ ___ … ___

㉖ $28 \div 3 =$ ___ … ___

㉗ $71 \div 8 =$ ___ … ___

㉘ $27 \div 5 =$ ___ … ___

㉙ $43 \div 5 =$ ___ … ___

㉚ $28 \div 6 =$ ___ … ___

㉛ $49 \div 5 =$ ___ … ___

㉜ $7 \div 2 =$ ___ … ___

㉝ $18 \div 8 =$ ___ … ___

㉞ $34 \div 6 =$ ___ … ___

㉟ $47 \div 9 =$ ___ … ___

㊱ $47 \div 6 =$ ___ … ___

㊲ $33 \div 8 =$ ___ … ___

㊳ $27 \div 7 =$ ___ … ___

㊴ $65 \div 9 =$ ___ … ___

㊵ $29 \div 8 =$ ___ … ___

㊶ $26 \div 4 =$ ___ … ___

㊷ $3 \div 2 =$ ___ … ___

㊸ $56 \div 9 =$ ___ … ___

㊹ $53 \div 6 =$ ___ … ___

㊺ $37 \div 4 =$ ___ … ___

㊻ $62 \div 7 =$ ___ … ___

㊼ $36 \div 7 =$ ___ … ___

㊽ $8 \div 3 =$ ___ … ___

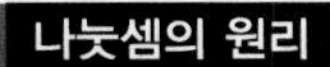

나눗셈의 원리 나누어지는 수에 따라 나머지가 어떻게 달라지는지 살펴봐.

10 정해진 수로 나누기

● 나눗셈의 몫과 나머지를 구해 보세요.

① 2로 나누어 보세요.

❶ 나누는 수가 2일 때

$2\overline{)12}$ = 6 … 0 (12 − 12 = 0)
$2\overline{)13}$ = 6 … 1 (13 − 12 = 1)
$\overline{)14}$ $\overline{)15}$ $\overline{)16}$

❷ 나머지는 항상 2보다 작아요.

② 4로 나누어 보세요.

몫이 어떻게 달라졌나요?

$\overline{)16}$ $\overline{)17}$ $\overline{)18}$ $\overline{)19}$ $\overline{)20}$

나머지가 어떻게 달라졌나요?

③ 5로 나누어 보세요.

$\overline{)30}$ $\overline{)31}$ $\overline{)32}$ $\overline{)33}$ $\overline{)34}$

④ 9로 나누어 보세요.

$\overline{)68}$ $\overline{)69}$ $\overline{)70}$ $\overline{)71}$ $\overline{)72}$

검산해 보면 계산이 맞았는지 알 수 있어.

11 검산하기

● 나눗셈의 몫과 나머지를 구하고 계산이 맞았는지 검산해 보세요.

① $12 \div 5 =$ 2 … 2

```
    2
5)1 2
  1 0
    2
```

5 × 2 + 2 = 12

나누는 수 × 몫 + 나머지 = 나누어지는 수

곱셈 먼저 계산해.

② $11 \div 2 =$ ___ … ___

___ × ___ + ___ = ___

나누는 수 × 몫 + 나머지 = 나누어지는 수

③ $25 \div 8 =$ ___ … ___

___ × ___ + ___ = ___

④ $25 \div 3 =$ ___ … ___

___ × ___ + ___ = ___

⑤ $37 \div 4 =$ ___ … ___

___ × ___ + ___ = ___

⑥ $58 \div 9 =$ ___ … ___

___ × ___ + ___ = ___

⑦ $31 \div 7 =$ ___ … ___

___ × ___ + ___ = ___

⑧ $15 \div 6 =$ ___ … ___

___ × ___ + ___ = ___

⑨ $17 \div 3 =$ ___ … ___

___ × ___ + ___ = ___

⑩ $44 \div 9 =$ ___ … ___

___ × ___ + ___ = ___

⑪ $15 \div 2 =$ ___ … ___

↓ ↓ ↓

___ × ___ + ___ = ______

⑫ $20 \div 3 =$ ___ … ___

↓ ↓ ↓

___ × ___ + ___ = ______

⑬ $3 \div 2 =$ ___ … ___

↓ ↓ ↓

___ × ___ + ___ = ______

⑭ $43 \div 8 =$ ___ … ___

↓ ↓ ↓

___ × ___ + ___ = ______

⑮ $42 \div 5 =$ ___ … ___

↓ ↓ ↓

___ × ___ + ___ = ______

⑯ $30 \div 7 =$ ___ … ___

↓ ↓ ↓

___ × ___ + ___ = ______

⑰ $18 \div 4 =$ ___ … ___

↓ ↓ ↓

___ × ___ + ___ = ______

⑱ $47 \div 9 =$ ___ … ___

↓ ↓ ↓

___ × ___ + ___ = ______

⑲ $39 \div 6 =$ ___ … ___

↓ ↓ ↓

___ × ___ + ___ = ______

⑳ $55 \div 6 =$ ___ … ___

↓ ↓ ↓

___ × ___ + ___ = ______

몫, 나머지, 나누는 수를 이용하면 나누어지는 수를 구할 수 있어.

12 나누어지는 수 구하기

● 검산식을 이용하여 빈칸에 알맞은 수를 쓰고 나누어지는 수를 구해 보세요.

① ● ÷ 4 = 3 ··· 1

↓ ↓ ↓

4 × 3 + 1 = ●

나누는 수 × 몫 + 나머지 = 나누어지는 수

● = 13

② ● ÷ 6 = 3 ··· 4

↓ ↓ ↓

___ × ___ + ___ = ●

나누는 수 × 몫 + 나머지 = 나누어지는 수

● = ______

③ ● ÷ 7 = 5 ··· 6

↓ ↓ ↓

___ × ___ + ___ = ●

● = ______

④ ● ÷ 5 = 6 ··· 2

↓ ↓ ↓

___ × ___ + ___ = ●

● = ______

⑤ ● ÷ 9 = 3 ··· 7

↓ ↓ ↓

___ × ___ + ___ = ●

● = ______

⑥ ● ÷ 9 = 1 ··· 5

↓ ↓ ↓

___ × ___ + ___ = ●

● = ______

⑦ ● ÷ 8 = 7 ··· 3

↓ ↓ ↓

___ × ___ + ___ = ●

● = ______

⑧ ● ÷ 2 = 7 ··· 1

↓ ↓ ↓

___ × ___ + ___ = ●

● = ______

곱셈구구를 이용하면 몫을 몇쯤으로 어림해 볼 수 있겠지?

13 몫을 어림하여 비교하기

● 몫이 ○ 안의 수보다 큰 것에 모두 ○표 하세요.

몫과 나머지를 다 구하지 않아도 비교할 수 있어요.

① (1) 13÷9 10÷6 5÷2 5÷4

9×1=9이므로 몫은 1쯤이에요.
6×1=6이므로 몫은 1쯤이에요.
2×2=4이므로 몫은 2쯤이에요.
4×1=4이므로 몫은 1쯤이에요.

② (6) 22÷3 27÷5 40÷7 59÷8

③ (8) 71÷9 16÷2 48÷5 74÷8

④ (3) 17÷6 15÷7 18÷4 9÷2

⑤ (5) 41÷8 43÷8 47÷8 49÷8

⑥ (7) 40÷6 47÷5 25÷3 42÷7

나눗셈의 원리

식에 단위가 있을 때, 몫이 나타내는 것이 무엇인지 생각해 봐.

14 단위가 있는 나눗셈

● 나눗셈을 하여 몫과 나머지를 알맞게 써 보세요.

① 8 cm÷2 cm= ______

8 cm÷2= ______

❶ 13 cm를 5 cm씩 나누면 2(개)가 되고 3 cm가 남아요.

② 13 cm÷5 cm= 2 … 3 cm

13 cm÷5= 2 cm … 3 cm

❷ 13 cm를 5(다섯)로 나누면 2 cm씩 되고 3 cm가 남아요.

③ 24 cm÷9 cm= ______ … ______

24 cm÷9= ______ … ______

④ 23 cm÷4 cm= ______ … ______

23 cm÷4= ______ … ______

⑤ 38 cm÷5 cm= ______ … ______

38 cm÷5= ______ … ______

⑥ 40 cm÷6 cm= ______ … ______

40 cm÷6= ______ … ______

⑦ 50 kg÷8 kg= ______ … ______

50 kg÷8= ______ … ______

⑧ 17 kg÷4 kg= ______ … ______

17 kg÷4= ______ … ______

나누기는 두 가지로 **생각할 수 있다.**

❶ **8 cm를 2 cm씩** 덜어 낸 횟수

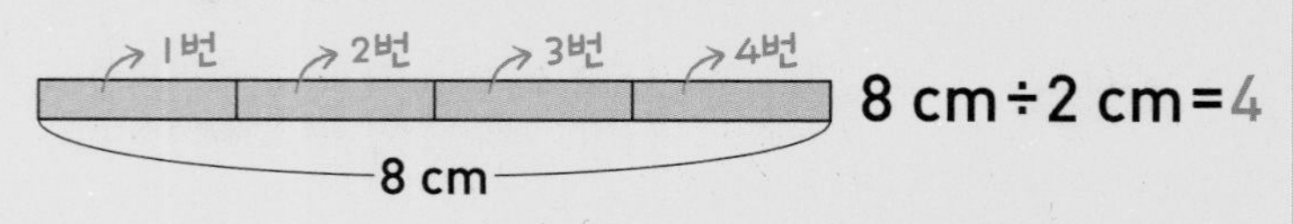

8 cm÷2 cm=4

❷ **8 cm를 둘로 나눈** 하나의 길이

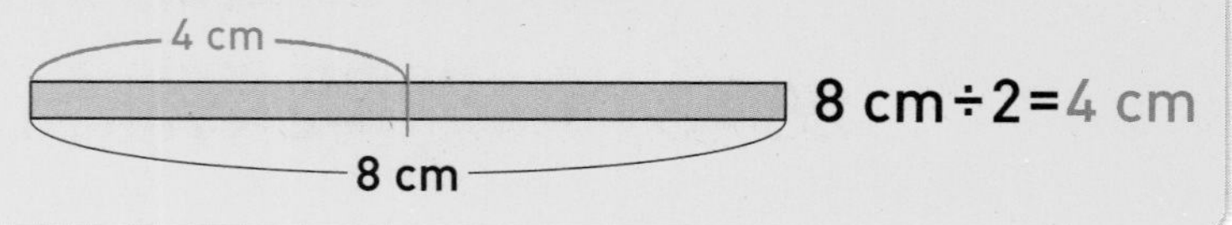

8 cm÷2=4 cm

⑨ 34 kg÷9 kg= ______ … ______

34 kg÷9= ______ … ______

⑩ 43 kg÷5 kg= ______ … ______

43 kg÷5= ______ … ______

15 알맞은 수 찾기

몫에 상관없이
나머지가 조건에 맞는 수를 찾아봐!

● 알맞은 수를 찾아 모두 ○표 하세요.

5단 곱셈구구를 이용해요.

① 5로 나누면 나머지가 3인 수

25 (18) 11 45 32

$5 \overline{)25}$ = 5 … 0, $5 \overline{)18}$ = 3 … 3, $5 \overline{)11}$ = 2 … 1, $5 \overline{)45}$ = 9 … 0, $5 \overline{)32}$ = 6 … 2

(25 − 25 = 0, 18 − 15 = 3, 11 − 10 = 1, 45 − 45 = 0, 32 − 30 = 2)

2단 곱셈구구를 이용해요.

② 2로 나누면 나머지가 1인 수

4 10 15 8 16

③ 3으로 나누면 나머지가 2인 수

14 15 9 20 24

④ 4로 나누면 나머지가 3인 수

18 23 29 31 36

⑤ 6으로 나누면 나머지가 1인 수

35 43 50 29 9

⑥ 8로 나누면 나머지가 4인 수

32 20 51 75 66

⑦ 7로 나누면 나머지가 5인 수

35 40 19 27 58

⑧ 9로 나누면 나머지가 8인 수

42 47 89 36 40

⑨ 5로 나누면 나머지가 4인 수

32 44 21 16 10

⑩ 6으로 나누면 나머지가 2인 수

20 33 49 56 24

6 (몇십)÷(몇), (몇백몇십)÷(몇)

나누어지는 수가 10배가 되면 몫도 10배가 돼.

나누어지는 수 나누는 수 몫

$$7 \div 7 = 1$$

10배 10배

$$70 \div 7 = 10$$

$$12 \div 3 = 4$$

10배 10배

$$120 \div 3 = 40$$

나누어지는 수가 10배가 되면 몫도 10배가 돼.

01 단계에 따라 계산하기

● 나눗셈의 몫을 구해 보세요.

① $8 \div 4 = 2$ (×10) $80 \div 4 = 20$ (×10)

② $4 \div 2 =$ / $40 \div 2 =$

③ $6 \div 3 =$ / $60 \div 3 =$

④ $9 \div 9 =$ / $90 \div 9 =$

⑤ $3 \div 3 =$ / $30 \div 3 =$

⑥ $4 \div 4 =$ / $40 \div 4 =$

⑦ $7 \div 7 =$ / $70 \div 7 =$

⑧ $5 \div 5 =$ / $50 \div 5 =$

⑨ $9 \div 3 =$ / $90 \div 3 =$

⑩ $8 \div 8 =$ / $80 \div 8 =$

⑪ $8 \div 2 =$ / $80 \div 2 =$

⑫ $6 \div 2 =$ / $60 \div 2 =$

⑬ $15 \div 3 =$ / $150 \div 3 =$

⑭ $35 \div 7 =$ / $350 \div 7 =$

⑮ $27 \div 3 =$ / $270 \div 3 =$

⑯ $24 \div 8 =$ / $240 \div 8 =$

⑰ $63 \div 9 =$ / $630 \div 9 =$

⑱ $28 \div 4 =$ / $280 \div 4 =$

⑲ $21 \div 7 =$ / $210 \div 7 =$

⑳ $40 \div 5 =$ / $400 \div 5 =$

㉑ $54 \div 6 =$ / $540 \div 6 =$

㉒ $20 \div 5 =$ / $200 \div 5 =$

㉓ $72 \div 8 =$ / $720 \div 8 =$

㉔ $36 \div 9 =$ / $360 \div 9 =$

나눗셈의 원리

02 가로셈

(몇)÷(몇)을 이용해서 (몇십)÷(몇)을 계산해 봐.

● 나눗셈의 몫을 구해 보세요.

① $90 \div 3 =$ 3 0 (십, 일)
$9 \div 3 =$ 3

② $120 \div 3 =$ □□ (십, 일)
$12 \div 3 =$ □

③ $160 \div 2 =$ □□ (십, 일)
$16 \div 2 =$ □

④ $60 \div 2 =$ □□
$6 \div 2 =$ □

⑤ $420 \div 6 =$ □□
$42 \div 6 =$ □

⑥ $420 \div 7 =$ □□
$42 \div 7 =$ □

⑦ $400 \div 8 =$ □□
$40 \div 8 =$ □

⑧ $50 \div 5 =$ □□
$5 \div 5 =$ □

⑨ $70 \div 7 =$ □□
$7 \div 7 =$ □

⑩ $80 \div 2 =$ □□
$8 \div 2 =$ □

⑪ $300 \div 5 =$ □□
$30 \div 5 =$ □

⑫ $180 \div 9 =$ □□
$18 \div 9 =$ □

⑬ $540 \div 9 =$ □□
$54 \div 9 =$ □

⑭ $80 \div 4 =$ □□
$8 \div 4 =$ □

⑮ $480 \div 6 =$ □□
$48 \div 6 =$ □

(몇)÷(몇)을 이용해서 (몇십)÷(몇)을 계산해 봐.

⑯ $40 \div 4 =$

⑰ $400 \div 5 =$

⑱ $140 \div 2 =$

⑲ $210 \div 3 =$

⑳ $120 \div 6 =$

㉑ $100 \div 2 =$

㉒ $120 \div 4 =$

㉓ $120 \div 3 =$

㉔ $120 \div 2 =$

㉕ $160 \div 8 =$

㉖ $90 \div 3 =$

㉗ $320 \div 4 =$

㉘ $450 \div 9 =$

㉙ $360 \div 6 =$

㉚ $320 \div 8 =$

㉛ $60 \div 3 =$

㉜ $150 \div 5 =$

㉝ $630 \div 7 =$

㉞ $720 \div 9 =$

㉟ $200 \div 4 =$

㊱ $150 \div 3 =$

㊲ $80 \div 2 =$

㊳ $480 \div 8 =$

㊴ $300 \div 6 =$

㊵ $360 \div 9 =$

㊶ $100 \div 5 =$

㊷ $20 \div 2 =$

㊸ $270 \div 3 =$

㊹ $140 \div 7 =$

㊺ $280 \div 7 =$

03 세로셈

세로셈에서는 자리를 맞추어 계산해야 해.

● 나눗셈의 몫을 구해 보세요.

① ❶ × 1 0

$3\overline{)30}$

− 3

0 ❷ 0을 내려 써요.

② $2\overline{)100}$

③ $5\overline{)300}$

④ $9\overline{)630}$

⑤ $4\overline{)240}$

⑥ $4\overline{)80}$

⑦ $7\overline{)560}$

⑧ $3\overline{)240}$

⑨ $3\overline{)120}$

⑩ $8\overline{)400}$

⑪ $6\overline{)420}$

⑫ $2\overline{)60}$

⑬ $2\overline{)40}$

⑭ $3\overline{)180}$

⑮ $5\overline{)200}$

⑯ $7\overline{)140}$

⑰ $8\overline{)80}$

⑱ $4\overline{)320}$

⑲ $8\overline{)640}$

⑳ $7\overline{)350}$

세로셈에서는 자리를 맞추어 계산해야 해.

㉑ $6\overline{)60}$

㉒ $6\overline{)180}$

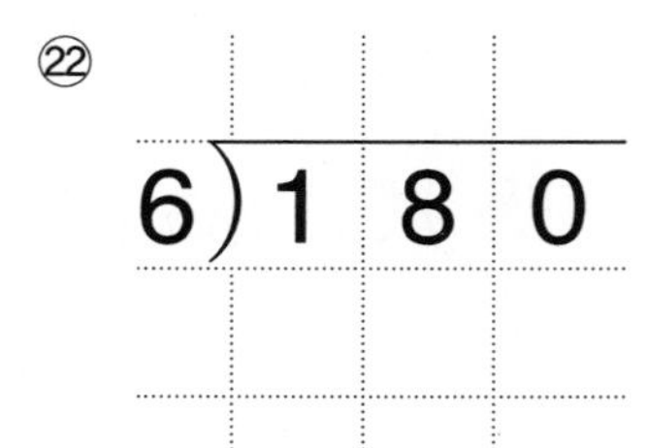

㉓ $3\overline{)60}$

㉔ $9\overline{)810}$

㉕ $4\overline{)200}$

㉖ $2\overline{)140}$

㉗ $5\overline{)450}$

㉘ $7\overline{)280}$

㉙ $4\overline{)160}$

㉚ $3\overline{)90}$

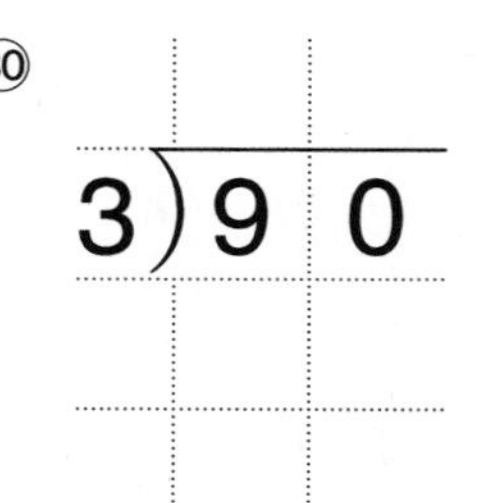

㉛ $6\overline{)300}$

㉜ $3\overline{)270}$

㉝ $8\overline{)720}$

㉞ $4\overline{)40}$

㉟ $9\overline{)540}$

㊱ $2\overline{)120}$

㊲ $5\overline{)400}$

㊳ $2\overline{)80}$

㊴ $7\overline{)490}$

㊵ $9\overline{)450}$

나눗셈의 원리

곱셈과 나눗셈의 관계를 이용하면 검산할 수 있어.

04 검산하기

● 나눗셈의 몫을 구하고 검산해 보세요.

① $40 \div 2 =$ 20

↓

20 $\times 2 =$ 40

몫에 나누는 수를 곱해서 처음 수가 되면 몫을 바르게 구한 거예요.

② $150 \div 3 =$ ____

↓

____ $\times 3 =$ ____

③ $60 \div 3 =$ ____

↓

____ $\times 3 =$ ____

④ $560 \div 8 =$ ____

↓

____ $\times 8 =$ ____

⑤ $180 \div 9 =$ ____

↓

____ $\times 9 =$ ____

⑥ $100 \div 5 =$ ____

↓

____ $\times 5 =$ ____

⑦ $80 \div 4 =$ ____

↓

____ $\times 4 =$ ____

⑧ $210 \div 3 =$ ____

↓

____ $\times 3 =$ ____

⑨ $120 \div 6 =$ ____

↓

____ $\times 6 =$ ____

⑩ $630 \div 7 =$ ____

↓

____ $\times 7 =$ ____

÷4
80
나누는 수를
다시 곱하면
처음 수가 된다.
20
×4

나누어지는 수에 따라 몫이 어떻게 달라지는지 살펴봐.

05 같은 수로 나누기

● 나눗셈의 몫을 구해 보세요.

① $60 \div 6 =$ 10
$120 \div 6 =$ 20
$180 \div 6 =$ 30
$240 \div 6 =$ 40

나누어지는 수가 커지면 몫도 커져요.

② $30 \div 3 =$
$60 \div 3 =$
$90 \div 3 =$
$120 \div 3 =$

③ $100 \div 2 =$
$120 \div 2 =$
$140 \div 2 =$
$160 \div 2 =$

④ $210 \div 7 =$
$280 \div 7 =$
$350 \div 7 =$
$420 \div 7 =$

⑤ $450 \div 9 =$
$540 \div 9 =$
$630 \div 9 =$
$720 \div 9 =$

⑥ $300 \div 5 =$
$350 \div 5 =$
$400 \div 5 =$
$450 \div 5 =$

⑦ $80 \div 2 =$
$60 \div 2 =$
$40 \div 2 =$
$20 \div 2 =$

나누어지는 수가 작아지면 몫은 어떻게 될까요?

⑧ $300 \div 6 =$
$240 \div 6 =$
$180 \div 6 =$
$120 \div 6 =$

⑨ $160 \div 4 =$
$120 \div 4 =$
$80 \div 4 =$
$40 \div 4 =$

⑩ $270 \div 3 =$
$240 \div 3 =$
$210 \div 3 =$
$180 \div 3 =$

⑪ $250 \div 5 =$
$200 \div 5 =$
$150 \div 5 =$
$100 \div 5 =$

⑫ $720 \div 8 =$
$640 \div 8 =$
$560 \div 8 =$
$480 \div 8 =$

3일차 공부한 날: 월 일

나누는 수에 단위가 있을 때와 없을 때, 몫이 나타내는 것을 생각해 봐.

06 단위가 있는 나눗셈

● 나눗셈을 하여 몫을 써 보세요.

❶ 120 m를 6 m씩 나누면 20(개)가 돼요.

① 120 m÷6 m= 20

120 m÷6= 20 m

❷ 120 m를 6(여섯)으로 나눈 하나는 20 m예요.

② 100 m÷5 m=

100 m÷5=

③ 120 m÷4 m=

120 m÷4=

④ 210 m÷7 m=

210 m÷7=

⑤ 450 m÷9 m=

450 m÷9=

⑥ 360 m÷6 m=

360 m÷6=

⑦ 210 m÷3 m=

210 m÷3=

⑧ 80 m÷4 m=

80 m÷4=

⑨ 480 m÷8 m=

480 m÷8=

⑩ 90 g÷3 g=

90 g÷3=

⑪ 560 g÷7 g=

560 g÷7=

⑫ 320 g÷8 g=

320 g÷8=

⑬ 160 g÷2 g=

160 g÷2=

⑭ 100 g÷2 g=

100 g÷2=

⑮ 270 g÷9 g=

270 g÷9=

⑯ 490 g÷7 g=

490 g÷7=

⑰ 270 g÷3 g=

270 g÷3=

⑱ 40 g÷4 g=

40 g÷4=

나누어지는 수와 나누는 수를 살펴봐. 계산하지 않아도 알 수 있어.

07 계산하지 않고 크기 비교하기

● 계산하지 않고 몫이 가장 큰 수를 찾아 ○표 하세요.

나누는 수가 5로 모두 같으므로

① $50 \div 5$　　$150 \div 5$　　$200 \div 5$　　($250 \div 5$)

나누어지는 수가 가장 큰 것을 찾아요.

② $210 \div 7$　　$280 \div 7$　　$350 \div 7$　　$420 \div 7$

③ $480 \div 6$　　$420 \div 6$　　$360 \div 6$　　$300 \div 6$

나누어지는 수가 240으로 모두 같으므로

④ $240 \div 8$　　$240 \div 6$　　$240 \div 4$　　$240 \div 3$

나누는 수가 가장 작은 것을 찾아요.

⑤ $120 \div 2$　　$120 \div 3$　　$120 \div 4$　　$120 \div 6$

⑥ $180 \div 9$　　$180 \div 3$　　$180 \div 6$　　$180 \div 2$

몫이 같아도 나눗셈식은 여러 가지가 있을 수 있어.

08 몫이 정해진 나눗셈식 만들기

● 몫이 다음과 같이 되도록 ☐ 안에 알맞은 수를 써 보세요. (단, 답은 여러 가지가 될 수 있습니다.)

① 예
180 ÷ 3 = 60
420 ÷ 7 = 60

60의 몇 배가 되는 수를 생각해서
나누어지는 수를 정해요.

② ☐☐ ÷ ☐ = 40
☐☐☐ ÷ ☐ = 40

③ ☐☐☐ ÷ ☐ = 50
☐☐☐ ÷ ☐ = 50

④ ☐☐ ÷ ☐ = 10
☐☐ ÷ ☐ = 10

⑤ ☐☐ ÷ ☐ = 20
☐☐☐ ÷ ☐ = 20

⑥ ☐☐☐ ÷ ☐ = 70
☐☐☐ ÷ ☐ = 70

⑦ ☐☐☐ ÷ ☐ = 80
☐☐☐ ÷ ☐ = 80

⑧ ☐☐☐ ÷ ☐ = 30
☐☐ ÷ ☐ = 30

⑨ ☐☐☐ ÷ ☐ = 40
☐☐☐ ÷ ☐ = 40

⑩ ☐☐☐ ÷ ☐ = 90
☐☐☐ ÷ ☐ = 90

7 내림이 없는 (두 자리 수)÷(한 자리 수)

묶은 곱셈을 이용하여 십의 자리부터 구해.

● 84 ÷ 2

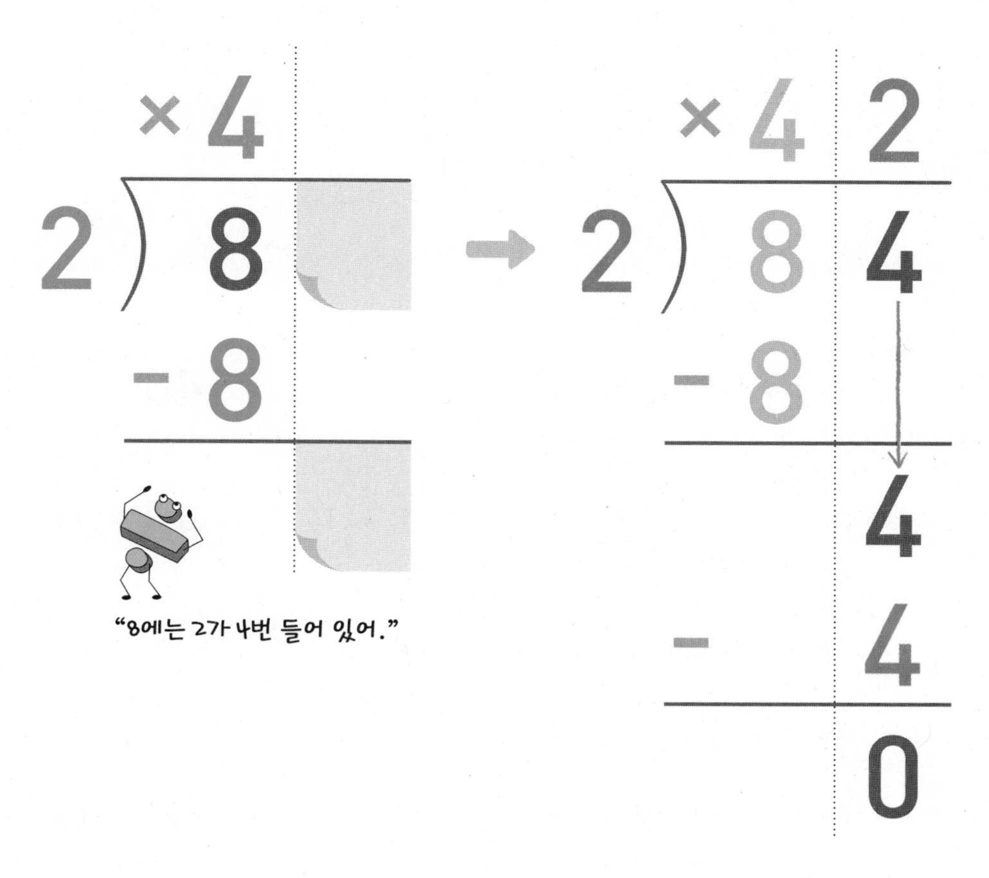

“8에는 2가 4번 들어 있어.”
“4에는 2가 2번 들어 있어.”

01 수를 가르기하여 나누기

● 나눗셈의 몫을 구해 보세요.

① $20 \div 2 = 10$
$2 \div 2 = 1$
$22 \div 2 = 11$
22=20+2로 가르기하여 계산해요.

② $40 \div 4 =$
$4 \div 4 =$
$44 \div 4 =$
44=40+4

③ $80 \div 8 =$
$8 \div 8 =$
$88 \div 8 =$

④ $60 \div 6 =$
$6 \div 6 =$
$66 \div 6 =$

⑤ $60 \div 2 =$
$4 \div 2 =$
$64 \div 2 =$

⑥ $40 \div 2 =$
$8 \div 2 =$
$48 \div 2 =$

⑦ $60 \div 3 =$
$9 \div 3 =$
$69 \div 3 =$

⑧ $30 \div 3 =$
$6 \div 3 =$
$36 \div 3 =$

⑨ $90 \div 3 =$
$9 \div 3 =$
$99 \div 3 =$

⑩ $80 \div 4 =$
$4 \div 4 =$
$84 \div 4 =$

⑪ $20 \div 2 =$
$4 \div 2 =$
$24 \div 2 =$

⑫ $20 \div 2 =$
$8 \div 2 =$
$28 \div 2 =$

02 가로셈

십의 자리 수와 일의 자리 수를 각각 나눠야 해.

● 나눗셈의 몫을 구해 보세요.

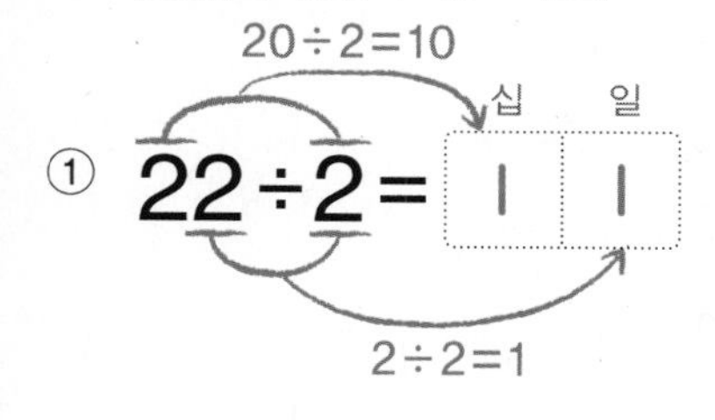

① 22÷2= 1 1

② 60÷3=

③ 55÷5=

④ 46÷2=

⑤ 50÷5=

⑥ 84÷4=

⑦ 70÷7=

⑧ 86÷2=

⑨ 30÷3=

⑩ 90÷9=

⑪ 26÷2=

⑫ 48÷4=

⑬ 88÷2=

⑭ 88÷4=

⑮ 88÷8=

⑯ 80÷4=

⑰ 63÷3=

⑱ 36÷3=

⑲ 77÷7=

⑳ 86÷2=

㉑ 99÷9=

㉒ 69÷3=

㉓ 44÷4=

㉔ 24÷2=

십의 자리 수와 일의 자리 수를 각각 나눠야 해.

㉕ 33÷3=

㉖ 39÷3=

㉗ 40÷4=

㉘ 42÷2=

㉙ 66÷6=

㉚ 44÷2=

㉛ 22÷2=

㉜ 66÷2=

㉝ 96÷3=

㉞ 66÷3=

㉟ 20÷2=

㊱ 99÷3=

㊲ 28÷2=

㊳ 93÷3=

㊴ 62÷2=

㊵ 64÷2=

㊶ 84÷2=

㊷ 46÷2=

㊸ 90÷3=

㊹ 82÷2=

㊺ 60÷2=

㊻ 68÷2=

600 ÷ 6

600을 6으로 똑같이 나누면 100씩이다.

600에서 0이 될 때까지 6씩 빼기 어려우니까 똑같게 나눈다고 생각해.

VS

600 ÷ 100

600에서 100씩 6번 뺄 수 있다.

600을 100등분하기 어려우니까 뺄셈으로 생각해.

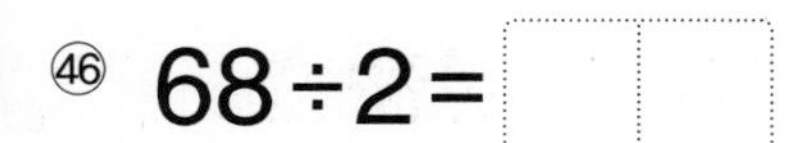

03 세로셈

세로셈에서는 자리를 맞추어 계산해야 해.

● 나눗셈의 몫을 구해 보세요.

① ❶ × 2 0
$2\overline{)40}$
− 4
0 ❷ 0을 내려 써요.

② $3\overline{)60}$

③ $4\overline{)84}$

④ $5\overline{)55}$

⑤ $5\overline{)50}$

⑥ $3\overline{)69}$

⑦ $2\overline{)48}$

⑧ $4\overline{)80}$

⑨ $9\overline{)90}$

⑩ $7\overline{)77}$

⑪ $2\overline{)24}$

⑫ $3\overline{)93}$

⑬ $6\overline{)60}$

⑭ $3\overline{)36}$

⑮ $4\overline{)44}$

⑯ $2\overline{)28}$

세로셈에서는 자리를 맞추어 계산해야 해.

⑰ $3\overline{)99}$

⑱ $2\overline{)68}$

⑲ $3\overline{)33}$

⑳ $4\overline{)48}$

㉑ $2\overline{)26}$

㉒ $2\overline{)88}$

㉓ $2\overline{)82}$

㉔ $2\overline{)86}$

㉕ $3\overline{)63}$

㉖ $2\overline{)84}$

㉗ $4\overline{)88}$

㉘ $3\overline{)66}$

㉙ $2\overline{)46}$

㉚ $2\overline{)62}$

㉛ $8\overline{)80}$

㉜ $2\overline{)64}$

나누는 수에 따라 몫이 어떻게 달라지는지 살펴봐.

04 여러 가지 수로 나누기

● 나눗셈의 몫을 구해 보세요.

① $99 \div 1 = 99$

$99 \div 3 = 33$

$99 \div 9 = 11$

나누는 수가 커지면 몫은 작아져요.

② $84 \div 1 =$

$84 \div 2 =$

$84 \div 4 =$

③ $80 \div 2 =$

$80 \div 4 =$

$80 \div 8 =$

④ $64 \div 1 =$

$64 \div 2 =$

$64 \div 8 =$

⑤ $90 \div 1 =$

$90 \div 3 =$

$90 \div 9 =$

⑥ $88 \div 2 =$

$88 \div 4 =$

$88 \div 8 =$

⑦ $44 \div 1 =$

$44 \div 2 =$

$44 \div 4 =$

⑧ $60 \div 1 =$

$60 \div 3 =$

$60 \div 6 =$

⑨ $40 \div 2 =$

$40 \div 4 =$

$40 \div 8 =$

⑩ $48 \div 2 =$

$48 \div 4 =$

$48 \div 6 =$

⑪ $63 \div 1 =$

$63 \div 3 =$

$63 \div 9 =$

⑫ $66 \div 1 =$

$66 \div 3 =$

$66 \div 6 =$

나누기는 곱하기를 거꾸로 한 계산이야.

05 나눗셈으로 곱셈식 완성하기

● 빈칸에 알맞은 수를 써 보세요.

① $84 \div 2 = $ 42 → $2 \times$ 42 $= 84$

나누는 수에 몫을 곱하면 처음 수가 돼요.

② $84 \div 4 = \underline{\quad}$ → $4 \times \underline{\quad} = 84$

③ $77 \div 7 = \underline{\quad}$ → $7 \times \underline{\quad} = 77$

④ $50 \div 5 = \underline{\quad}$ → $5 \times \underline{\quad} = 50$

⑤ $96 \div 3 = \underline{\quad}$ → $3 \times \underline{\quad} = 96$

⑥ $62 \div 2 = \underline{\quad}$ → $2 \times \underline{\quad} = 62$

⑦ $99 \div 3 = \underline{\quad}$ → $3 \times \underline{\quad} = 99$

⑧ $48 \div 4 = \underline{\quad}$ → $4 \times \underline{\quad} = 48$

⑨ $24 \div 2 = \underline{\quad}$ → $2 \times \underline{\quad} = 24$

⑩ $60 \div 6 = \underline{\quad}$ → $6 \times \underline{\quad} = 60$

⑪ $88 \div 4 = \underline{\quad}$ → $4 \times \underline{\quad} = 88$

⑫ $69 \div 3 = \underline{\quad}$ → $3 \times \underline{\quad} = 69$

⑬ $68 \div 2 = \underline{\quad}$ → $2 \times \underline{\quad} = 68$

⑭ $36 \div 3 = \underline{\quad}$ → $3 \times \underline{\quad} = 36$

⑮ $39 \div 3 = \underline{\quad}$ → $3 \times \underline{\quad} = 39$

나눗셈의 활용

저울 위에 있는 각 구슬의 무게는 모두 같으니까 나눗셈을 이용해 봐.

06 구슬의 무게 구하기

- 구슬 한 개의 무게를 구해 보세요.

①

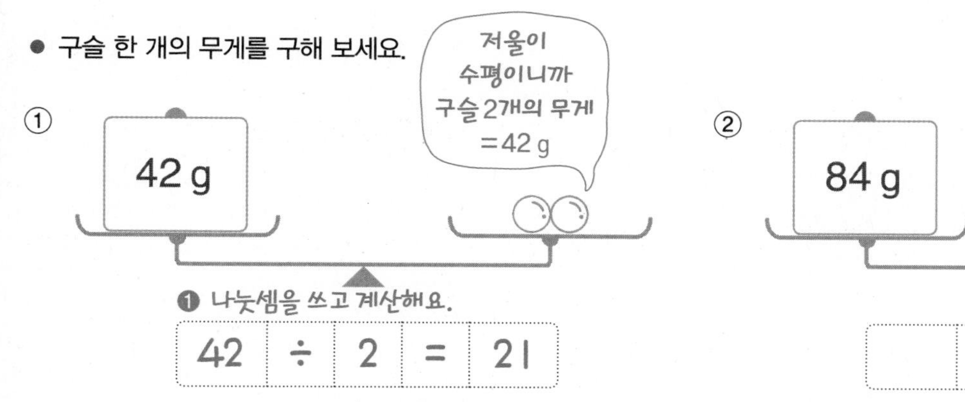

②

84 g

③ ④

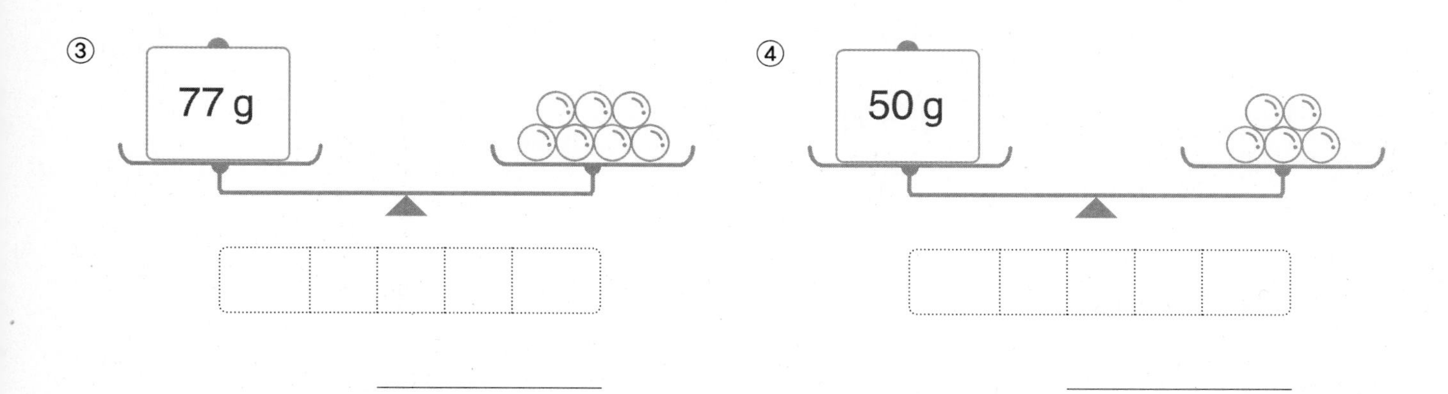

⑤ ⑥

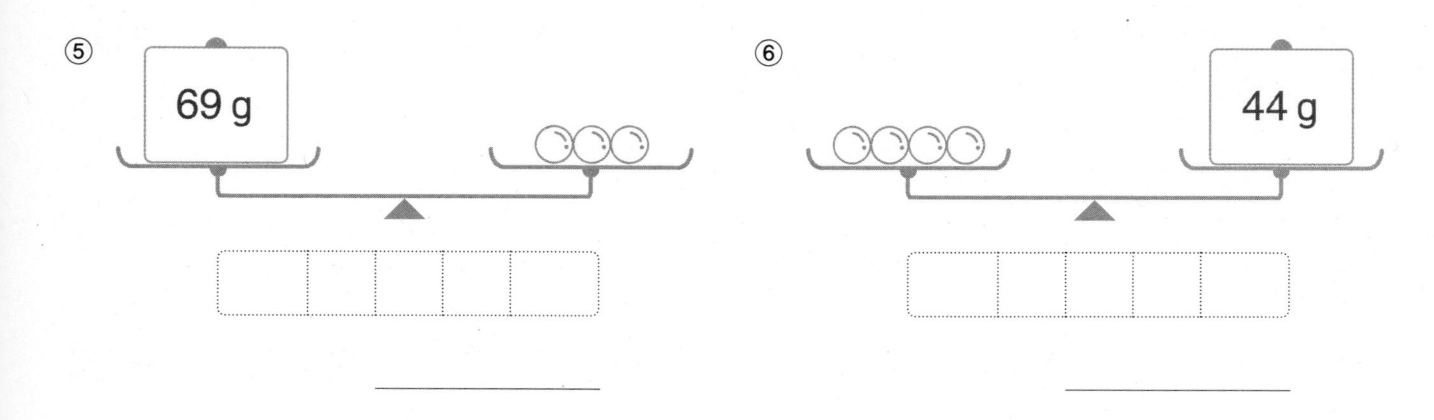

나누는 수에 단위가 있을 때와 없을 때 몫이 나타내는 것이 다를 수 있어.

07 단위가 있는 나눗셈

● 나눗셈을 하여 몫을 써 보세요.

❶ 20 m를 2 m씩 나누면 10(개)가 돼요.

① 20 m÷2 m= 10

20 m÷2= 10 m

❷ 20 m를 2(둘)로 나눈 하나는 10 m예요.

② 36 m÷3 m=

36 m÷3=

③ 84 m÷4 m=

84 m÷4=

④ 60 m÷6 m=

60 m÷6=

⑤ 88 m÷8 m=

88 m÷8=

⑥ 66 m÷2 m=

66 m÷2=

⑦ 55 m÷5 m=

55 m÷5=

⑧ 99 m÷3 m=

99 m÷3=

⑨ 77 m÷7 m=

77 m÷7=

⑩ 93 g÷3 g=

93 g÷3=

⑪ 88 g÷2 g=

88 g÷2=

⑫ 66 g÷6 g=

66 g÷6=

⑬ 99 g÷9 g=

99 g÷9=

⑭ 96 g÷3 g=

96 g÷3=

⑮ 69 g÷3 g=

69 g÷3=

⑯ 86 g÷2 g=

86 g÷2=

⑰ 48 g÷4 g=

48 g÷4=

⑱ 50 g÷5 g=

50 g÷5=

나눗셈의 성질

08 등식 완성하기

'='는 '='의 왼쪽과 오른쪽이 같음을 나타내는 기호야.

● '='의 양쪽이 같게 되도록 빈칸에 알맞은 수를 써 보세요.

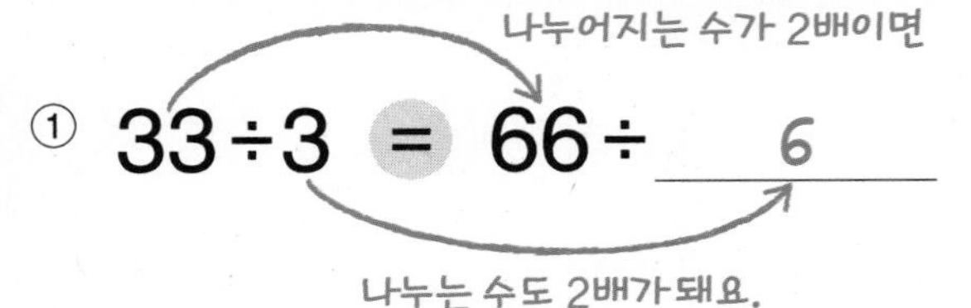

② $44 \div 2 = 88 \div$ ______

③ $30 \div 3 = 60 \div$ ______

④ $36 \div 3 = 48 \div$ ______

⑤ $26 \div 2 = 39 \div$ ______

⑥ $50 \div 5 = 30 \div$ ______

⑦ $80 \div 4 = 40 \div$ ______

⑧ $84 \div 4 = 42 \div$ ______

⑨ $88 \div 8 = 44 \div$ ______

⑩ $48 \div 4 = 24 \div$ ______

⑪ $20 \div 2 =$ ______ $\div 4$

⑫ $55 \div 5 =$ ______ $\div 9$

⑬ $28 \div 2 =$ ______ $\div 1$

⑭ $88 \div 4 =$ ______ $\div 2$

÷8 내림이 있는 (두 자리 수)÷(한 자리 수)

몫은 곱셈을 이용하여 십의 자리부터 구해.

● 54 ÷ 3

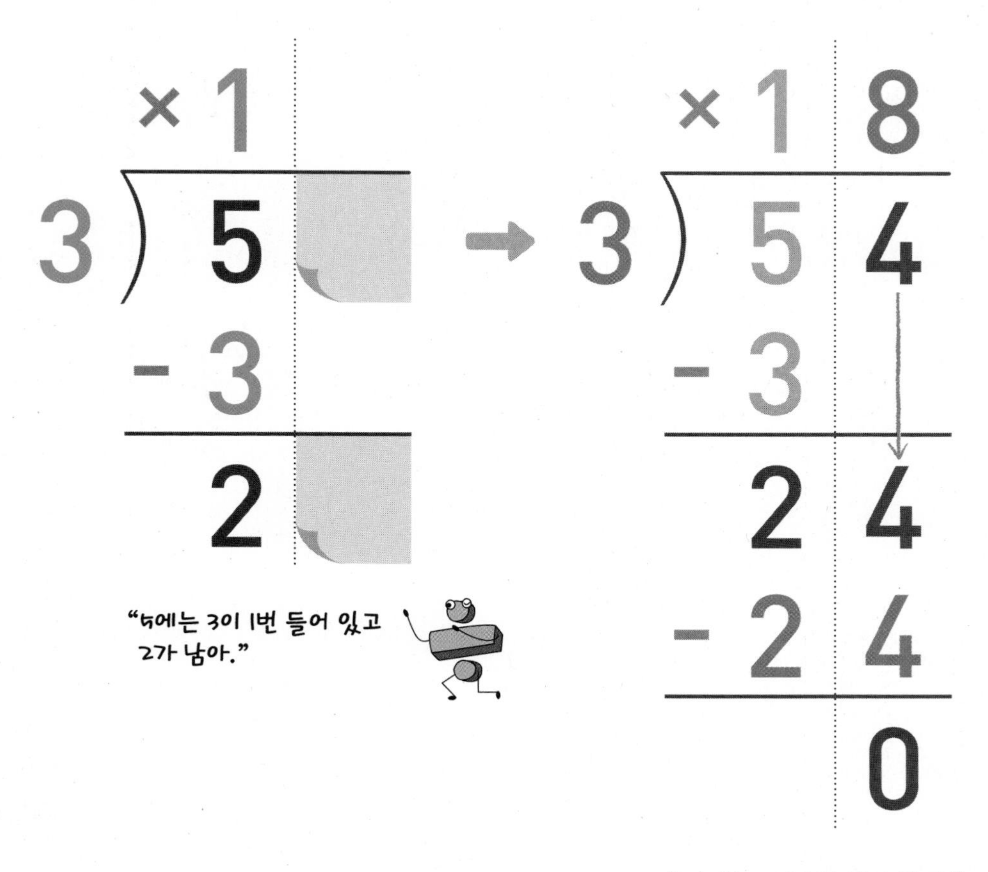

"5에는 3이 1번 들어 있고
2가 남아."
"24에는 3이 8번 들어 있어."

나눗셈의 원리

01 세로셈

십의 자리, 일의 자리 순서로 나눠.

● 나눗셈의 몫을 구해 보세요.

①
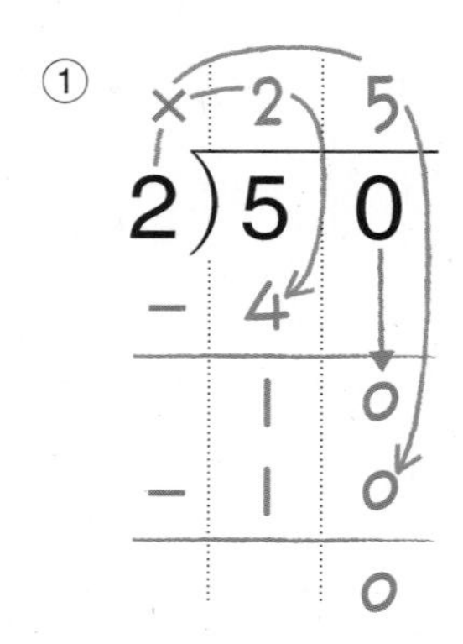

② 4)7 2

③ 3)7 2

④
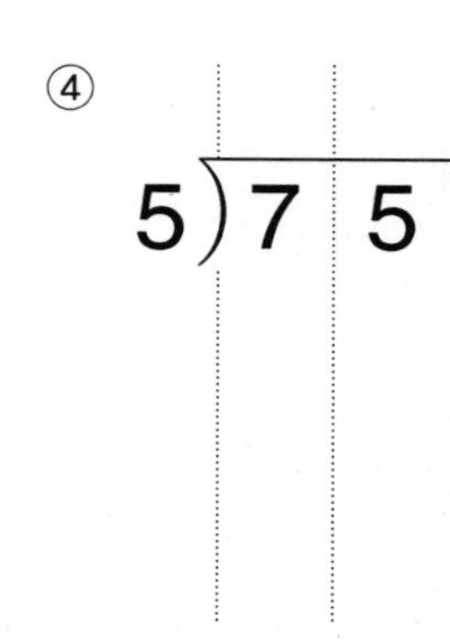

⑤ 3)8 4

⑥ 7)9 1

⑦ 2)7 4

⑧
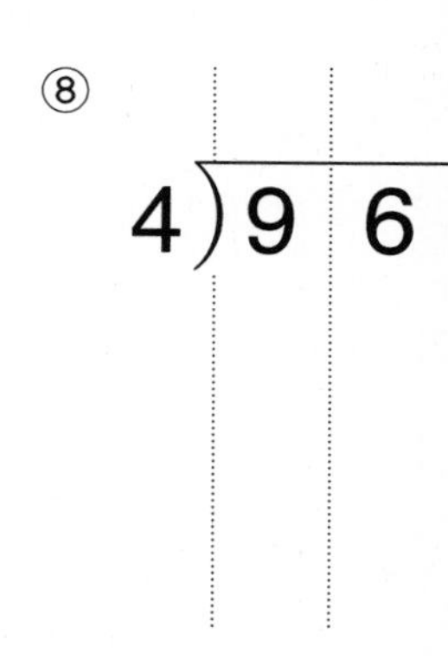

⑨ 4)9 2

⑩ 3)7 8

⑪ 3)8 1

⑫ 6)7 2

⑬ 2)3 4

⑭ 2)3 6

⑮ 2)3 8

⑯ 3)4 8

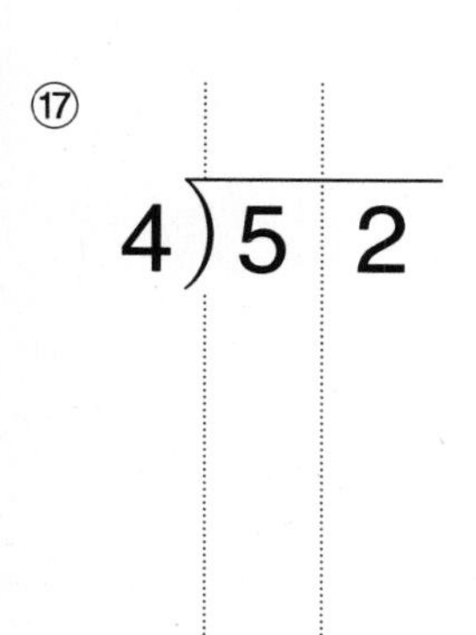

⑰ $4\overline{)5\ 2}$

⑱ $6\overline{)7\ 8}$

⑲ $3\overline{)5\ 7}$

⑳ $2\overline{)7\ 8}$

㉑ $4\overline{)7\ 6}$

㉒ $5\overline{)8\ 5}$

㉓ $6\overline{)9\ 0}$

㉔ $3\overline{)8\ 7}$

㉕ $4\overline{)6\ 0}$

㉖ $3\overline{)5\ 1}$

㉗ $2\overline{)5\ 8}$

㉘ $5\overline{)8\ 0}$

㉙ $7\overline{)8\ 4}$

㉚ $4\overline{)5\ 6}$

㉛ $3\overline{)4\ 2}$

$$\begin{array}{r} \times 1\,4 \\ 3\overline{)4\,2} \\ -3 \\ \hline 1\,2 \\ -1\,2 \\ \hline 0 \end{array}$$

나눗셈은
곱셈과
뺄셈이다!

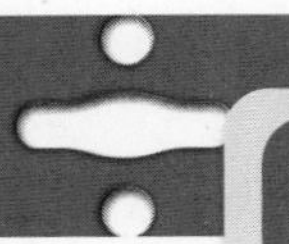

나눗셈의 원리

02 가로셈

세로셈으로 하면 더 정확히 계산할 수 있어.

● 세로셈으로 쓰고 나눗셈의 몫을 구해 보세요.

① 70÷2

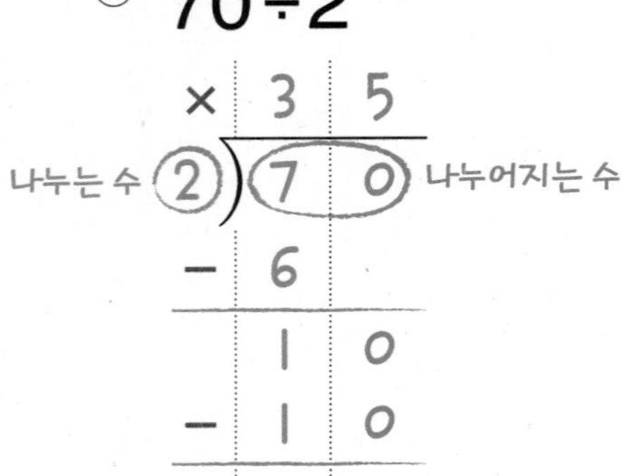

② 54÷3

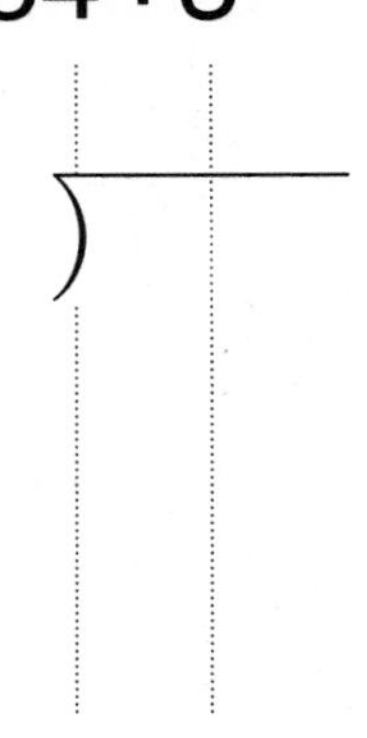

③ 52÷4

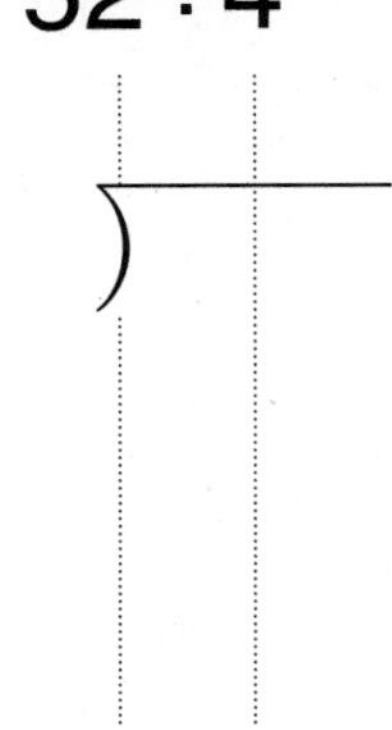

④ 84÷7

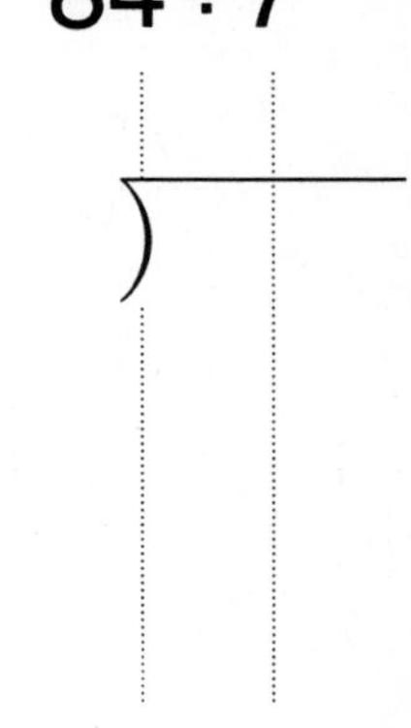

⑤ 65÷5

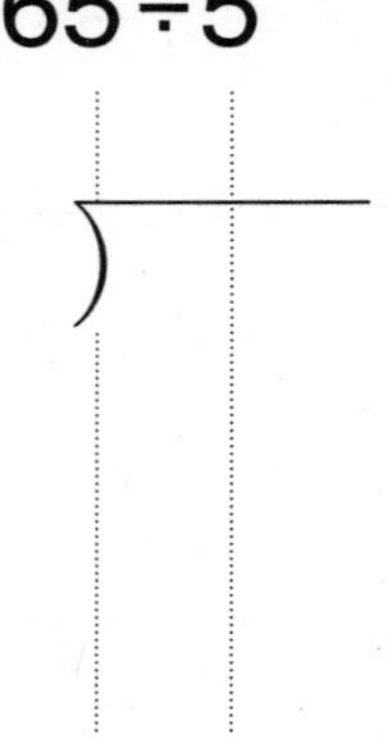

⑥ 72÷2

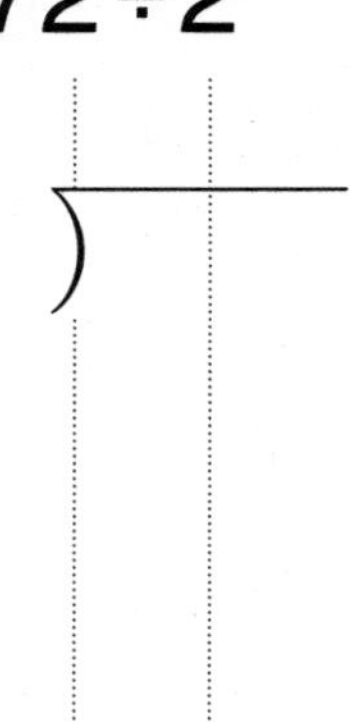

⑦ 76÷4

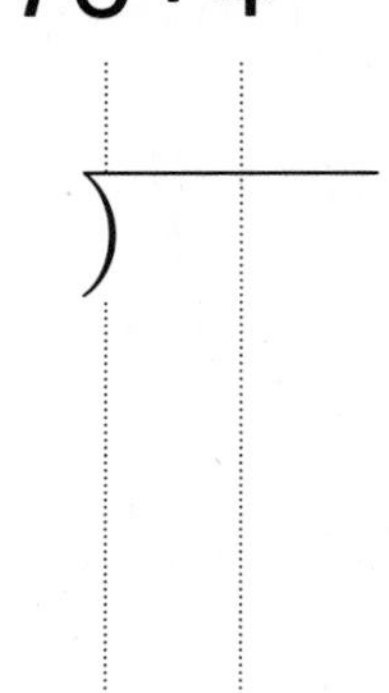

⑧ 75÷3

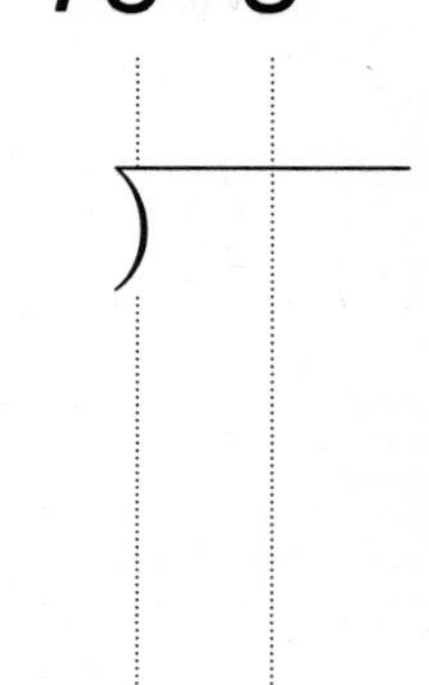

⑨ 60÷5

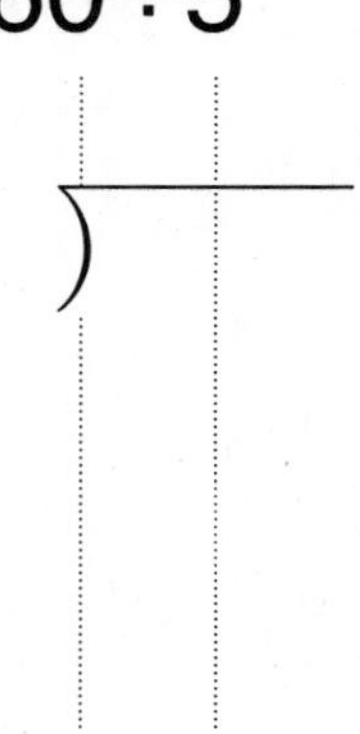

⑩ 54÷2

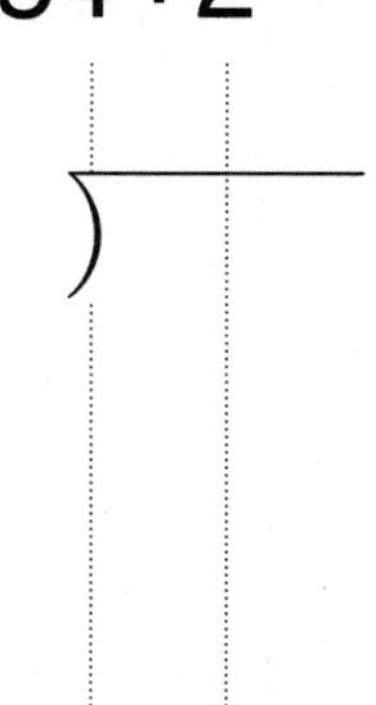

⑪ 42÷3

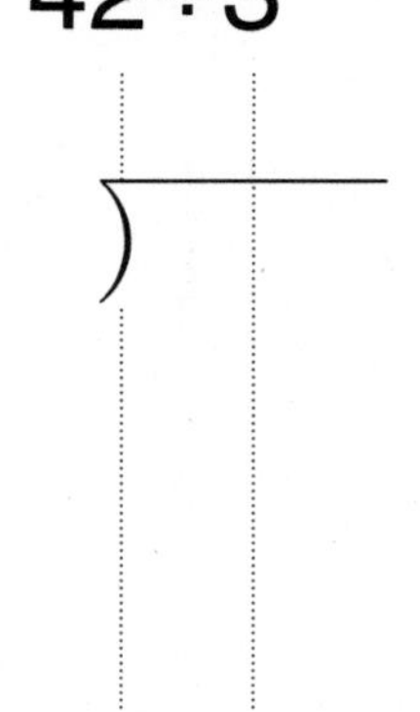

⑫ 96÷6

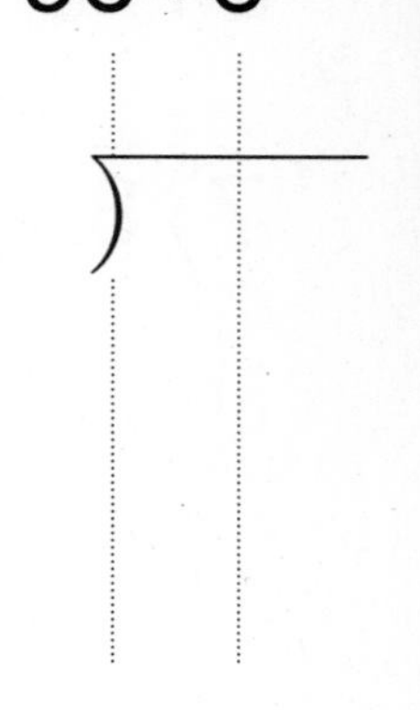

⑬ $60 \div 4$

⑭ $57 \div 3$

⑮ $84 \div 6$

⑯ $32 \div 2$

⑰ $34 \div 2$

⑱ $45 \div 3$

⑲ $96 \div 8$

⑳ $91 \div 7$

㉑ $84 \div 3$

㉒ $72 \div 6$

㉓ $98 \div 7$

㉔ $68 \div 4$

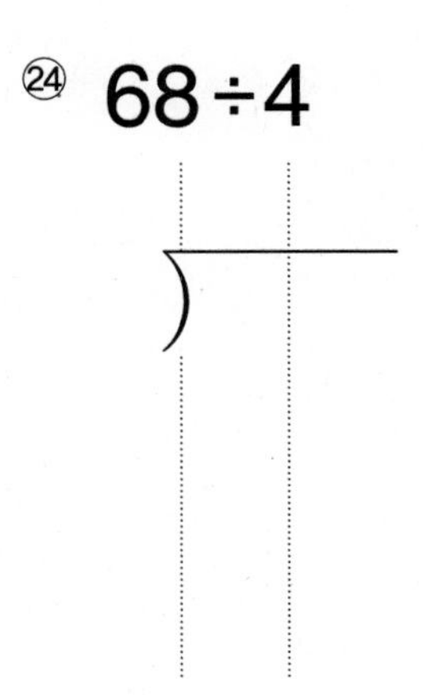

나누어지는 수가 같을 때 나누는 수가 달라지면 몫은 어떻게 달라질까?

03 여러 가지 수로 나누기

● 나눗셈의 몫을 구해 보세요.

나누어지는 수가 같을 때 나누는 수가 커지면 몫은 작아져요.

①

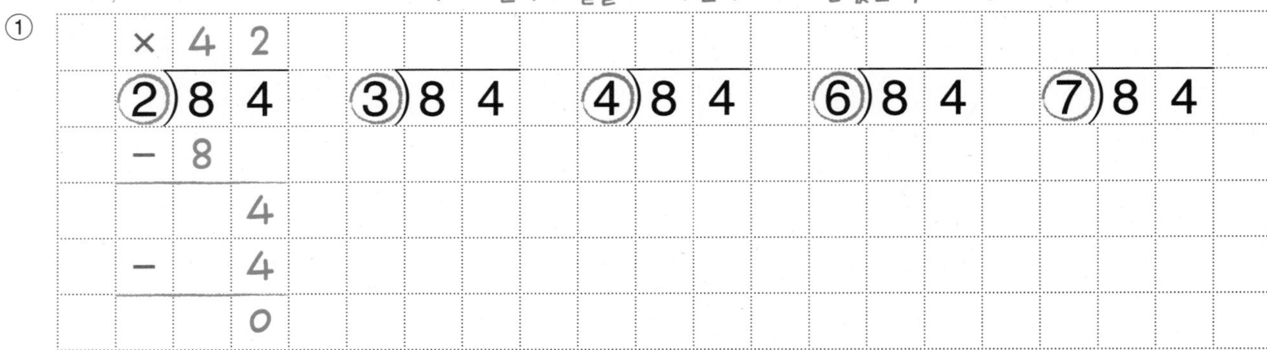

②

2)9 6   3)9 6   4)9 6   6)9 6   8)9 6

나누어지는 수가 같을 때 나누는 수가 작아지면 몫은 어떻게 될까요?

③

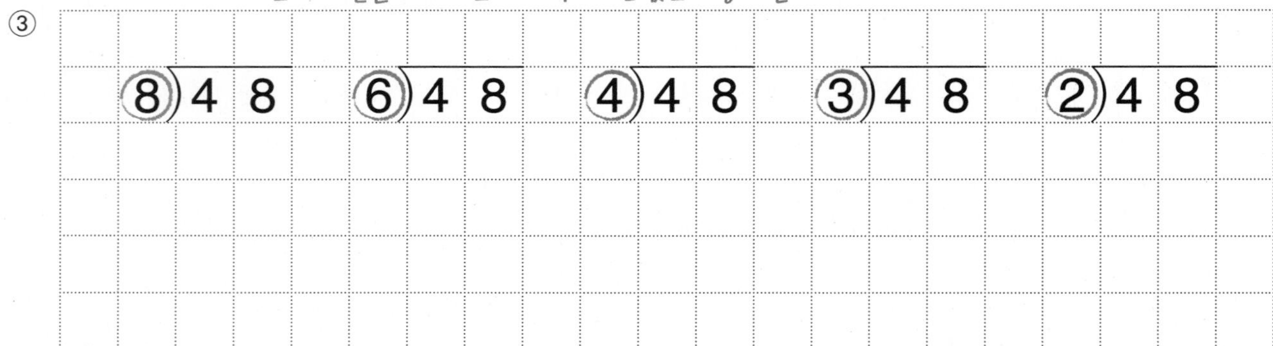

④

8)7 2   6)7 2   4)7 2   3)7 2   2)7 2

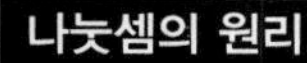

나누어지는 수에 따라 몫이 어떻게 달라지는지 알아봐.

04 정해진 수로 나누기

● 나눗셈의 몫을 구해 보세요.

① 5로 나누어 보세요.

❷ 나누어지는 수가 5씩 커지면 몫은 1씩 커져요.

❶ 나누는 수가 5일 때 ←

	×	1	1																		
	5	)5	5		5	)6	0			)6	5			)7	0			)7	5		
	−	5																			
			5																		
	−		5																		
			0																		

② 3으로 나누어 보세요.

)66　　)69　　)72　　)75　　)78

③ 4로 나누어 보세요.

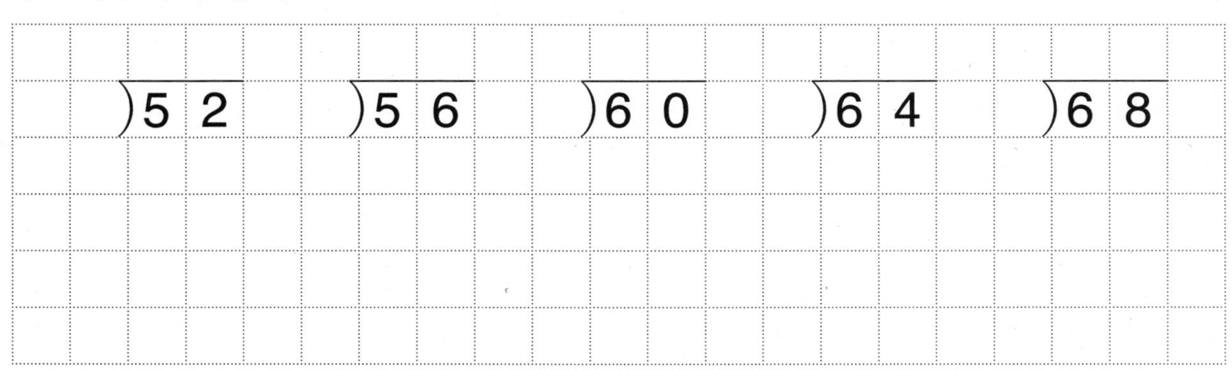

곱셈과 나눗셈의 관계를 이용하면 검산할 수 있어.

05 검산하기

● 나눗셈의 몫을 구하고 검산해 보세요.

①

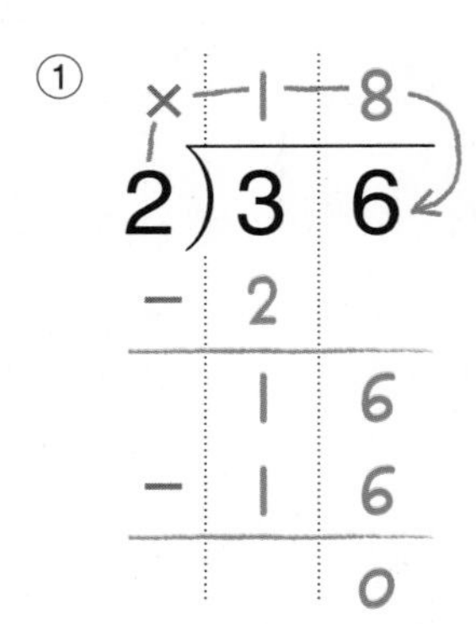

검산 $2\times18=36$

나누는 수에 몫을 곱해서 나누어지는 수가 되면 맞게 계산한 거예요.

②

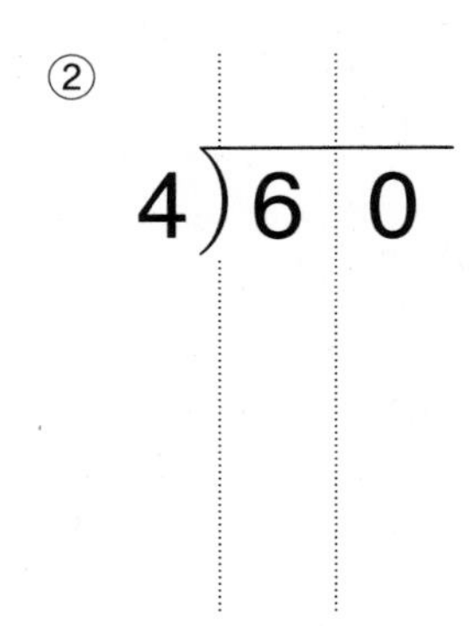

검산 ____________

③

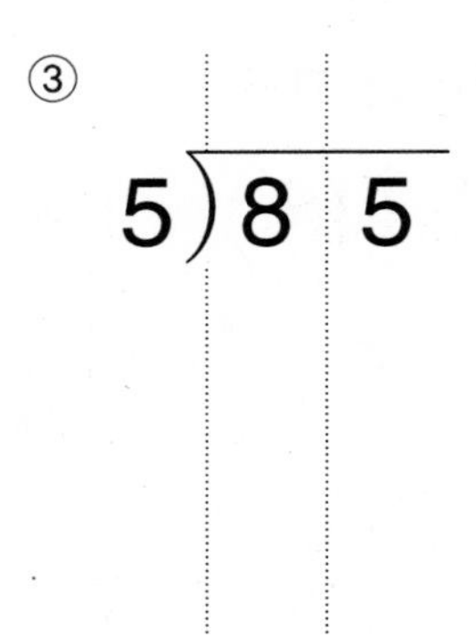

검산 ____________

④ 3)7 2

검산 ____________

⑤ 3)8 7

검산 ____________

⑥ 6)7 2

검산 ____________

⑦ 8)9 6

검산 ____________

⑧ 7)8 4

검산 ____________

⑨ 2)9 2

검산 ____________

나누는 수에 단위가 있을 때와 없을 때가 어떻게 다른지 생각해 봐.

06 단위가 있는 나눗셈

● 나눗셈을 하여 몫을 써 보세요.

❶ 52 g을 2 g씩 나누면 26(묶음)이 돼요.

① 52 g÷2 g= 26

52 g÷2= 26 g

❷ 52 g을 2(둘)로 나눈 하나는 26 g이에요.

② 57 g÷3 g=

57 g÷3=

③ 72 g÷6 g=

72 g÷6=

④ 84 g÷7 g=

84 g÷7=

⑤ 96 g÷8 g=

96 g÷8=

⑥ 92 g÷4 g=

92 g÷4=

⑦ 85 g÷5 g=

85 g÷5=

⑧ 96 g÷6 g=

96 g÷6=

⑨ 91 g÷7 g=

91 g÷7=

⑩ 42 m÷3 m=

42 m÷3=

⑪ 75 m÷5 m=

75 m÷5=

⑫ 52 m÷4 m=

52 m÷4=

⑬ 88 m÷8 m=

88 m÷8=

⑭ 51 m÷3 m=

51 m÷3=

⑮ 78 m÷6 m=

78 m÷6=

⑯ 80 m÷5 m=

80 m÷5=

⑰ 87 m÷3 m=

87 m÷3=

⑱ 98 m÷7 m=

98 m÷7=

나누어지는 수와 나누는 수를 살펴봐. 계산하지 않아도 알 수 있어.

07 계산하지 않고 크기 비교하기

● 몫이 가장 큰 것에 ○표 하세요.

① $66 \div 1$ (○)　$66 \div 2$　$66 \div 3$

같은 수를 나눌 때 작은 수로 나눌수록 몫이 커져요.

② $88 \div 2$　$88 \div 4$　$88 \div 8$

③ $90 \div 6$　$90 \div 5$　$90 \div 2$

④ $78 \div 6$　$78 \div 3$　$78 \div 2$

⑤ $96 \div 4$　$96 \div 3$　$96 \div 8$

⑥ $84 \div 3$　$84 \div 7$　$84 \div 4$

⑦ $60 \div 3$　$60 \div 2$　$60 \div 6$

⑧ $72 \div 6$　$72 \div 3$　$72 \div 8$

나누어 먹는 사람이 많아질수록 내 몫은 작아진다.

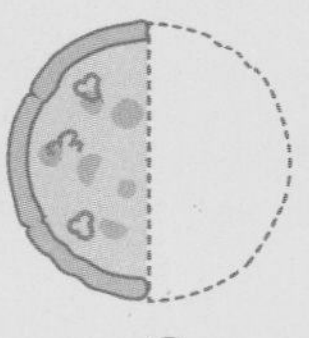

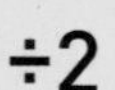

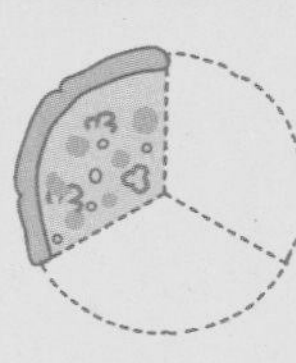

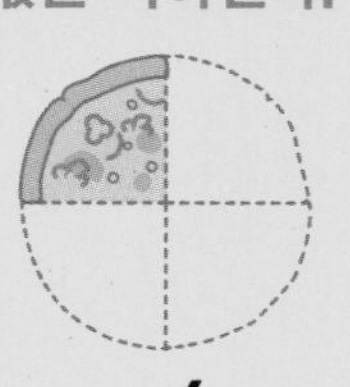

⑨ $99 \div 9$　$99 \div 3$　$99 \div 1$

08 규칙 찾기

곱셈과 나눗셈의 관계를 생각해 봐.

● 규칙을 찾아 빈칸에 알맞게 써 보세요.

① (÷4 / ×4)

아랫줄의 수에 4를 곱하면 윗줄의 수가 돼요.

52	56	60	64	68	72	76
13	14	15	16	17	18	19

윗줄의 수를 4로 나누면 아랫줄의 수가 돼요.

②

70	72	74	76		80	
	36	37		39		41

③

60		72	78		90	96
10	11		13	14		

④

55	60	65	70			85
		13	14		16	

⑤

39	42			51	54	57
13		15	16			

⑥

30		34	36			
15	16			19		

나머지가 있는 (두 자리 수)÷(한 자리 수)

몫은 곱셈을 이용하여 십의 자리부터 구해.

● 86 ÷ 3

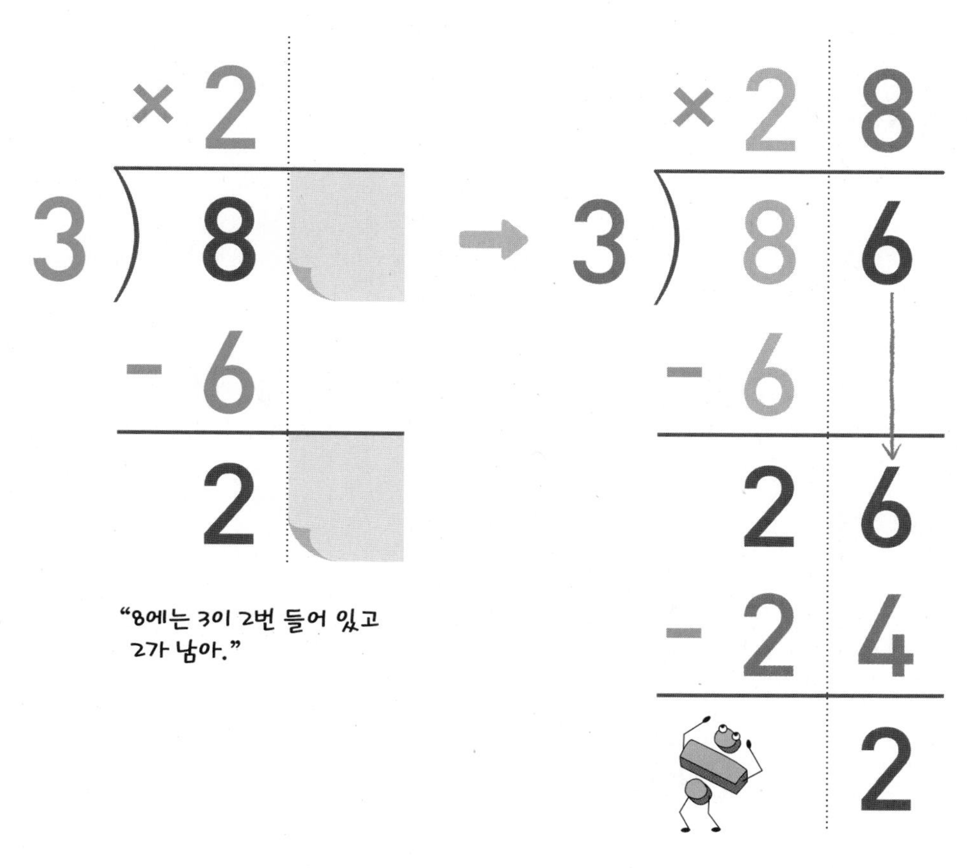

"26에는 3이 8번 들어 있고
2가 남아."

나머지는 나누는 수보다 항상 작아야 해.

```
  ×27
3 ) 86
   -6
    26
   -21
     5
  ×
```

"5에 3이 한번 더 들어갈 수 있으니까
몫은 28이 되어야 해."

나눗셈의 원리

01 세로셈

몫과 나머지를 자리에 맞추어 써야 해.

● 나눗셈의 몫과 나머지를 구해 보세요.

① 2)2 1

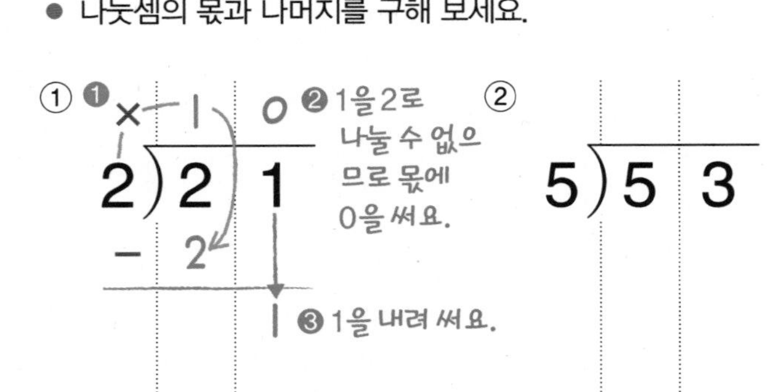

❶ × 1 0
❷ 1을 2로 나눌 수 없으므로 몫에 0을 써요.
− 2
1 ❸ 1을 내려 써요.

② 5)5 3

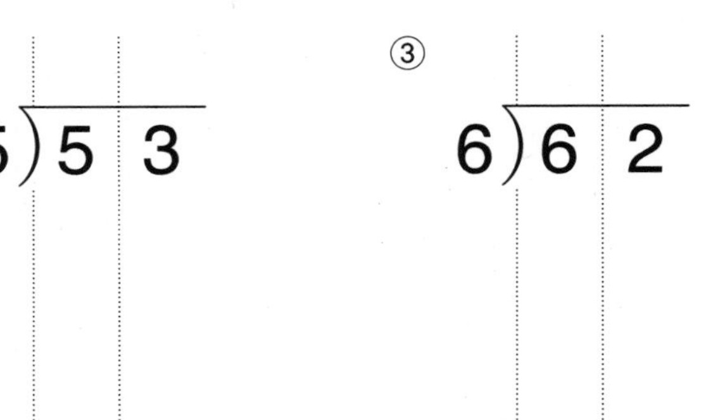

③ 6)6 2

④ 4)4 5

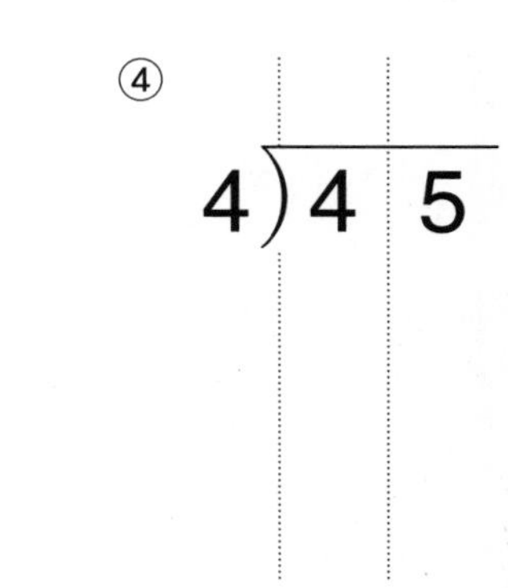

⑤ 2)2 5

⑥ 3)4 1

⑦ 2)5 7

⑧ 8)9 0

⑨ 5)6 3

⑩ 2)3 1

⑪ 3)7 7

⑫ 6)8 8

⑬ 7)9 6

⑭ 3)5 0

⑮ 5)8 3

⑯ 8)9 5

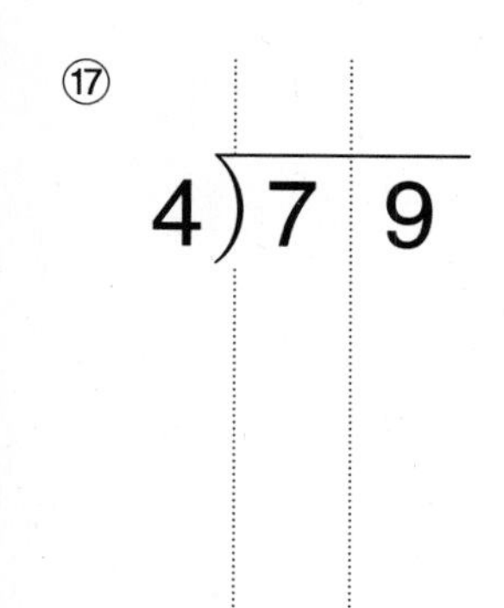

⑰ $4\overline{)7\ 9}$

⑱ $4\overline{)5\ 4}$

⑲ $7\overline{)9\ 3}$

⑳ $7\overline{)8\ 5}$

㉑ $5\overline{)7\ 8}$

㉒ $6\overline{)9\ 5}$

㉓ $2\overline{)9\ 5}$

㉔ $4\overline{)6\ 7}$

㉕ $5\overline{)9\ 2}$

㉖ $7\overline{)9\ 7}$

㉗ $2\overline{)9\ 1}$

㉘ $3\overline{)4\ 0}$

㉙ $4\overline{)7\ 0}$

㉚ $6\overline{)7\ 5}$

㉛ $7\overline{)9\ 2}$

㉜ $3\overline{)5\ 2}$

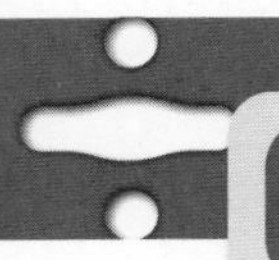

나눗셈의 원리

02 가로셈

세로셈으로 하면 실수를 줄일 수 있어.

● 세로셈으로 쓰고 나눗셈의 몫을 구해 보세요.

① $23 \div 2$

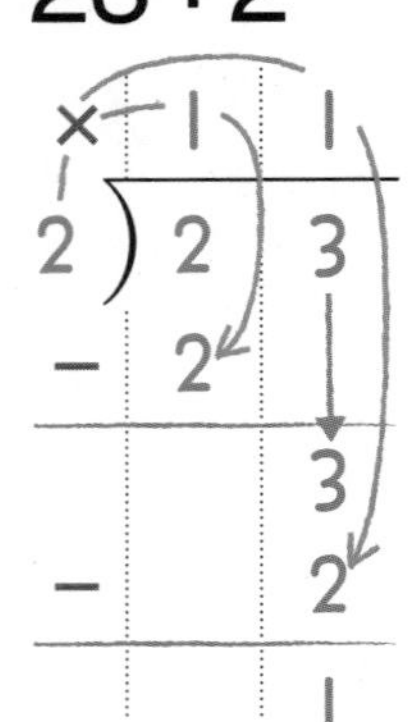

② $51 \div 5$

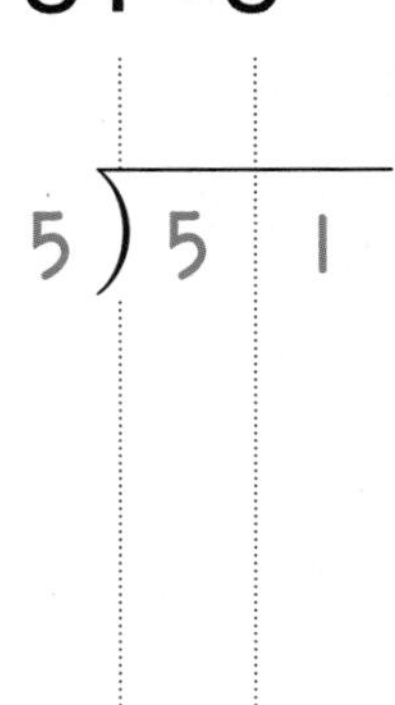

③ $32 \div 3$

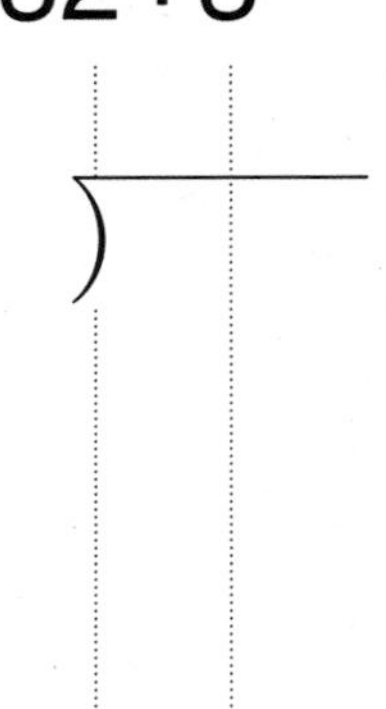

④ $95 \div 9$

⑤ $74 \div 6$

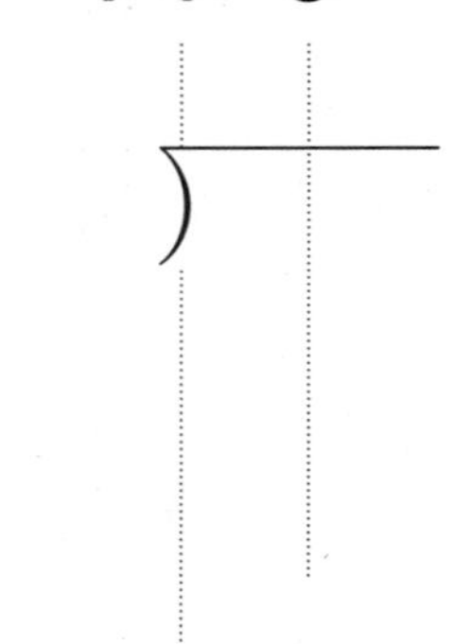

⑥ $83 \div 7$

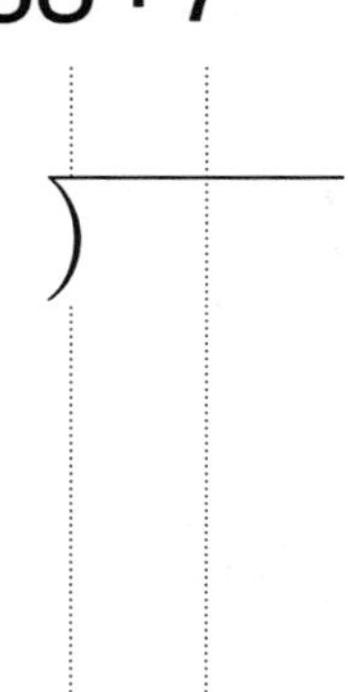

⑦ $73 \div 4$

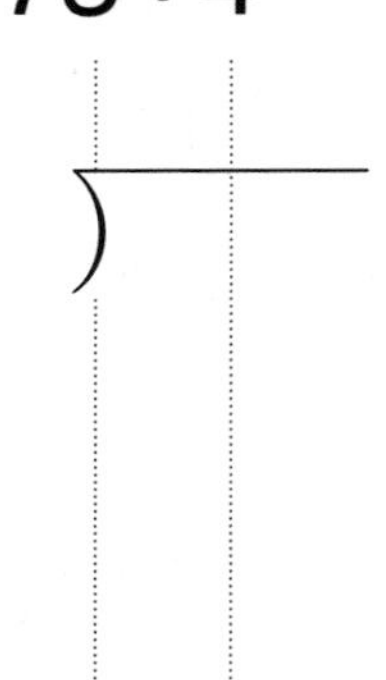

⑧ $69 \div 5$

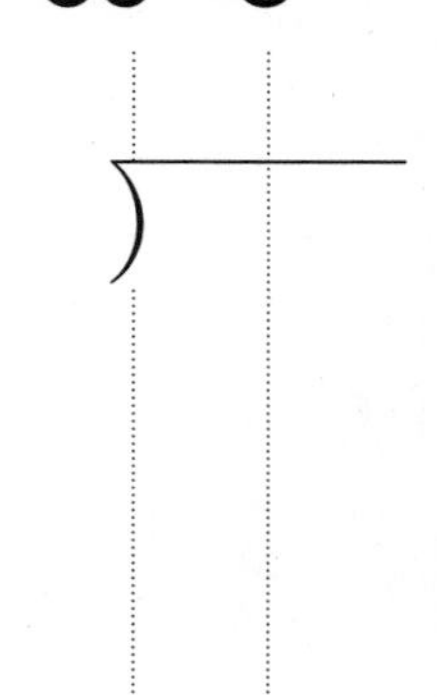

⑨ $88 \div 6$

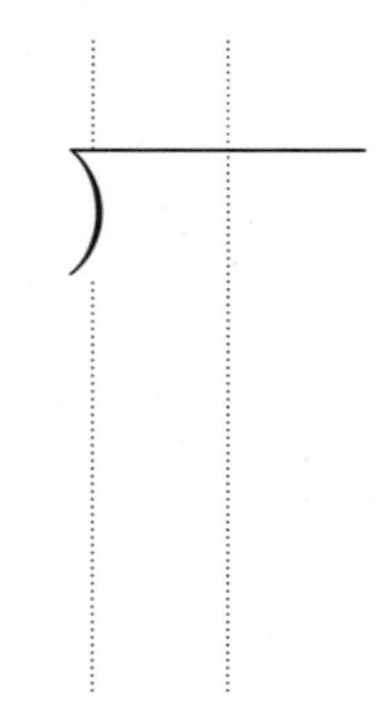

⑩ $90 \div 4$

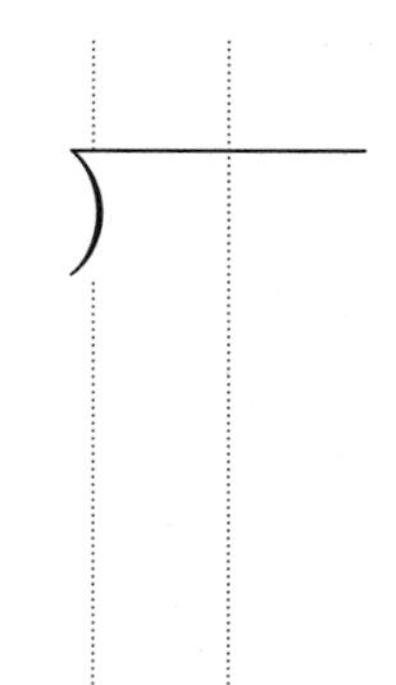

⑪ $92 \div 8$

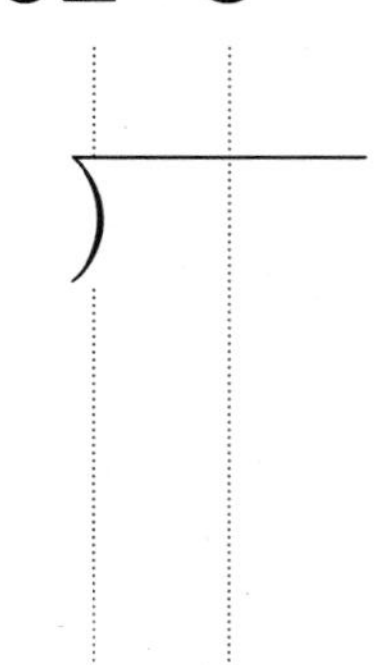

⑫ $77 \div 6$

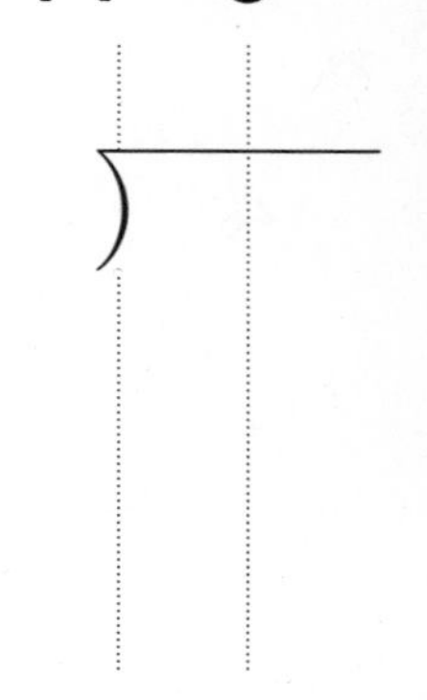

⑬ $81 \div 7$

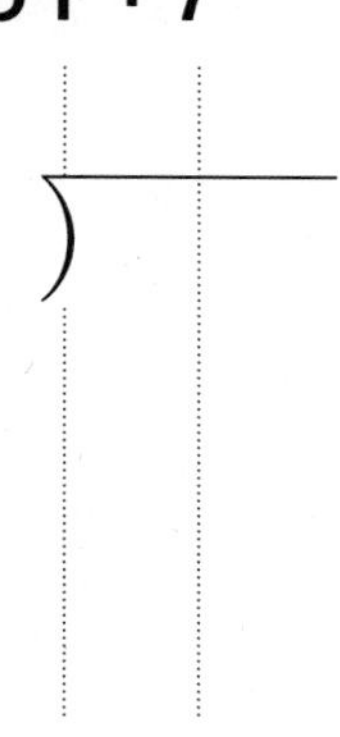

⑭ $62 \div 5$

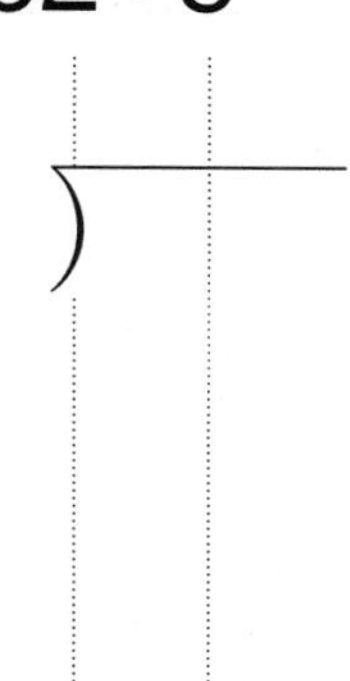

⑮ $69 \div 4$

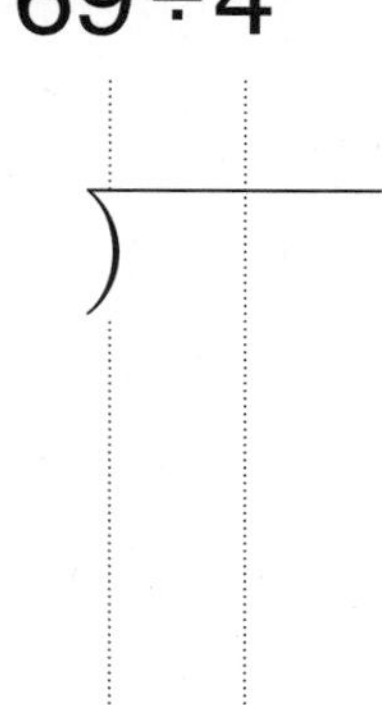

⑯ $55 \div 2$

⑰ $70 \div 3$

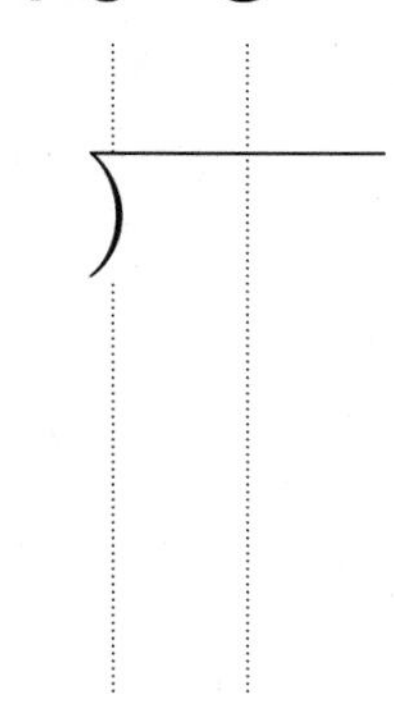

⑱ $92 \div 6$

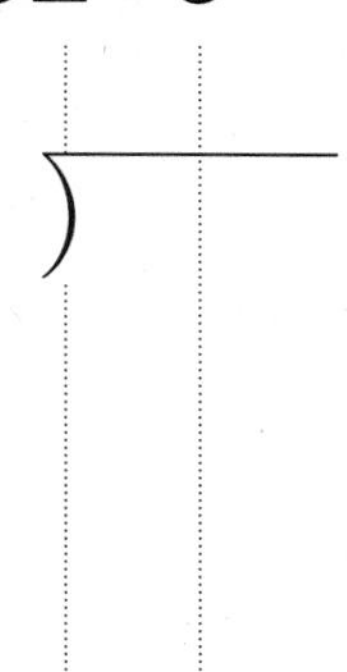

⑲ $71 \div 2$

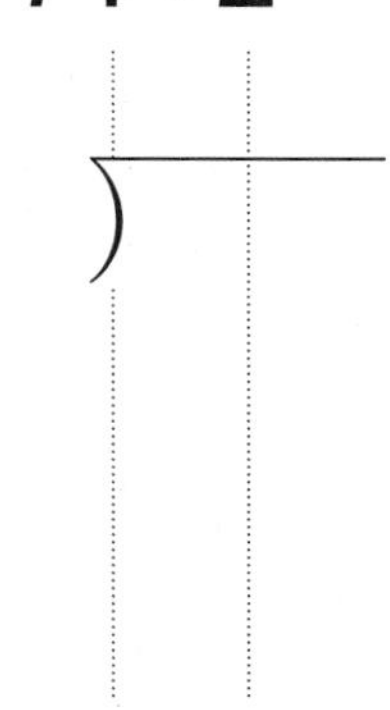

⑳ $95 \div 4$

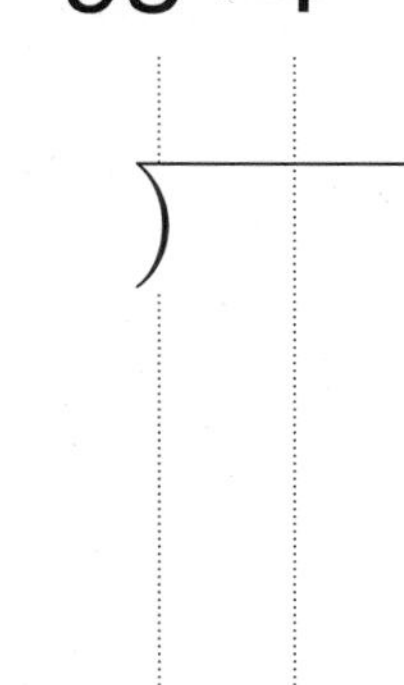

㉑ $87 \div 7$

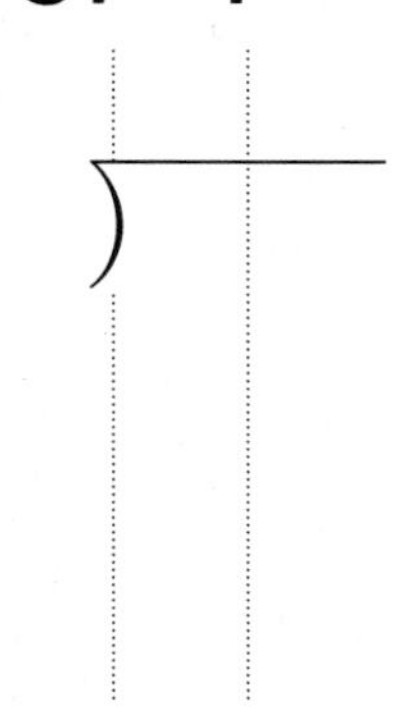

㉒ $74 \div 3$

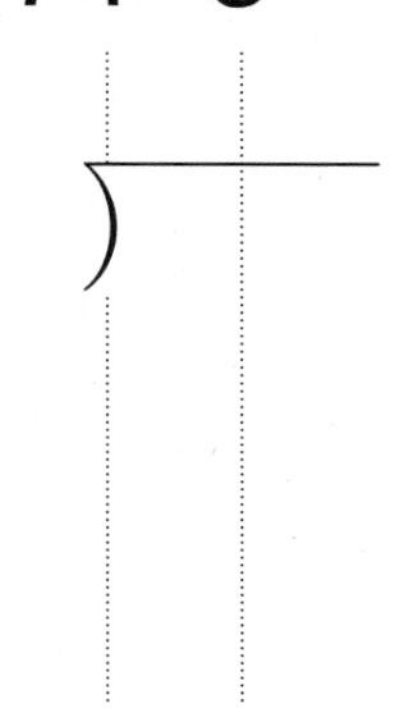

㉓ $59 \div 2$

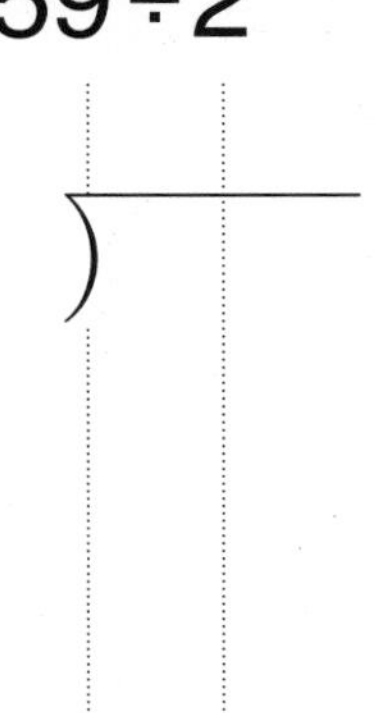

㉔ $87 \div 5$

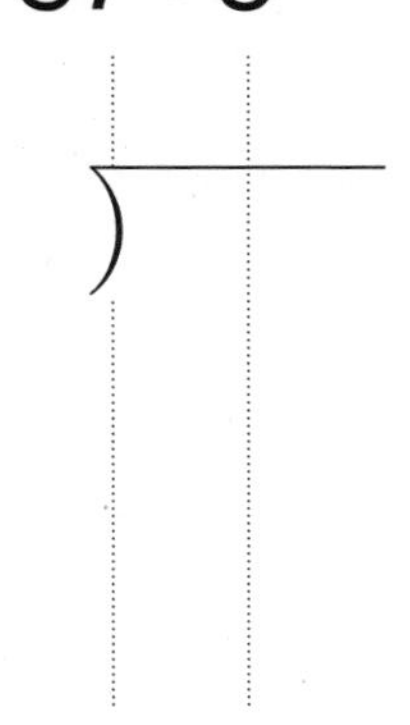

나머지는 나누는 수보다 항상 작아.

03 같은 수로 나누기

● 나눗셈의 몫과 나머지를 구해 보세요.

① 몫은 1 커지고

```
     × 1 7        × 1 7  ──→   1 8
  2)3 4        2)3 5        2)3 6        2)3 7        2)3 8
  - 2          - 2          - 2
    1 4          1 5          1 6
  - 1 4        - 1 4        - 1 6
        0            1  ──→       0
```

나머지는 0이 돼요.

2로 나누면 나머지는 0, 1뿐이에요.

②

```
3)5 4    3)5 5    3)5 6    3)5 7    3)5 8
```

③

```
6)8 2    6)8 3    6)8 4    6)8 5    6)8 6
```

④

```
8)9 3    8)9 4    8)9 5    8)9 6    8)9 7
```

나눗셈을 쉽게 할 수 있도록 수를 가르기해 보자.

04 수를 가르기하여 나누기

● 나눗셈의 몫과 나머지를 구해 보세요.

① $40 \div 4 =$ 10
$34 \div 4 =$ 8 … 2
$74 \div 4 =$ 18 … 2

더하면 74÷4의 몫과 나머지를 구할 수 있어요.

74=40+34로 가르기하여 계산해요.

② $20 \div 2 =$
$9 \div 2 =$
$29 \div 2 =$

29=20+9

③ $80 \div 8 =$
$9 \div 8 =$
$89 \div 8 =$

④ $20 \div 2 =$
$19 \div 2 =$
$39 \div 2 =$

⑤ $70 \div 7 =$
$24 \div 7 =$
$94 \div 7 =$

⑥ $30 \div 3 =$
$20 \div 3 =$
$50 \div 3 =$

⑦ $30 \div 6 =$
$43 \div 6 =$
$73 \div 6 =$

⑧ $40 \div 5 =$
$33 \div 5 =$
$73 \div 5 =$

⑨ $42 \div 7 =$
$26 \div 7 =$
$68 \div 7 =$

⑩ $81 \div 9 =$
$12 \div 9 =$
$93 \div 9 =$

검산해 보면 바르게 계산했는지 알 수 있어.

05 검산하기

● 나눗셈의 몫과 나머지를 구하고 검산해 보세요.

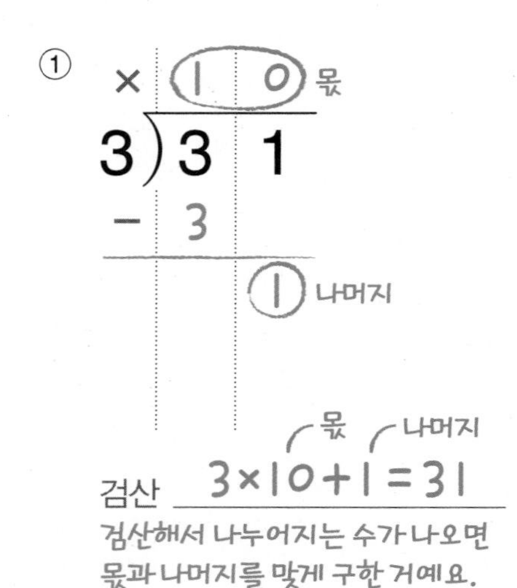

검산 $3\times10+1=31$ (몫: 10, 나머지: 1)

검산해서 나누어지는 수가 나오면 몫과 나머지를 맞게 구한 거예요.

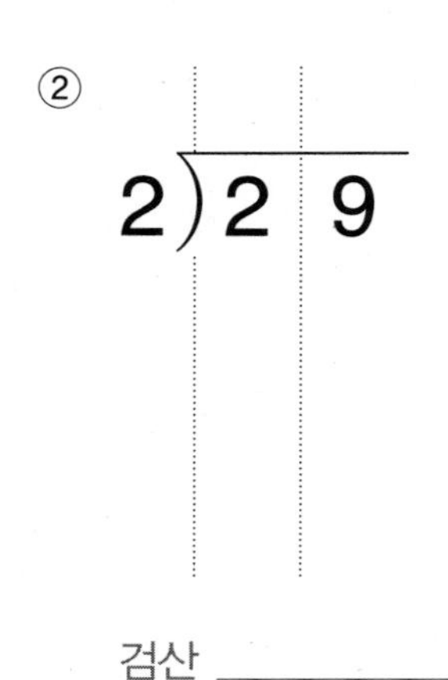

검산 ____________

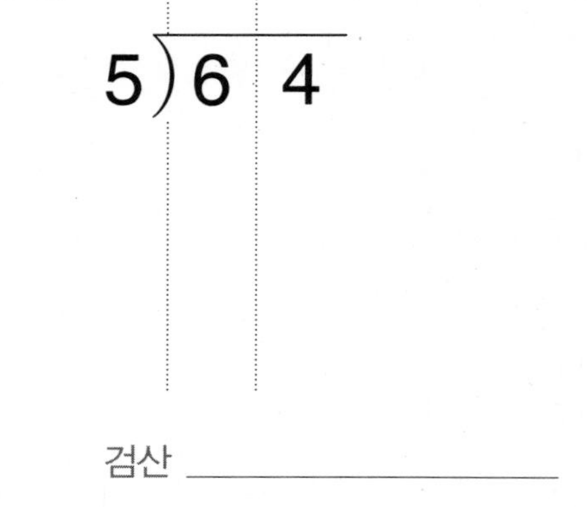

검산 ____________

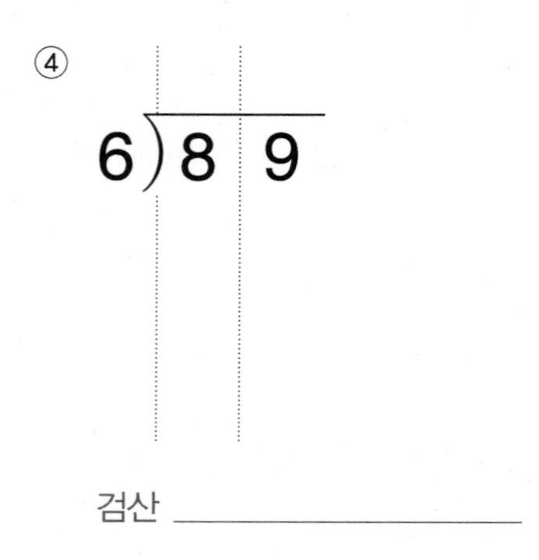

검산 ____________

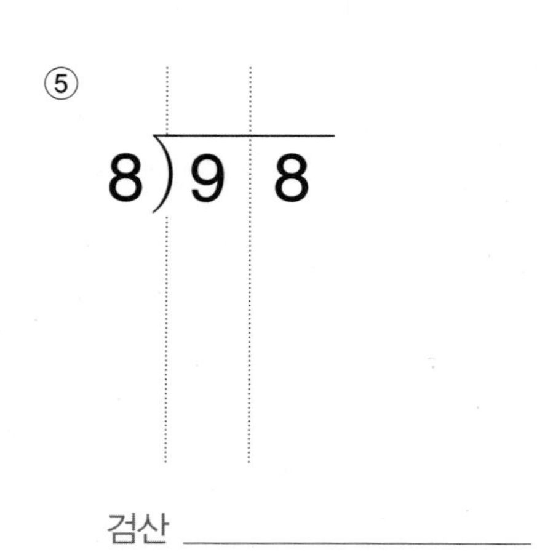

검산 ____________

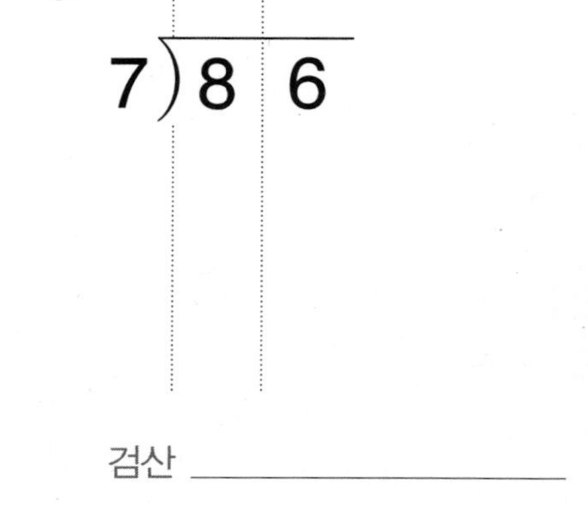

검산 ____________

알지?

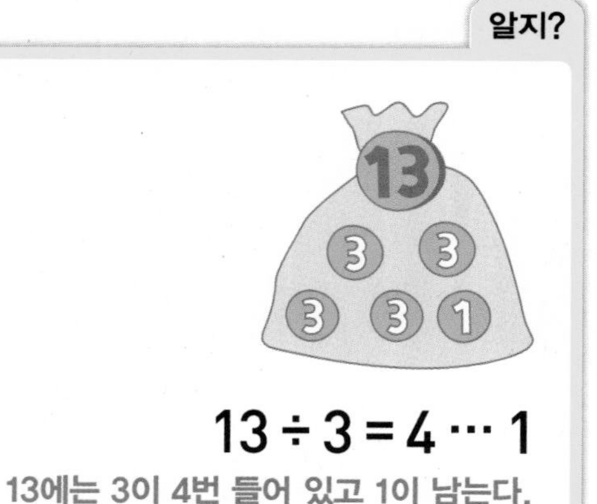

$13\div3=4\cdots1$

13에는 3이 4번 들어 있고 1이 남는다.

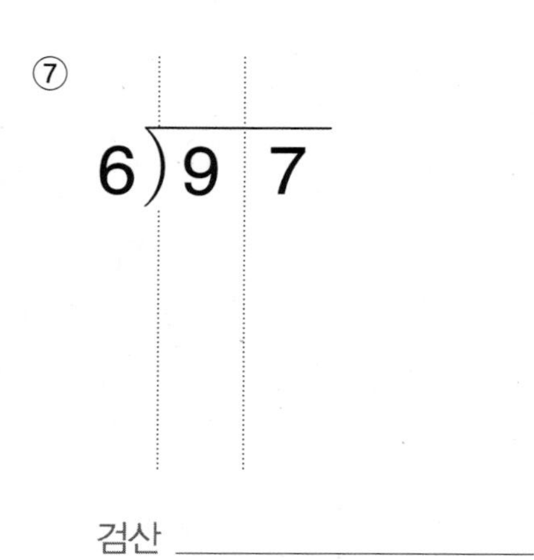

검산 ____________

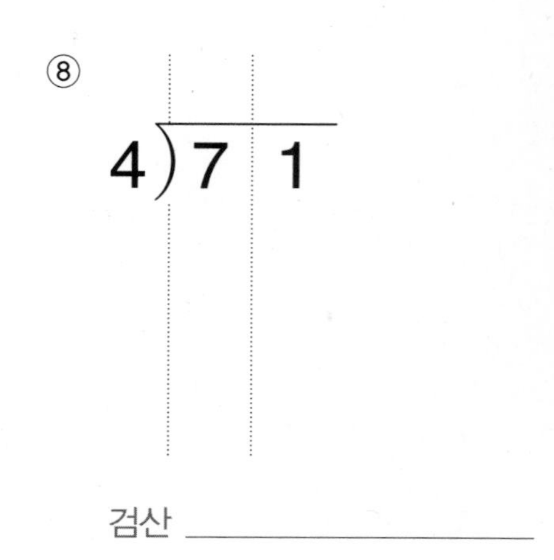

검산 ____________

나누어지는 수에 따라 몫이 어떻게 달라지는지 살펴봐.

06 두 배가 되는 나눗셈

● 나눗셈의 몫과 나머지를 구해 보세요.

나누어지는 수가 2배가 되면 몫과 나머지도 2배가 돼요.

① $8\overline{)26}$ (몫 3, -24, 나머지 2) $8\overline{)52}$ (몫 6, -48, 나머지 4)

② $7\overline{)31}$ $7\overline{)62}$

③ $5\overline{)41}$ $5\overline{)82}$

④ $4\overline{)45}$ $4\overline{)90}$

몫과 나머지는 정확히 2배가 아닐 수도 있어요.

⑤ $7\overline{)19}$ (몫 2, -14, 나머지 5) $7\overline{)38}$ (몫 5, -35, 나머지 3)

⑥ $9\overline{)32}$ $9\overline{)64}$

⑦ $3\overline{)38}$ $3\overline{)76}$

⑧ $2\overline{)27}$ $2\overline{)54}$

묷과 나머지가 나타내는 것이 무엇인지 생각해 봐.

07 단위가 있는 나눗셈

● 나눗셈을 하여 몫과 나머지를 써 보세요.

❶ 41 m를 4 m씩 나누면 10(개)가 되고 1 m가 남아요.

① 41 m÷4 m= 10 ··· 1 m

41 m÷4= 10 m ··· 1 m

❷ 41 m를 4(넷)로 나누면 10 m씩 되고 1 m가 남아요.

② 54 m÷5 m= ___ ··· ___

54 m÷5= ___ ··· ___

③ 71 m÷6 m= ___ ··· ___

71 m÷6= ___ ··· ___

④ 75 m÷2 m= ___ ··· ___

75 m÷2= ___ ··· ___

⑤ 88 m÷3 m= ___ ··· ___

88 m÷3= ___ ··· ___

⑥ 67 m÷4 m= ___ ··· ___

67 m÷4= ___ ··· ___

⑦ 51 g÷4 g= ___ ··· ___

51 g÷4= ___ ··· ___

⑧ 85 g÷3 g= ___ ··· ___

85 g÷3= ___ ··· ___

⑨ 86 g÷8 g= ___ ··· ___

86 g÷8= ___ ··· ___

⑩ 73 g÷6 g= ___ ··· ___

73 g÷6= ___ ··· ___

⑪ 90 g÷4 g= ___ ··· ___

90 g÷4= ___ ··· ___

⑫ 96 g÷5 g= ___ ··· ___

96 g÷5= ___ ··· ___

나누는 수, 몫, 나머지를 이용하면 나누어지는 수를 구할 수 있어.

08 나누어지는 수 구하기

● 검산식을 이용하여 빈칸에 알맞은 수를 쓰고 나누어지는 수를 구해 보세요.

① ● ÷ 5 = 10 … 2

● = 5 × 10 + 2 = 52

검산식을 계산하면 나누어지는 수가 돼요.

② ● ÷ 2 = 30 … 1

● = ___ × ___ + ___ = ___

③ ● ÷ 4 = 13 … 3

● = ___ × ___ + ___ = ___

④ ● ÷ 9 = 10 … 2

● = ___ × ___ + ___ = ___

⑤ ● ÷ 6 = 13 … 5

● = ___ × ___ + ___ = ___

⑥ ● ÷ 7 = 11 … 1

● = ___ × ___ + ___ = ___

⑦ ● ÷ 3 = 14 … 2

● = ___ × ___ + ___ = ___

⑧ ● ÷ 8 = 11 … 7

● = ___ × ___ + ___ = ___

⑨ ● ÷ 5 = 17 … 3

● = ___ × ___ + ___ = ___

⑩ ● ÷ 3 = 24 … 1

● = ___ × ___ + ___ = ___

÷ 10 나머지가 없는 (세 자리 수)÷(한 자리 수)

몫이 몇 자리 수인지 먼저 생각하여 구해.

● 216 ÷ 2

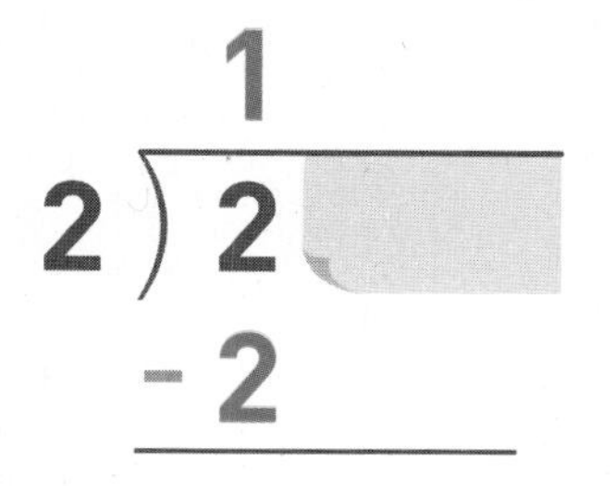

"2에 2가 들어가므로 몫은 세 자리 수야."

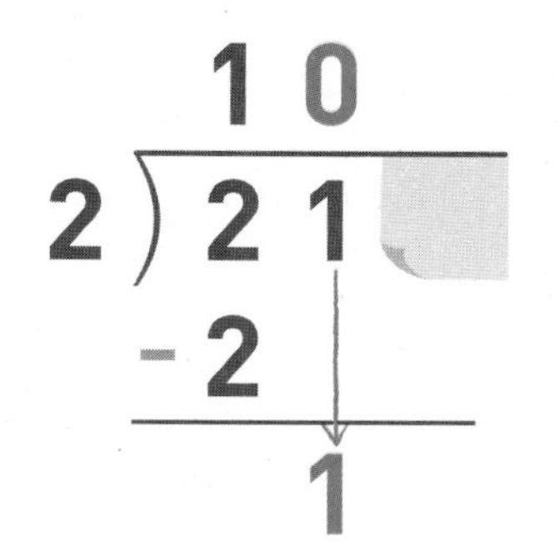

"1에 2가 들어갈 수 없으므로 몫의 십의 자리에 0을 써."

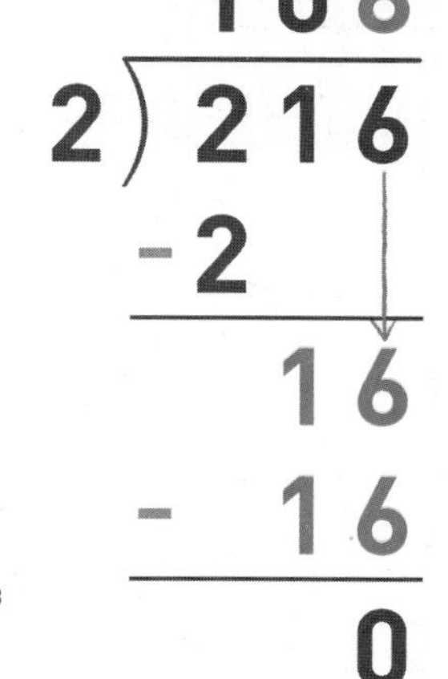

"16에는 2가 8번 들어 있어."

● 216 ÷ 6

×
6) 2

"2에 6이 들어갈 수 없으므로 몫은 두 자리 수야."

3
6) 2 1
-1 8
3

"21에는 6이 3번 들어 있고 3이 남아."

36
6) 216
-18
36
- 36
0

"36에는 6이 6번 들어 있어."

01 세로셈

백, 십, 일의 자리 순서로 계산하면서 자리를 맞추어 써.

● 나눗셈의 몫을 구해 보세요.

①

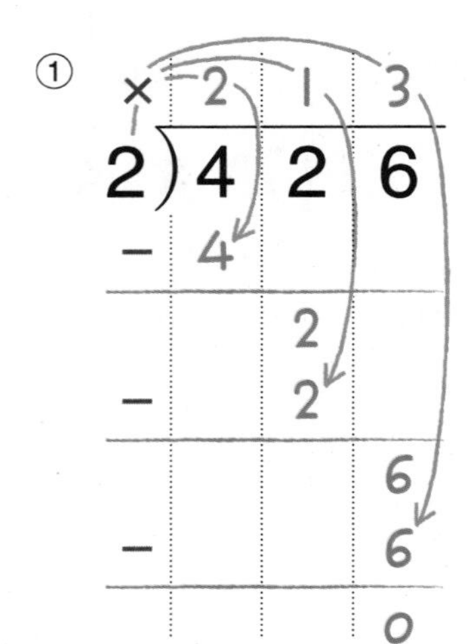

② $3\overline{)633}$

③ $6\overline{)756}$

④ $5\overline{)685}$

⑤

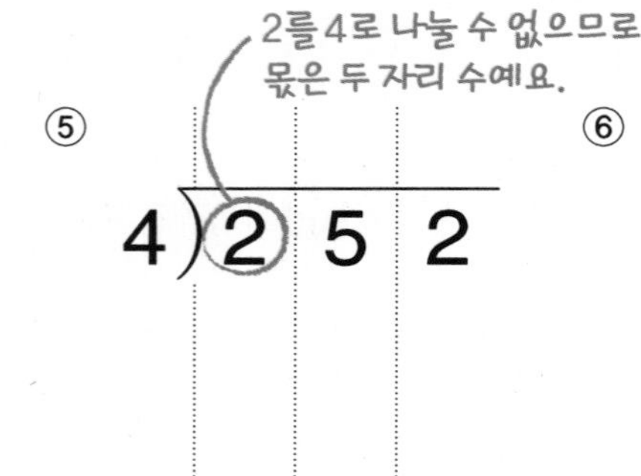

2를 4로 나눌 수 없으므로
몫은 두 자리 수예요.

⑥ $7\overline{)189}$

⑦ $2\overline{)108}$

⑧ $7\overline{)728}$

⑨ $5\overline{)265}$

⑩ $6\overline{)432}$

⑪

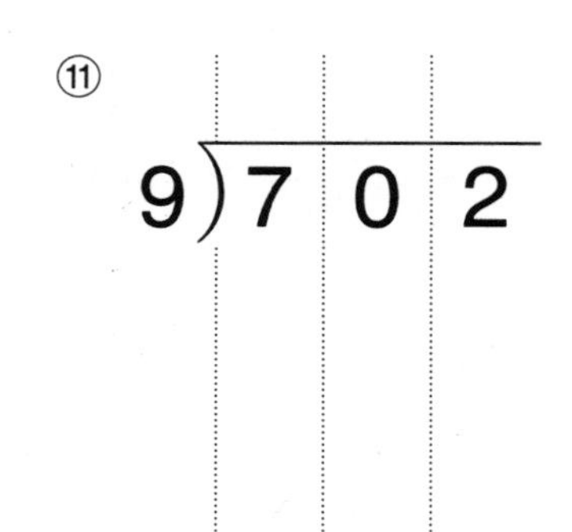

⑫ $8\overline{)368}$

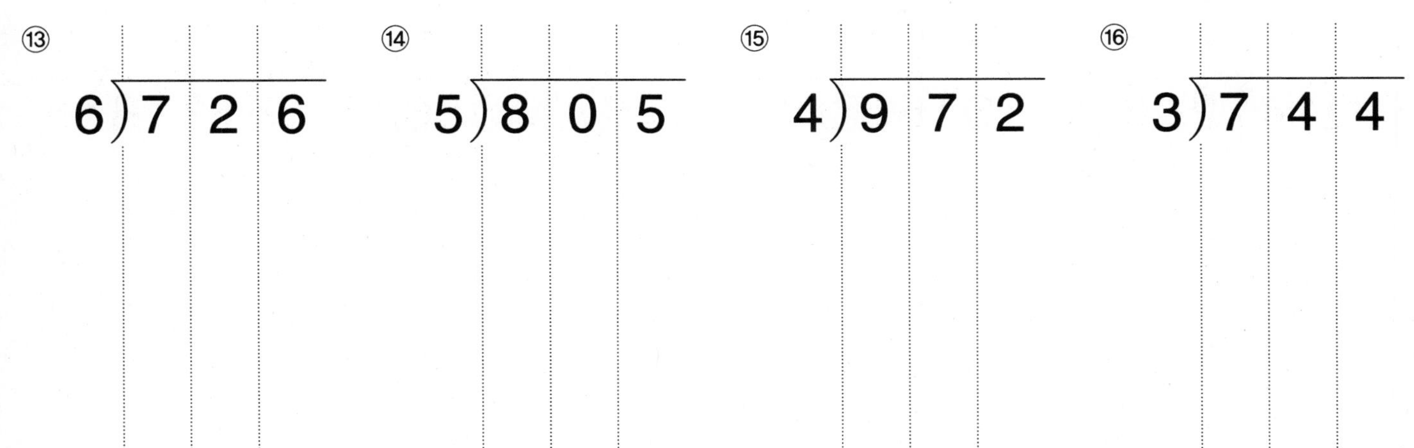

⑬ $6\overline{)7\,2\,6}$

⑭ $5\overline{)8\,0\,5}$

⑮ $4\overline{)9\,7\,2}$

⑯ $3\overline{)7\,4\,4}$

⑰ $2\overline{)1\,9\,8}$

⑱ $3\overline{)1\,8\,9}$

⑲ $9\overline{)3\,5\,1}$

⑳ $7\overline{)2\,2\,4}$

㉑ $4\overline{)1\,1\,2}$

㉒ $8\overline{)4\,4\,8}$

㉓ $7\overline{)3\,4\,3}$

㉔ $9\overline{)2\,2\,5}$

02 가로셈

세로셈으로 하면 더 정확히 계산할 수 있어.

● 세로셈으로 쓰고 나눗셈의 몫을 구해 보세요.

① $963 \div 3$

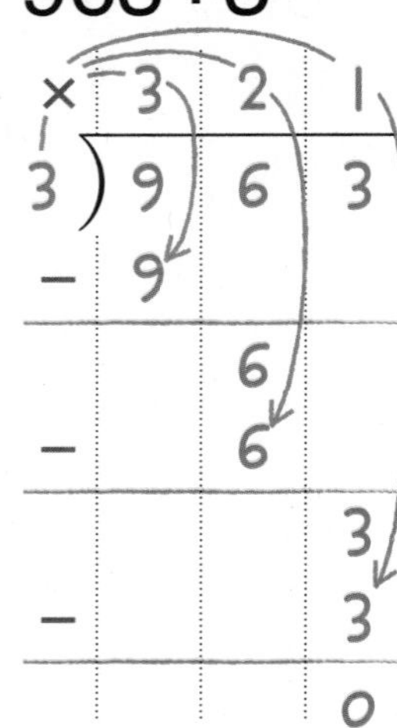

② $791 \div 7$

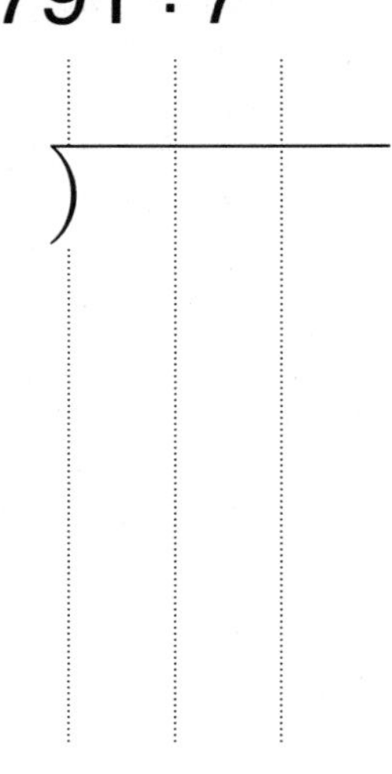

③ $612 \div 4$

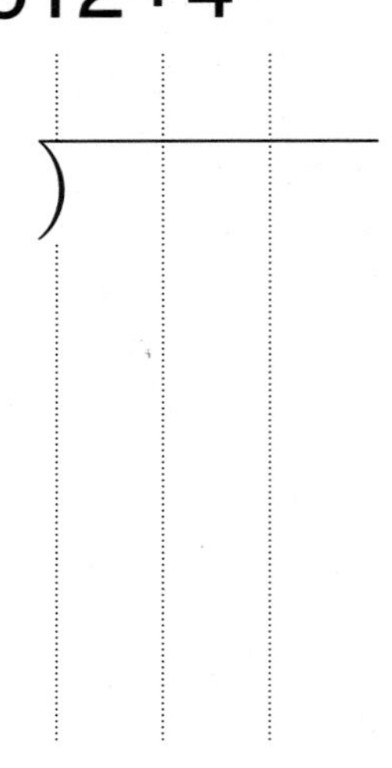

④ $672 \div 4$

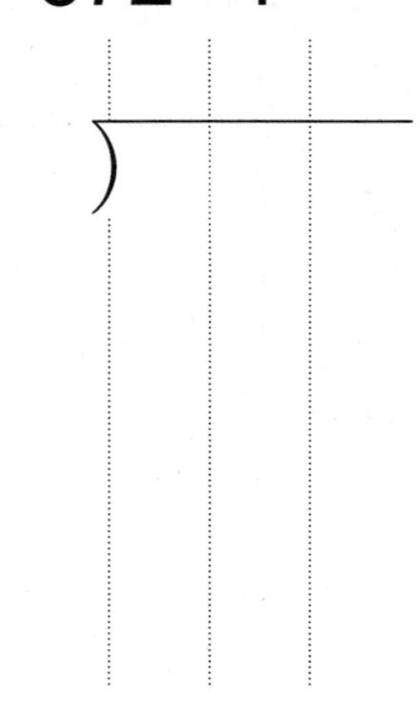

⑤ $288 \div 8$

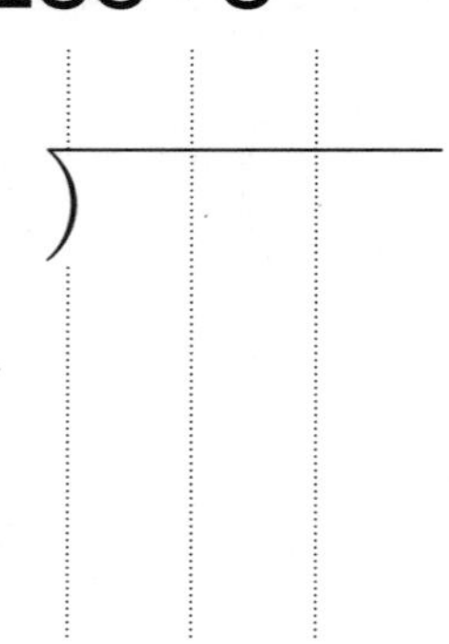

⑥ $246 \div 3$

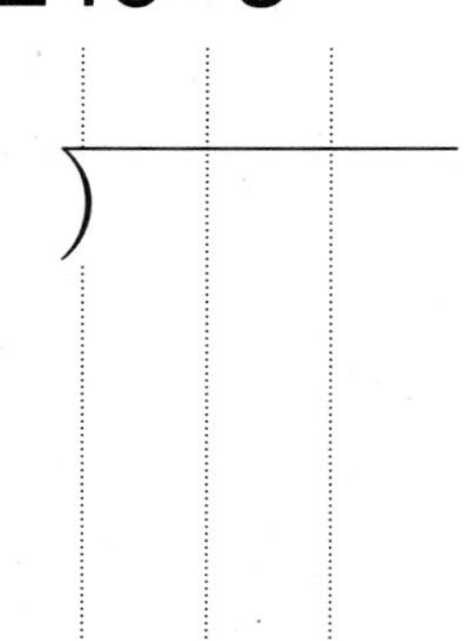

⑦ $468 \div 6$

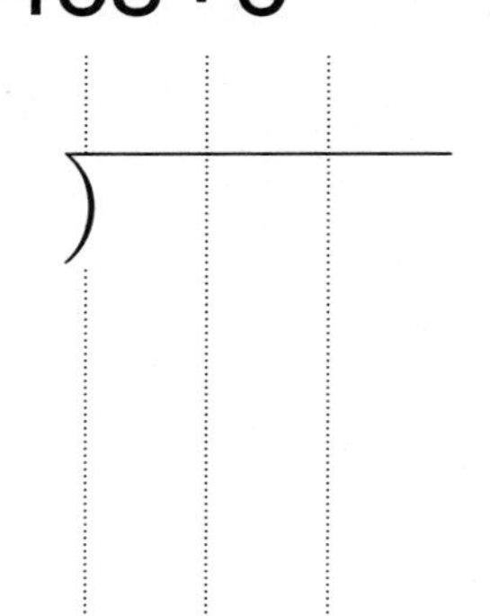

⑧ $216 \div 9$

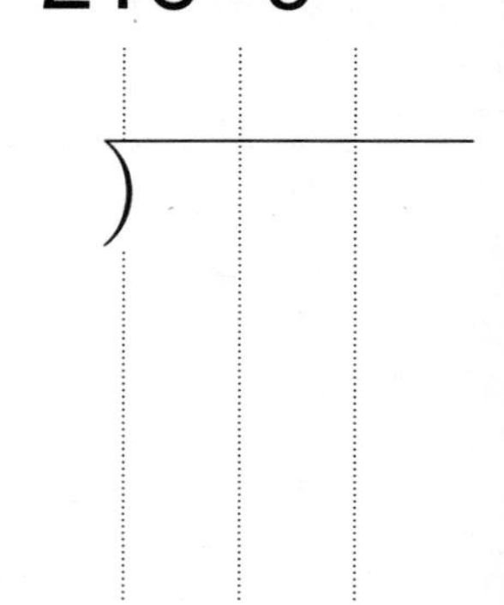

⑨ $146 \div 2$

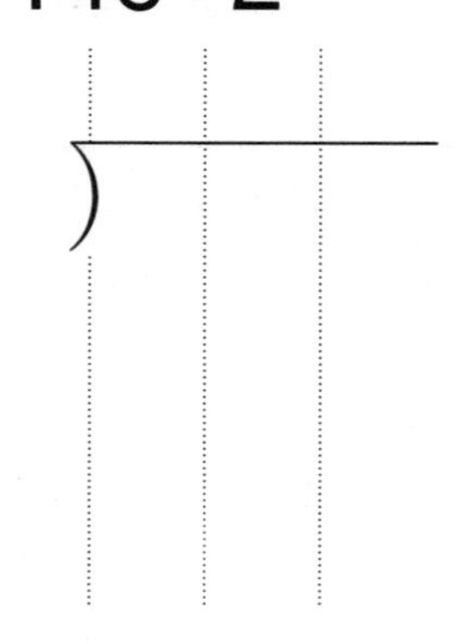

⑩ $455 \div 7$

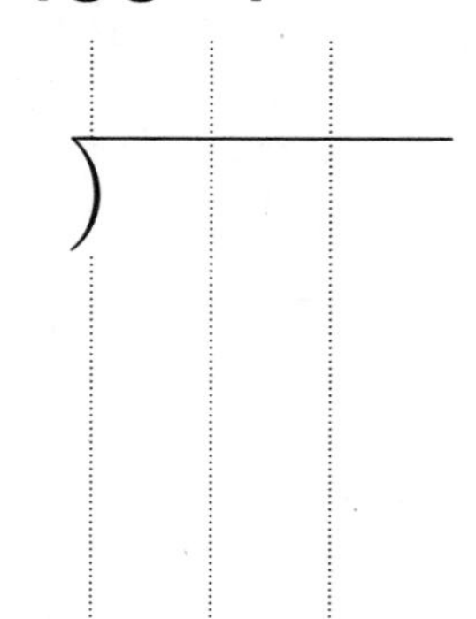

⑪ $208 \div 4$

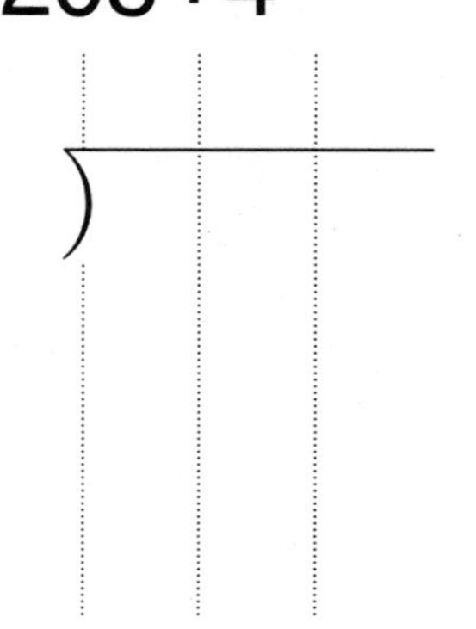

⑫ $315 \div 5$

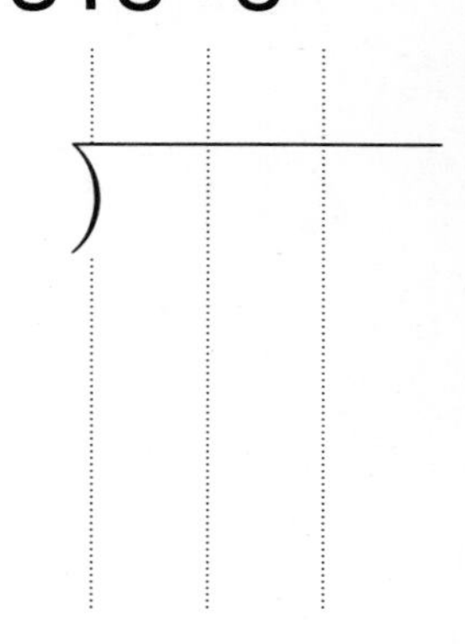

⑬ 508÷2

⑭ 804÷6

⑮ 784÷4

⑯ 848÷8

⑰ 385÷7

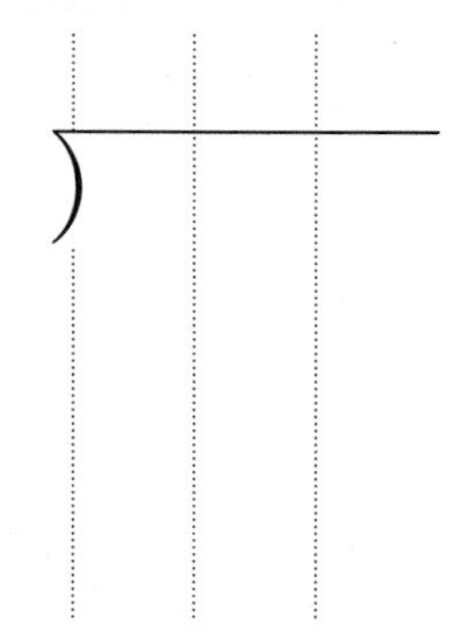

⑱ 135÷9

⑲ 228÷3

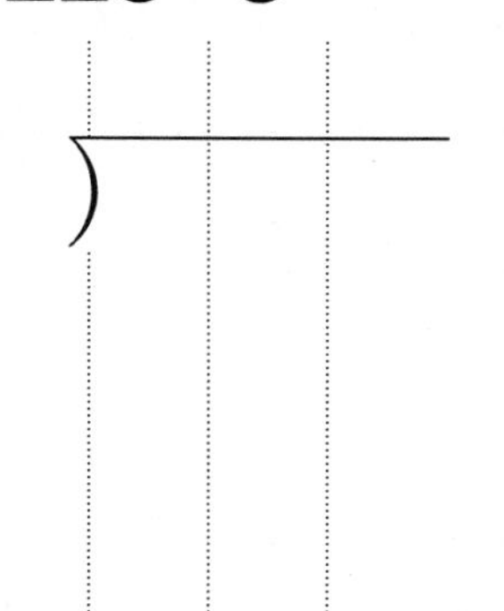

⑳ 275÷5

㉑ 135÷3

㉒ 594÷9

㉓ 414÷6

㉔ 736÷8

나누어지는 수에 따라 몫이 어떻게 달라지는지 살펴봐!

03 같은 수로 나누기

● 나눗셈의 몫을 구해 보세요.

❷ 나누어지는 수가 2씩 커지면 몫은 1씩 커져요.

①

❶ 나누는 수가 2일 때

$$\begin{array}{r} 300 \\ 2\overline{)600} \\ -6 \\ \hline 0 \end{array}$$

$2\overline{)602}$ $2\overline{)604}$ $2\overline{)606}$

②

$3\overline{)432}$ $3\overline{)435}$ $3\overline{)438}$ $3\overline{)441}$

③

$7\overline{)826}$ $7\overline{)819}$ $7\overline{)812}$ $7\overline{)805}$

곱셈과 나눗셈의 관계를 이용하면 검산할 수 있어.

04 검산하기

● 나눗셈의 몫을 구하고 검산해 보세요.

①
```
     1 1 6
  ────────
8 ) 9 2 8
  - 8
  ────────
    1 2
  -   8
  ────────
      4 8
  -   4 8
  ────────
        0
```
검산 $8 \times 116 = 928$

(나누는 수) × (몫) = (나누어지는 수)

② $4\overline{)536}$

검산 ____________

③ $3\overline{)528}$

검산 ____________

④ $5\overline{)640}$

검산 ____________

⑤ $7\overline{)735}$

검산 ____________

⑥ $6\overline{)804}$

검산 ____________

⑦ $8\overline{)288}$

검산 ____________

⑧ $9\overline{)657}$

검산 ____________

⑨ $4\overline{)168}$

검산 ____________

나누는 수에 단위가 있을 때와 없을 때의 몫은 다르겠지?

05 단위가 있는 나눗셈

● 나눗셈을 하여 몫을 써 보세요.

❶ 498 g을 3 g씩 나누면 166(묶음)이 돼요.

① 498 g÷3 g= 166

498 g÷3 =166 g

❷ 498 g을 3(셋)으로 나눈 하나는 166 g이에요.

② 516 g÷4 g=

516 g÷4 =

③ 224 g÷8 g=

224 g÷8 =

④ 178 g÷2 g=

178 g÷2 =

⑤ 133 g÷7 g=

133 g÷7 =

⑥ 234 g÷9 g=

234 g÷9 =

⑦ 492 g÷3 g=

492 g÷3 =

⑧ 714 g÷6 g=

714 g÷6 =

⑨ 535 g÷5 g=

535 g÷5 =

⑩ 553 m÷7 m=

553 m÷7 =

⑪ 243 m÷3 m=

243 m÷3 =

⑫ 660 m÷5 m=

660 m÷5 =

⑬ 704 m÷8 m=

704 m÷8 =

⑭ 576 m÷4 m=

576 m÷4 =

⑮ 351 m÷9 m=

351 m÷9 =

나누기는 두 가지로 **생각할 수 있다.**

❶ **12 m를 3 m씩** 덜어 낸 횟수

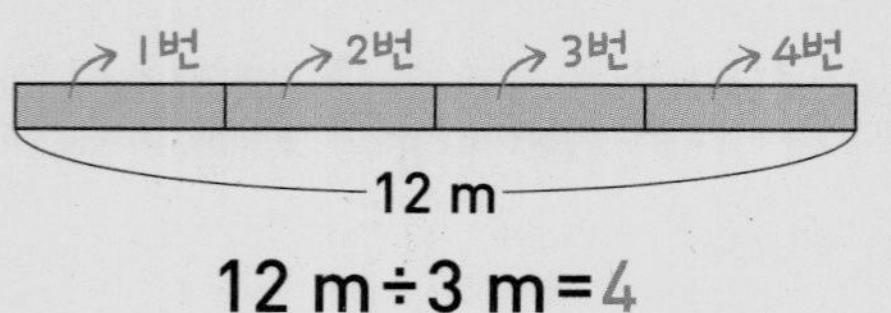

12 m÷3 m=4

❷ **12 m를 셋으로 나눈** 하나의 길이

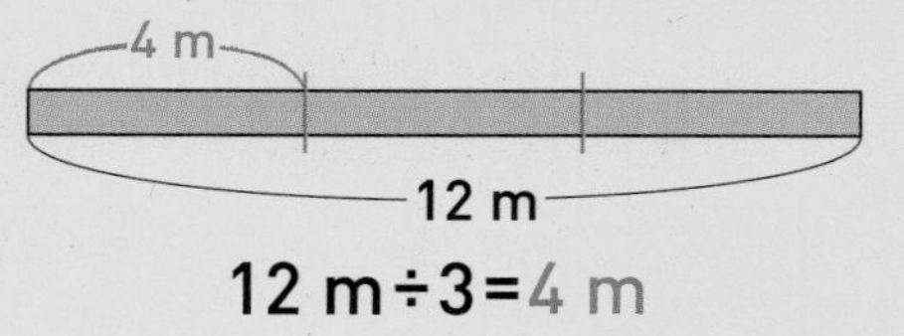

12 m÷3=4 m

⑯ 688 m÷8 m=

688 m÷8 =

정확히 계산하지 않아도 몫을 몇쯤으로 어림해 볼 수 있어.

06 몫 어림하기

● 몫이 ◯의 수에 가장 가까운 나눗셈식에 ◯표 해 보세요.

① 90

711÷9	405÷5	(184÷2)	426÷6
80쯤 돼요.	80쯤 돼요.	90쯤 돼요.	70쯤 돼요.

② 50

637÷7 183÷3 408÷8 364÷4

③ 60

162÷2 488÷8 455÷5 288÷3

④ 100

202÷2 364÷4 637÷7 276÷3

⑤ 160

720÷5 396÷3 600÷4 966÷6

⑥ 130

576÷4 785÷5 786÷6 450÷3

나눗셈의 활용

일주일은 7일임을 생각하여 구해 보자.

07 몇 주인지 구하기

● 몇 주인지 구해 보세요.

① 112일 ➡ 16주

❶ 일주일=7일
❷ 112일÷7일=16주
❸ 단위를 반드시 써요.

② 350일 ➡

③ 336일 ➡

④ 392일 ➡

⑤ 217일 ➡

⑥ 693일 ➡

⑦ 175일 ➡

⑧ 539일 ➡

⑨ 889일 ➡

⑩ 700일 ➡

⑪ 259일 ➡

⑫ 497일 ➡

⑬ 637일 ➡

⑭ 574일 ➡

⑮ 791일 ➡

⑯ 987일 ➡

⑰ 399일 ➡

⑱ 630일 ➡

⑲ 315일 ➡

⑳ 847일 ➡

㉑ 903일 ➡

나눗셈의 성질

08 등식 완성하기

'='는 '='의 왼쪽과 오른쪽이 같음을 나타내는 기호야.

● '='의 양쪽이 같게 되도록 빈칸에 알맞은 수를 써 보세요.

① $102 \div 2 = 50 + $ 1

51

51이 되려면 1을 더해야 해요.

② $355 \div 5 = 70 + $ ______

③ $999 \div 9 = 110 + $ ______

④ $412 \div 2 = 200 + $ ______

⑤ $396 \div 9 = 40 + $ ______

⑥ $294 \div 7 = 40 + $ ______

⑦ $810 \div 6 = 130 + $ ______

⑧ $705 \div 3 = 230 + $ ______

⑨ $288 \div 6 = 50 - $ ______

⑩ $231 \div 3 = 80 - $ ______

⑪ $420 \div 4 = 110 - $ ______

⑫ $624 \div 4 = 160 - $ ______

⑬ $140 \div 5 = 30 - $ ______

⑭ $768 \div 8 = 100 - $ ______

⑮ $696 \div 8 = 90 - $ ______

⑯ $833 \div 7 = 120 - $ ______

공부한 날: 월 일 5일차

÷ 11 나머지가 있는 (세 자리 수)÷(한 자리 수)

몫이 몇 자리 수인지 먼저 생각하여 구해.

● 215 ÷ 2

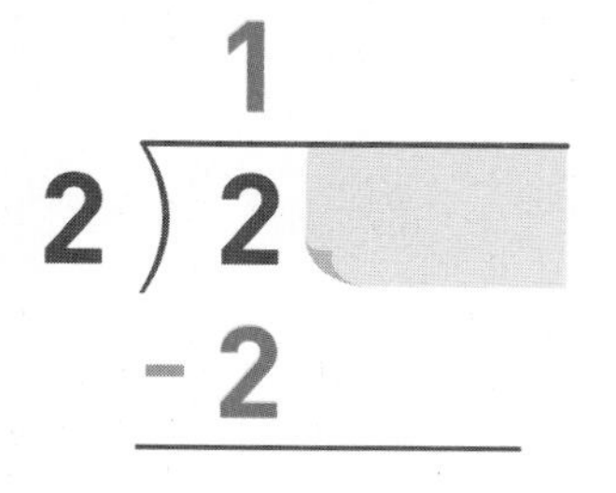

"2에 2가 들어가므로
몫은 세 자리 수야."

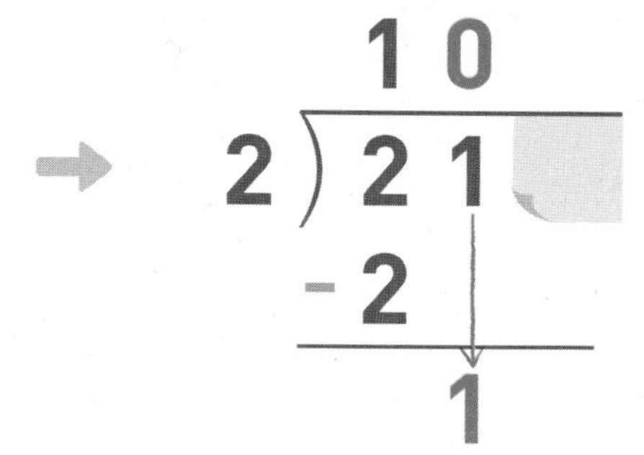

"1에 2가 들어갈 수 없으므로
몫의 십의 자리에 0을 써."

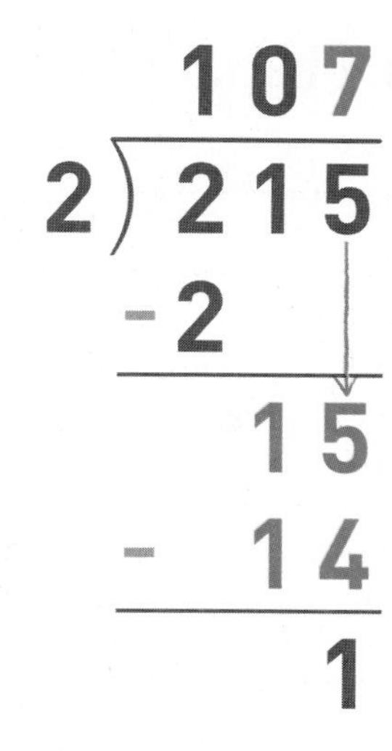

"15에는 2가 7번
들어 있고 1이 남아."

● 215 ÷ 6

"2에 6이 들어갈 수 없으므로
몫은 두 자리 수야."

$$\begin{array}{r} 3 \\ 6\,\overline{)\,21} \\ -18 \\ \hline 3 \end{array}$$

"21에는 6이 3번 들어 있고
3이 남아."

$$\begin{array}{r} 35 \\ 6\,\overline{)\,215} \\ -18 \\ \hline 35 \\ -\ 30 \\ \hline 5 \end{array}$$

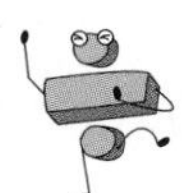

"35에는 6이 5번
들어 있고 5가 남아."

01 세로셈

백, 십, 일의 자리 순서로 계산하면서 자리를 맞추어 써.

● 나눗셈의 몫과 나머지를 구해 보세요.

①

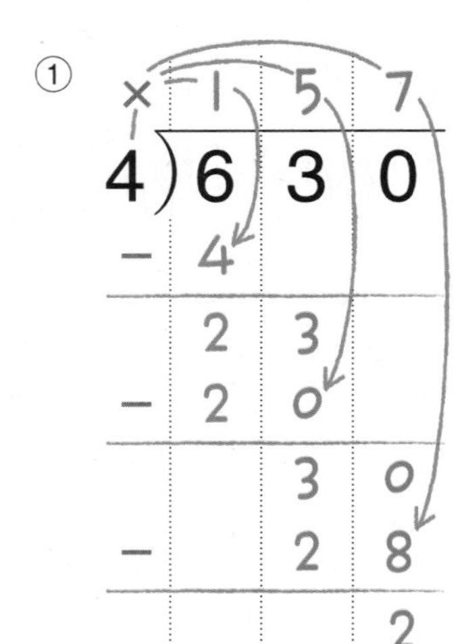

② $5\overline{)614}$

③ $3\overline{)953}$

④ $6\overline{)703}$

3을 7로 나눌 수 없으므로 몫은 두 자리 수예요.

⑤ $7\overline{)304}$

⑥ $2\overline{)183}$

⑦ $5\overline{)319}$

⑧ $3\overline{)106}$

⑨ $2\overline{)217}$

⑩ $7\overline{)486}$

⑪ $9\overline{)524}$

⑫ $8\overline{)731}$

⑬ 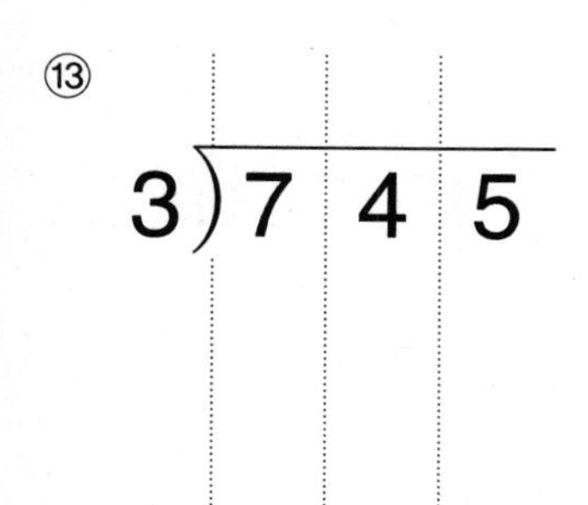

$3\overline{)745}$

⑭ $4\overline{)477}$

⑮ 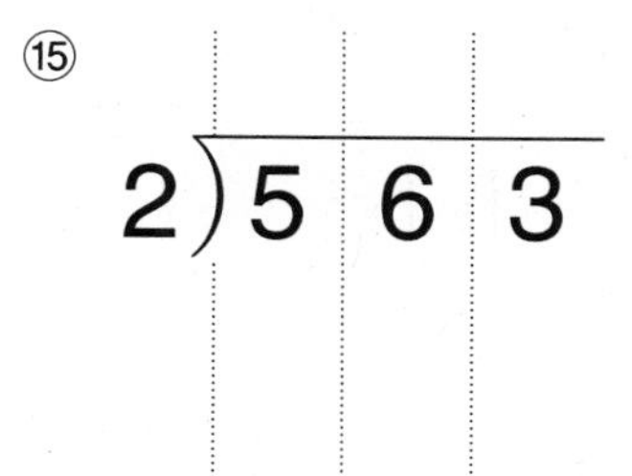

$2\overline{)563}$

⑯ $8\overline{)935}$

⑰ $5\overline{)411}$

⑱ $7\overline{)438}$

⑲ $6\overline{)143}$

⑳ $9\overline{)500}$

㉑ $4\overline{)174}$

㉒ $9\overline{)379}$

㉓ $7\overline{)265}$

㉔ $8\overline{)387}$

02 가로셈

세로셈으로 하면 더 정확히 계산할 수 있어.

● 세로셈으로 쓰고 나눗셈의 몫과 나머지를 구해 보세요.

① 873÷7

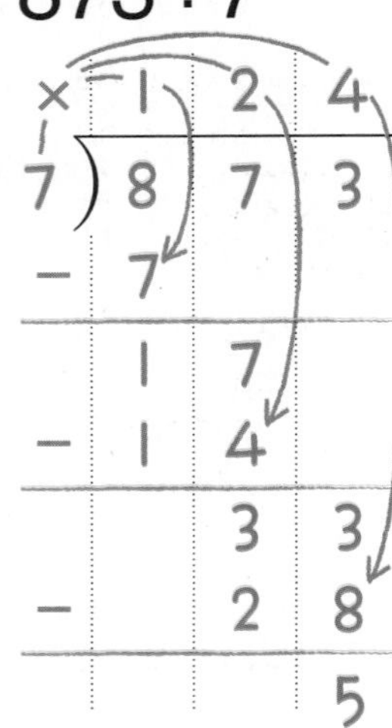

② 728÷3

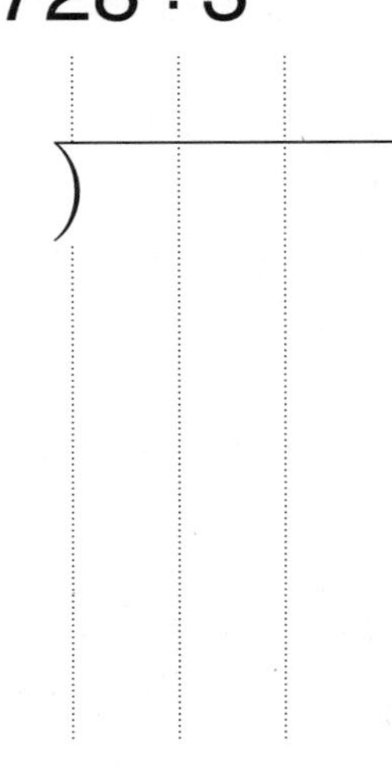

③ 581÷4

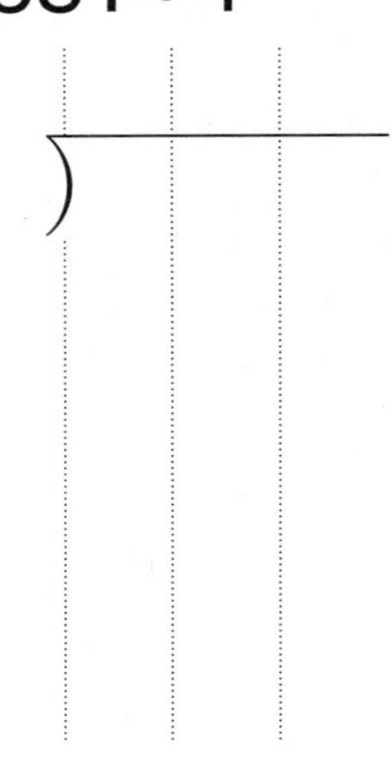

④ 853÷6

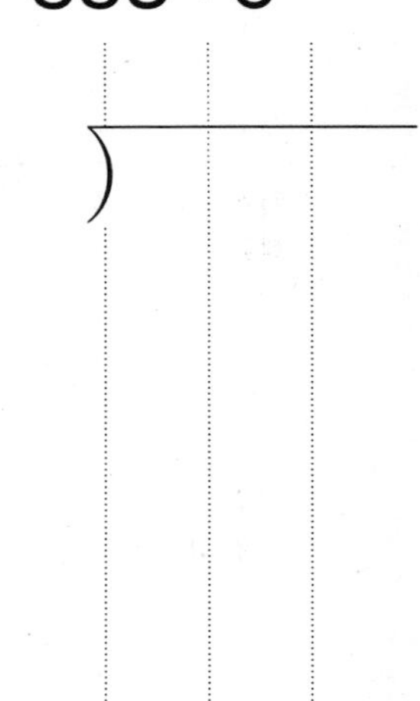

⑤ 129÷2

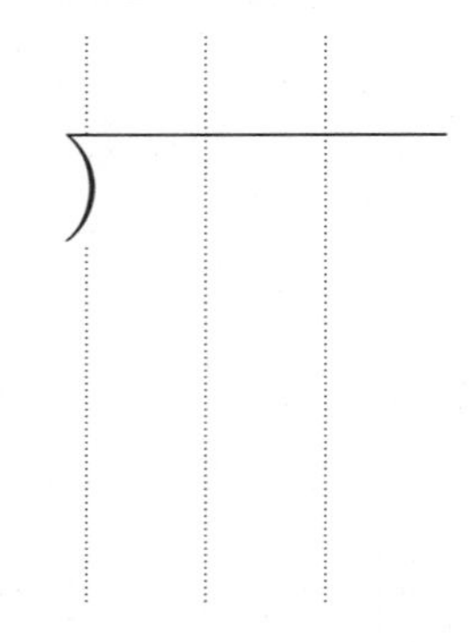

⑥ 463÷5

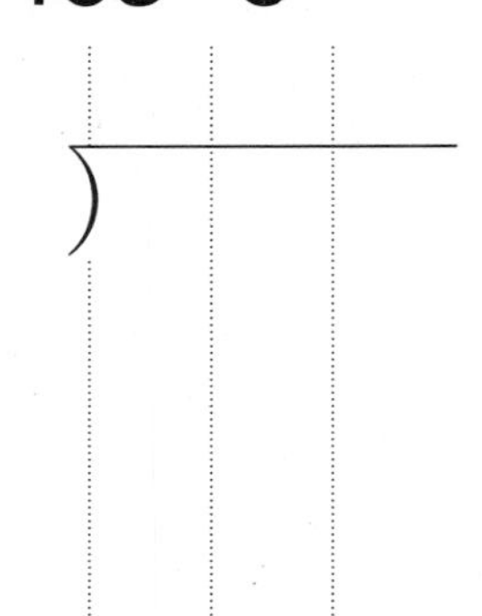

⑦ 624÷9

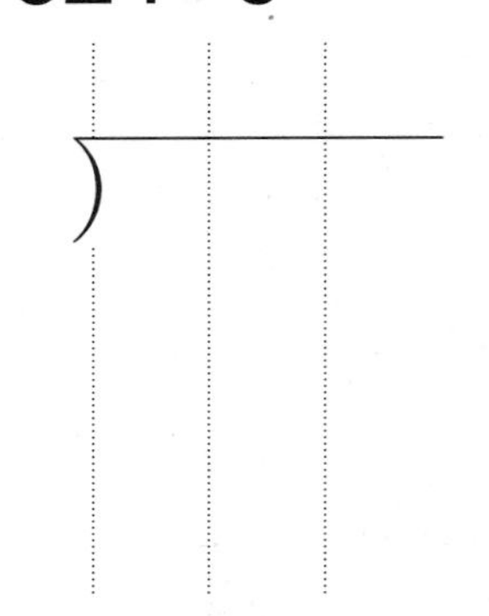

⑧ 367÷6

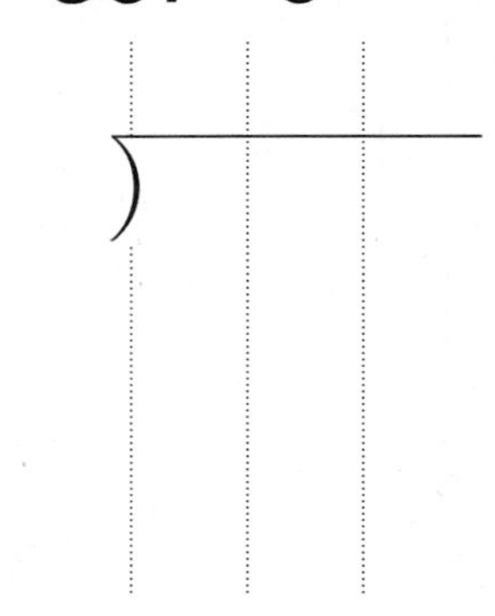

⑨ 213÷8

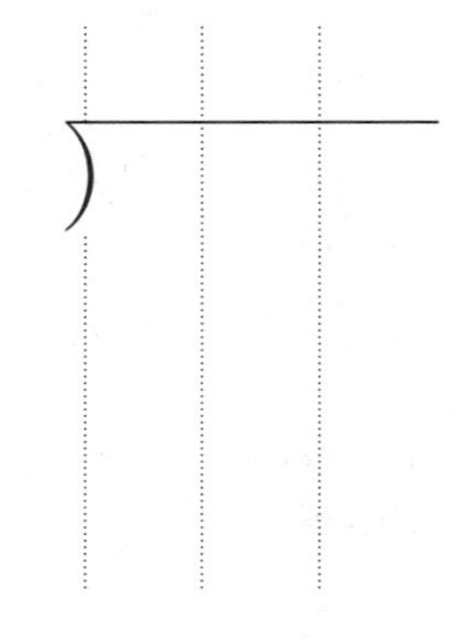

⑩ 153÷4

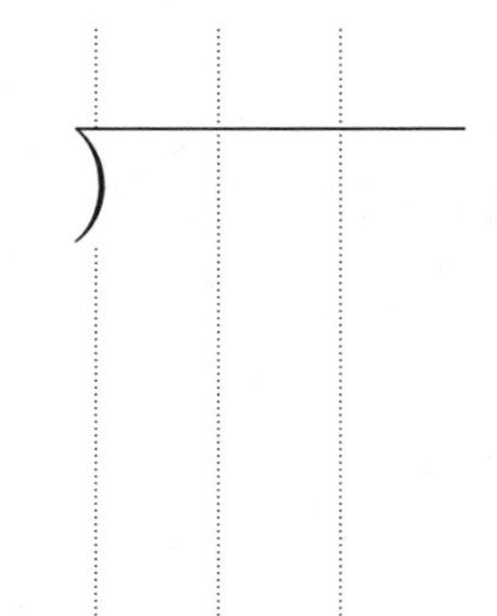

⑪ 510÷7

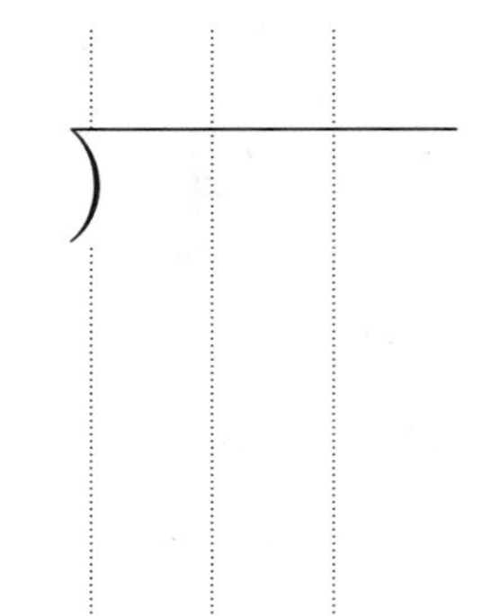

⑫ 994÷9

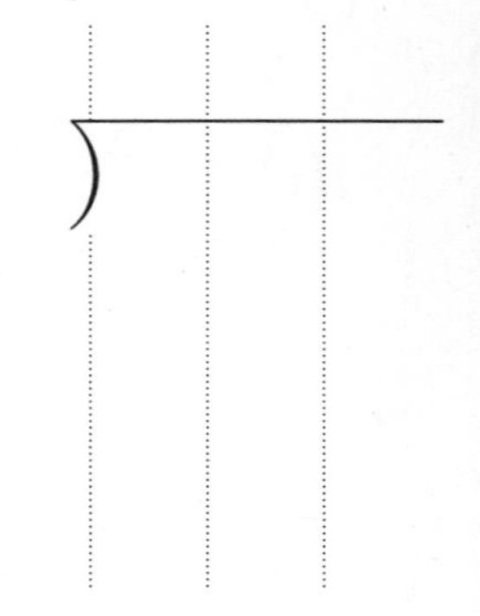

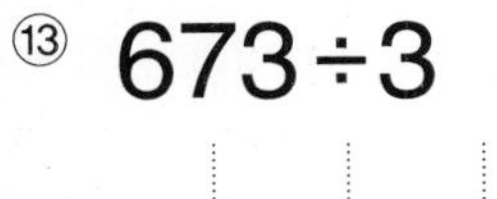

⑬ $673 \div 3$

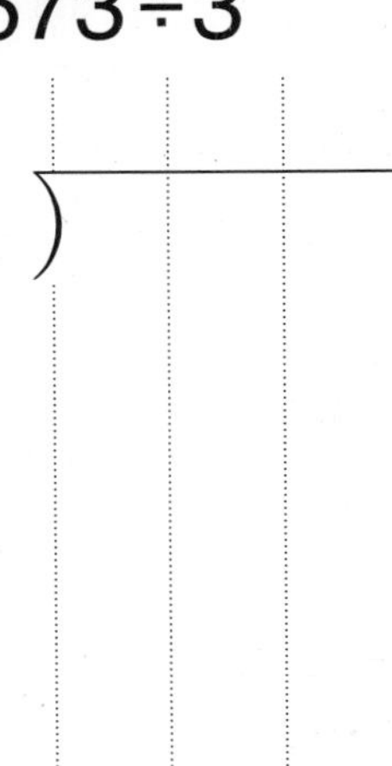

⑭ $849 \div 7$

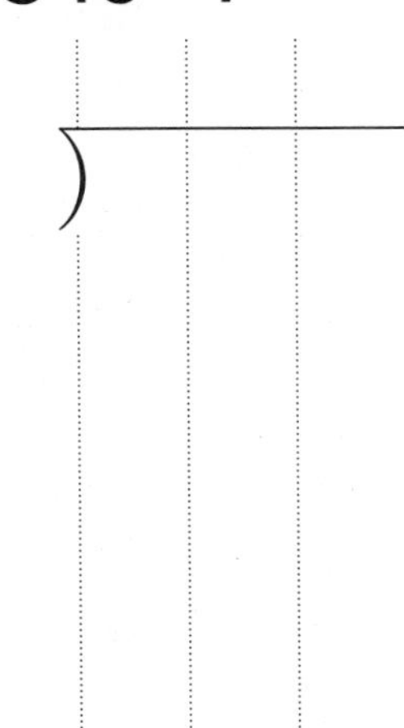

⑮ $633 \div 2$

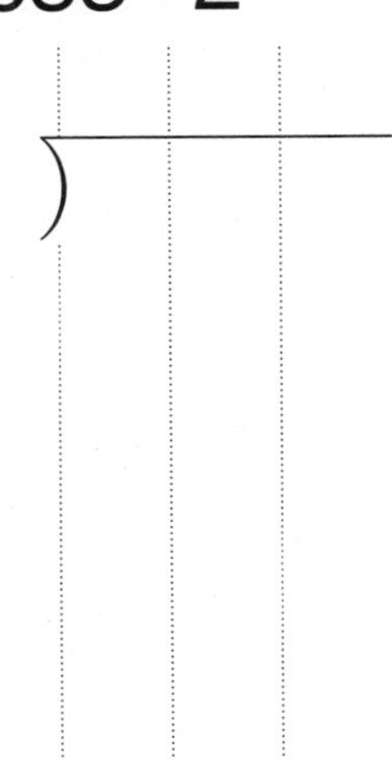

⑯ $952 \div 6$

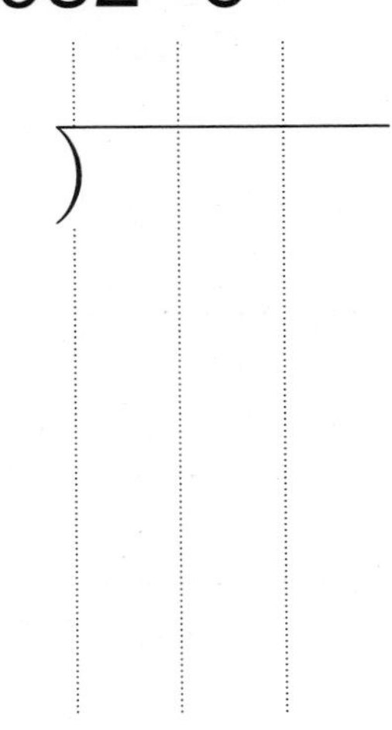

⑰ $143 \div 4$

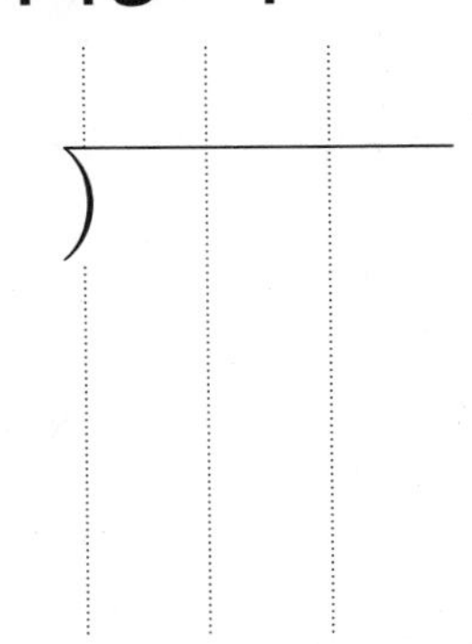

⑱ $391 \div 7$

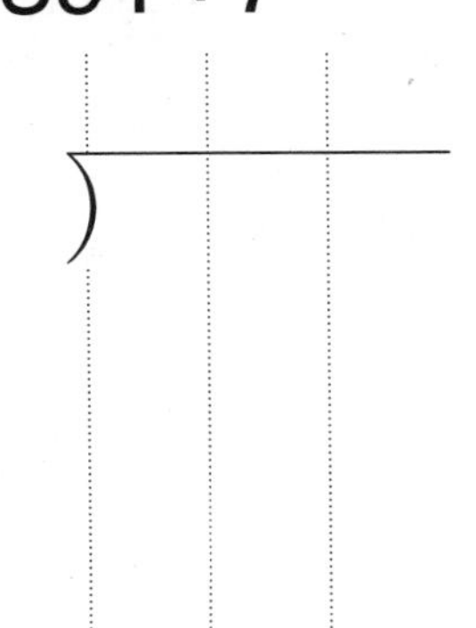

⑲ $165 \div 2$

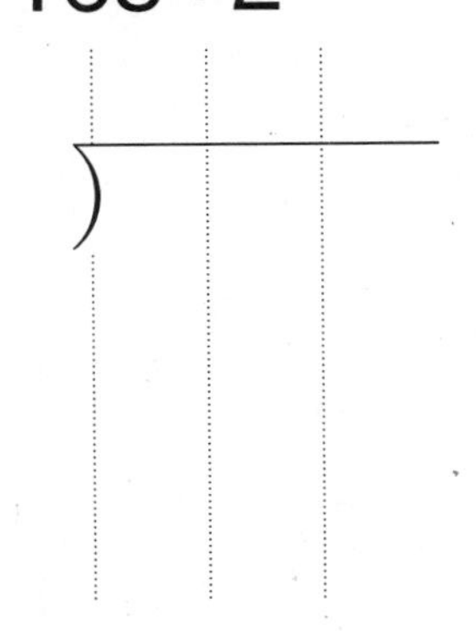

⑳ $494 \div 6$

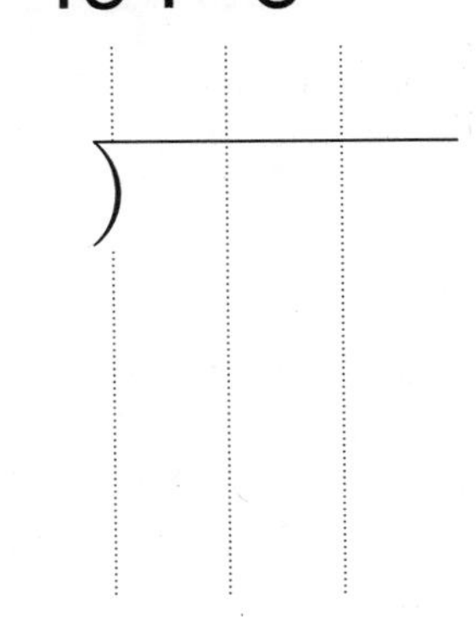

㉑ $257 \div 8$

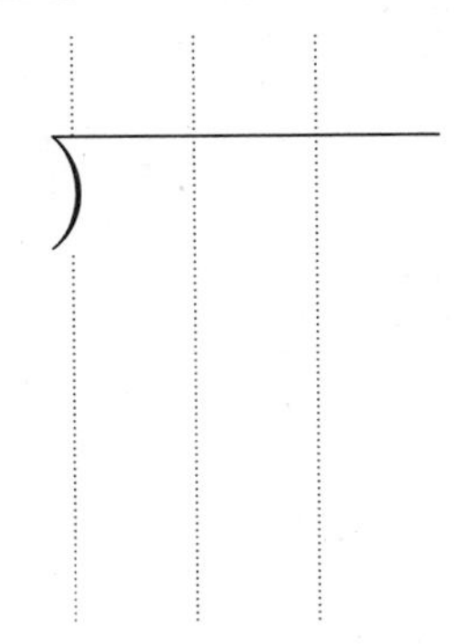

㉒ $278 \div 5$

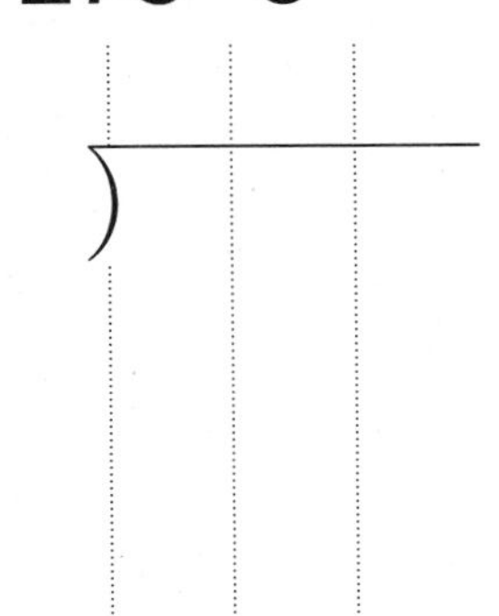

㉓ $536 \div 6$

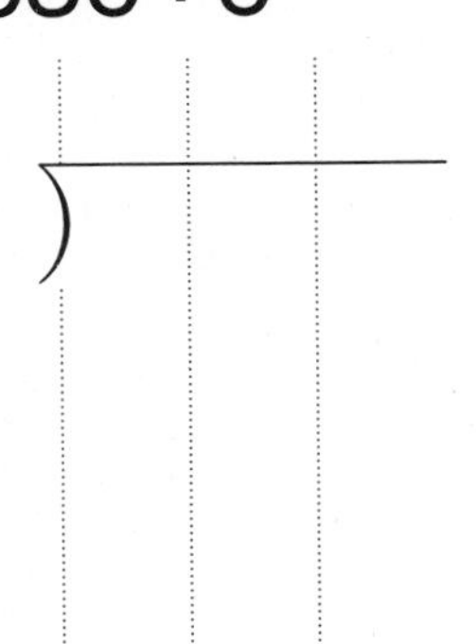

㉔ $408 \div 9$

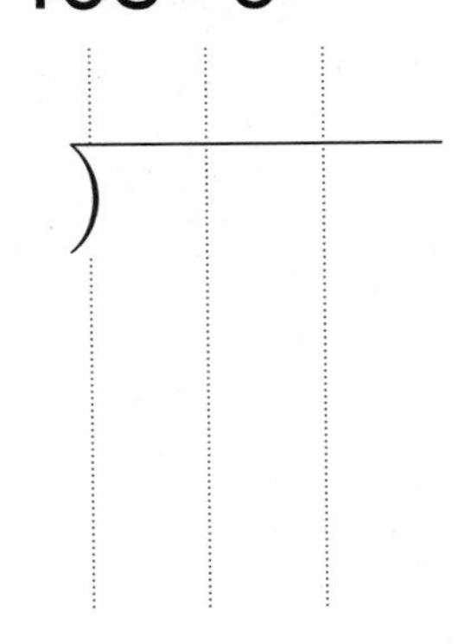

나누어지는 수에 따라 몫과 나머지가 어떻게 달라지는지 알아봐!

03 같은 수로 나누기

나머지가 0이 되면 몫은 어떻게 될까요?

● 나눗셈의 몫과 나머지를 구해 보세요.

나누어지는 수가 1씩 커지면

①

$$\begin{array}{r} 131 \\ 7\overline{)921} \\ -7 \\ \hline 22 \\ -21 \\ \hline 11 \\ -7 \\ \hline 4 \end{array}$$

$7\overline{)922}$ $7\overline{)923}$ $7\overline{)924}$

나머지는 1씩 커져요. 나누는 수가 7이니까 나머지는 7보다 작아요.

②

$5\overline{)637}$ $5\overline{)638}$ $5\overline{)639}$ $5\overline{)640}$

③

$6\overline{)500}$ $6\overline{)499}$ $6\overline{)498}$ $6\overline{)497}$

나누는 수에 따라 몫과 나머지가 어떻게 달라지는 지 비교해 봐.

04 여러 가지 수로 나누기

● 나눗셈의 몫과 나머지를 구해 보세요.

① $222 \div 2 =$ 111 … 0
$222 \div 3 =$ 74 … 0
$222 \div 4 =$ 55 … 2

2, 3으로는 나누어떨어지고 4로는 나누어떨어지지 않아요.

② $472 \div 6 =$ ______ … ______
$472 \div 7 =$ ______ … ______
$472 \div 8 =$ ______ … ______

③ $126 \div 3 =$ ______ … ______
$126 \div 4 =$ ______ … ______
$126 \div 5 =$ ______ … ______

④ $655 \div 5 =$ ______ … ______
$655 \div 6 =$ ______ … ______
$655 \div 7 =$ ______ … ______

⑤ $256 \div 2 =$ ______ … ______
$256 \div 3 =$ ______ … ______
$256 \div 4 =$ ______ … ______

⑥ $800 \div 4 =$ ______ … ______
$800 \div 5 =$ ______ … ______
$800 \div 6 =$ ______ … ______

⑦ $268 \div 6 =$ ______ … ______
$268 \div 5 =$ ______ … ______
$268 \div 4 =$ ______ … ______

⑧ $570 \div 8 =$ ______ … ______
$570 \div 7 =$ ______ … ______
$570 \div 6 =$ ______ … ______

⑨ $310 \div 7 =$ ______ … ______
$310 \div 6 =$ ______ … ______
$310 \div 5 =$ ______ … ______

⑩ $981 \div 9 =$ ______ … ______
$981 \div 8 =$ ______ … ______
$981 \div 7 =$ ______ … ______

05 검산하기

검산해 보면 바르게 계산했는지 알 수 있어.

● 나눗셈의 몫과 나머지를 구하고 검산해 보세요.

①

```
   × 1 2 4
 8)9 9 4
 - 8
   1 9
 - 1 6
     3 4
 -   3 2
       2
```

$994 \div 8 = 124 \cdots 2$

$8 \times 124 + 2 = 994$

검산 $8 \times 124 + 2 = 994$

(나누는 수)×(몫)+(나머지)=(나누어지는 수)

② $2\overline{)6\ 4\ 7}$

검산

③ $6\overline{)4\ 2\ 8}$

검산

④ $5\overline{)3\ 1\ 6}$

검산

⑤ $6\overline{)4\ 6\ 9}$

검산

⑥ $4\overline{)1\ 8\ 7}$

검산

⑦ $3\overline{)2\ 2\ 3}$

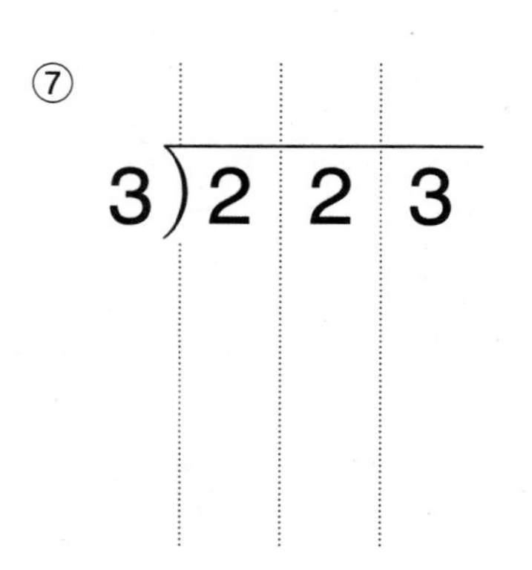

검산

⑧ $7\overline{)3\ 1\ 2}$

검산

⑨

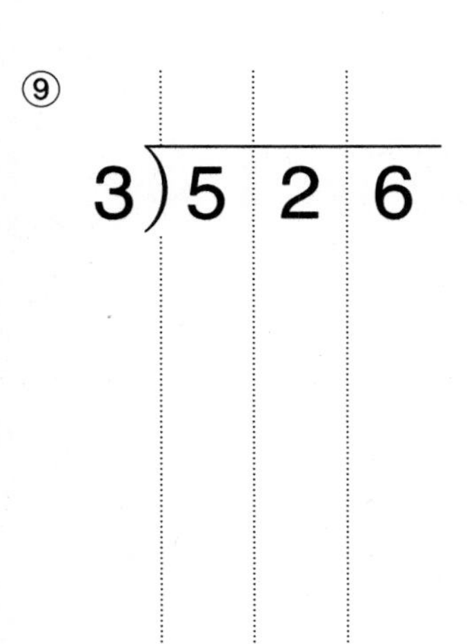

검산 ______________________

⑩

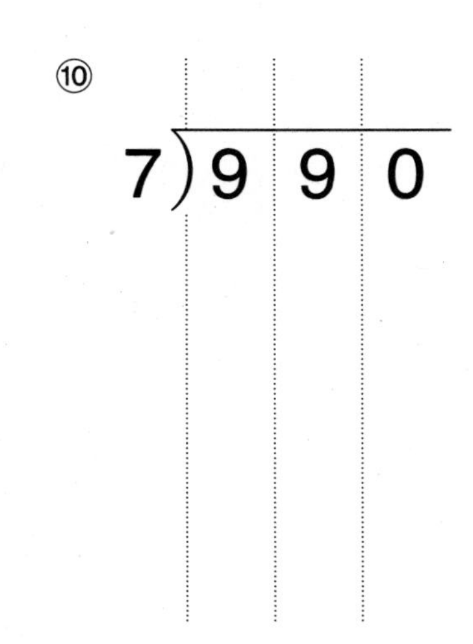

검산 ______________________

⑪

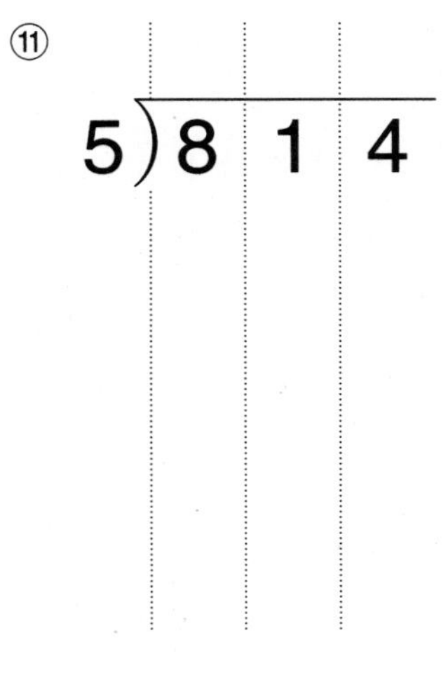

검산 ______________________

⑫

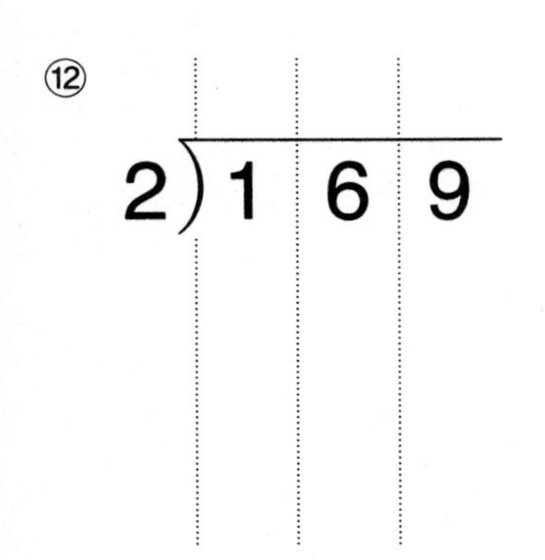

검산 ______________________

⑬

4)3 1 4

검산 ______________________

⑭

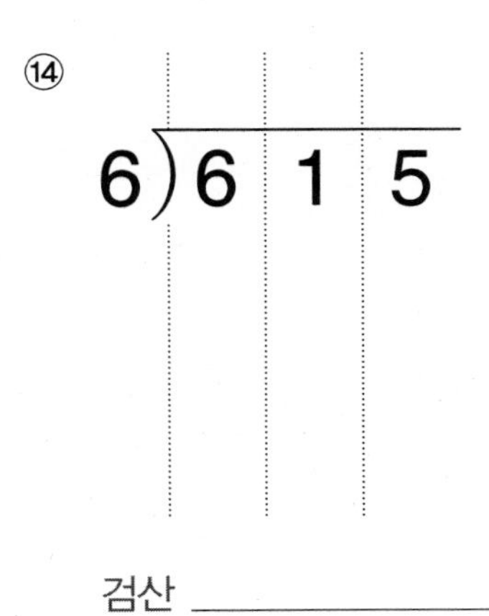

검산 ______________________

⑮

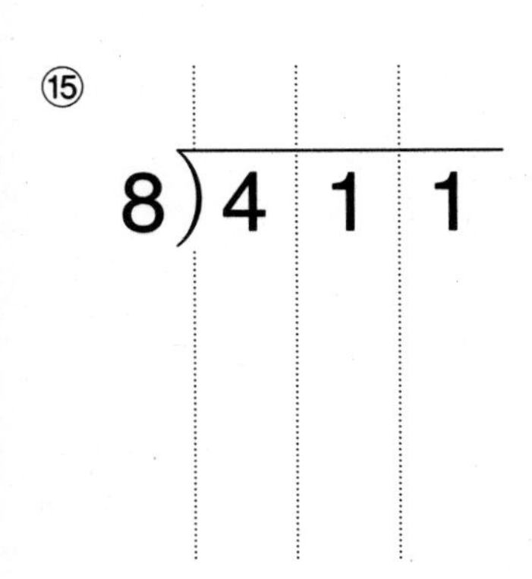

검산 ______________________

⑯

9)3 4 8

검산 ______________________

⑰

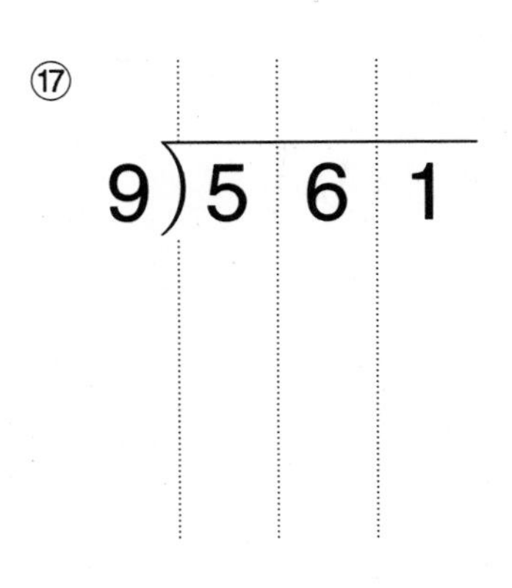

검산 ______________________

06 단위가 있는 나눗셈

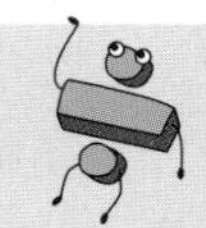

● 나눗셈을 하여 몫과 나머지를 써 보세요.

❶ 810 m를 4 m씩 나누면 202(개)가 되고 2 m가 남아요.

① 810 m÷4 m= 202 … 2 m

810 m÷4 = 202 m … 2 m

❷ 810 m를 4(넷)로 나누면 202 m씩 되고 2 m가 남아요.

② 800 m÷3 m= ______ … ______

800 m÷3 = ______ … ______

③ 271 m÷7 m= ______ … ______

271 m÷7 = ______ … ______

④ 414 m÷5 m= ______ … ______

414 m÷5 = ______ … ______

⑤ 149 m÷2 m= ______ … ______

149 m÷2 = ______ … ______

⑥ 473 m÷9 m= ______ … ______

473 m÷9 = ______ … ______

⑦ 209 g÷6 g= ______ … ______

209 g÷6 = ______ … ______

⑧ 567 g÷4 g= ______ … ______

567 g÷4 = ______ … ______

⑨ 350 g÷9 g= ______ … ______

350 g÷9 = ______ … ______

⑩ 777 g÷8 g= ______ … ______

777 g÷8 = ______ … ______

⑪ 638 g÷3 g= ______ … ______

638 g÷3 = ______ … ______

⑫ 942 g÷5 g= ______ … ______

942 g÷5 = ______ … ______

알파벳이 수를 나타낼 수도 있어.

07 알파벳으로 나눗셈하기

● 알파벳을 수로 생각하여 나눗셈을 해 보세요.

A	B	C	D	E	F	G	H	I	J	K	L
502	8	774	6	7	153	2	817	335	3	9	429

알파벳 대신 수를 넣어 계산해요.

① A÷D= 83 … 4
(502, 6)

② F÷D= ______ … ______
(153, 6)

③ C÷B= ______ … ______

④ A÷J= ______ … ______

⑤ F÷B= ______ … ______

⑥ C÷E= ______ … ______

⑦ H÷E= ______ … ______

⑧ L÷G= ______ … ______

⑨ L÷K= ______ … ______

⑩ I÷K= ______ … ______

⑪ I÷G= ______ … ______

⑫ H÷J= ______ … ______

N12 분수

분수를 자연수로, 자연수를 분수로!

$$\frac{11}{4} = 2\frac{3}{4}$$

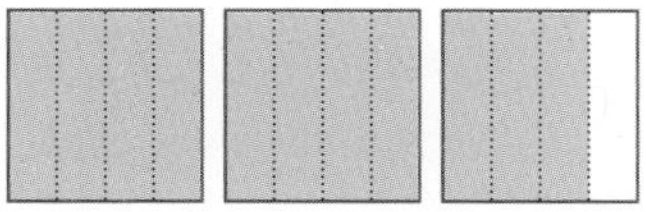

$\frac{4}{4}$ $\frac{4}{4}$ $\frac{3}{4}$

"분수의 모양은 달라도 같은 크기를 나타내."

1 1 $\frac{3}{4}$

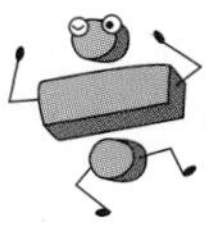

"$\frac{11}{4}-\frac{4}{4}-\frac{4}{4}=\frac{11-4-4}{4}=\frac{3}{4}$
$\frac{4}{4}$를 ②번 뺄 수 있고 $\frac{3}{4}$이 남는다."

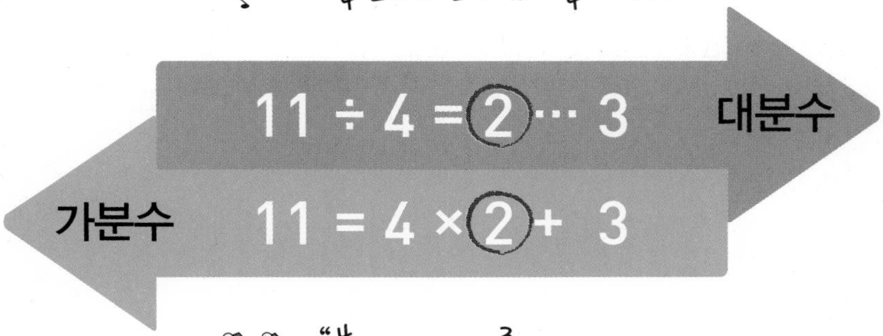

$\frac{11}{4}$ → 대분수: $11 \div 4 = ② \cdots 3$ → $②\frac{3}{4}$

$②\frac{3}{4}$ → 가분수: $11 = 4 \times ② + 3$ → $\frac{11}{4}$

"$\frac{4}{4}$가 ②번 있고 $\frac{3}{4}$이 있다.
$\frac{4}{4}+\frac{4}{4}+\frac{3}{4}=\frac{4\times2+3}{4}=\frac{11}{4}$"

(분모) = (분자)인 수는 **1**

$$1 = \frac{2}{2} = \frac{3}{3} = \frac{4}{4} = \frac{5}{5} = \frac{6}{6} = \frac{7}{7} = \cdots$$

눈금 한 칸이 몇을 나타내는지 생각해 봐.

N 01 수직선의 수를 바꾸어 나타내기(1)

● 수직선 위의 가분수를 자연수 또는 대분수로 나타내 보세요.

①

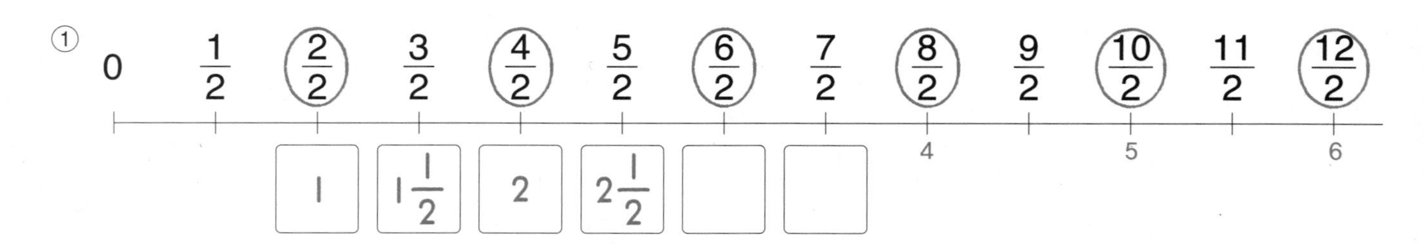

②

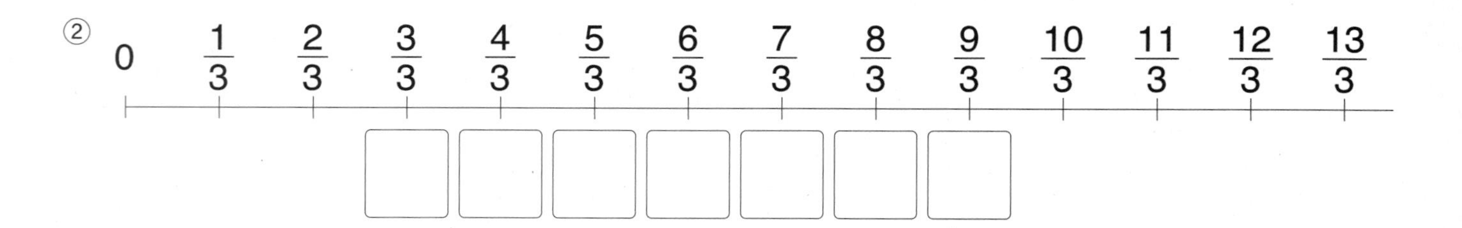

③

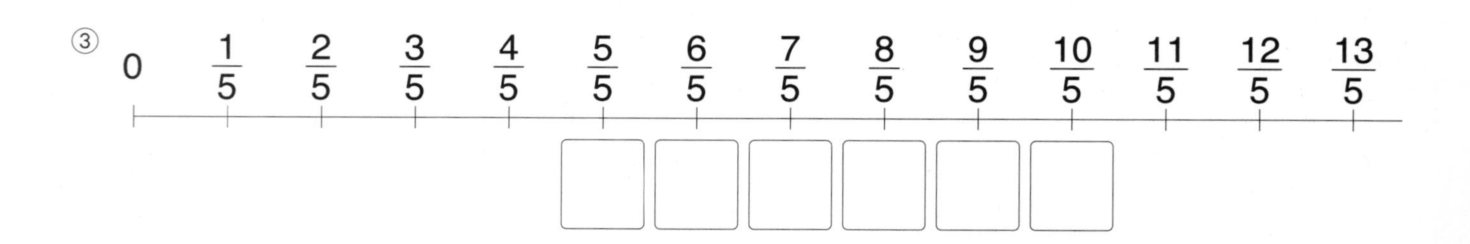

④

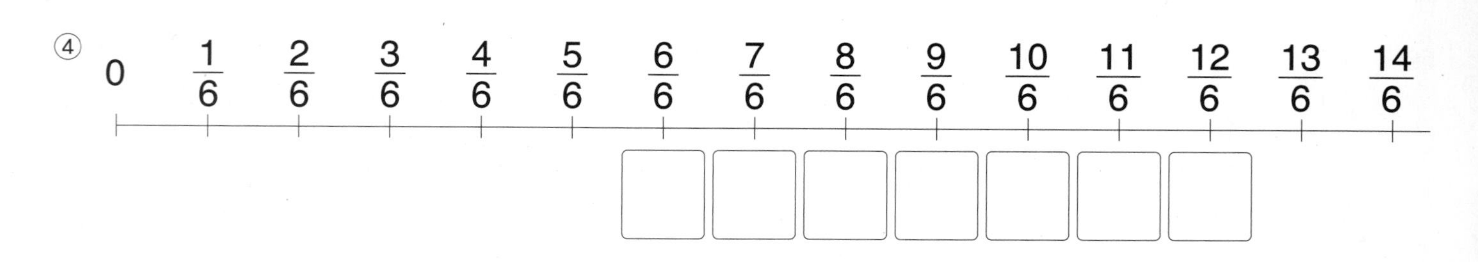

⑤

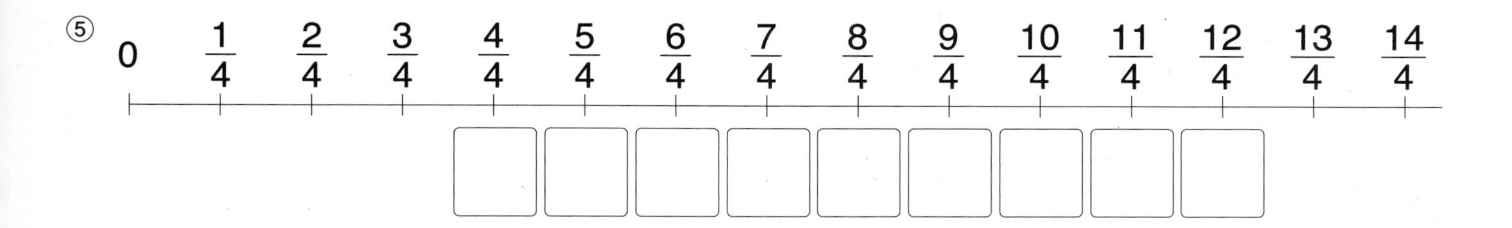

0
$\frac{1}{4}$ $\frac{2}{4}$ $\frac{3}{4}$ $\frac{4}{4}$ $\frac{5}{4}$ $\frac{6}{4}$ $\frac{7}{4}$ $\frac{8}{4}$ $\frac{9}{4}$ $\frac{10}{4}$ $\frac{11}{4}$ $\frac{12}{4}$ $\frac{13}{4}$ $\frac{14}{4}$

⑥

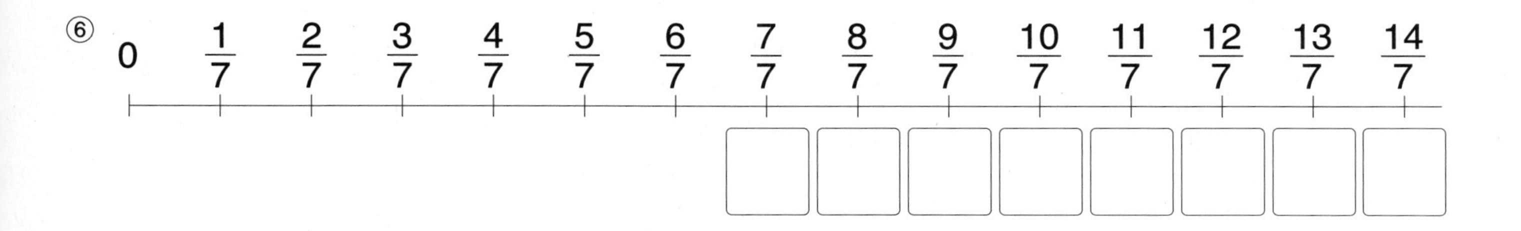

0
$\frac{1}{7}$ $\frac{2}{7}$ $\frac{3}{7}$ $\frac{4}{7}$ $\frac{5}{7}$ $\frac{6}{7}$ $\frac{7}{7}$ $\frac{8}{7}$ $\frac{9}{7}$ $\frac{10}{7}$ $\frac{11}{7}$ $\frac{12}{7}$ $\frac{13}{7}$ $\frac{14}{7}$

⑦

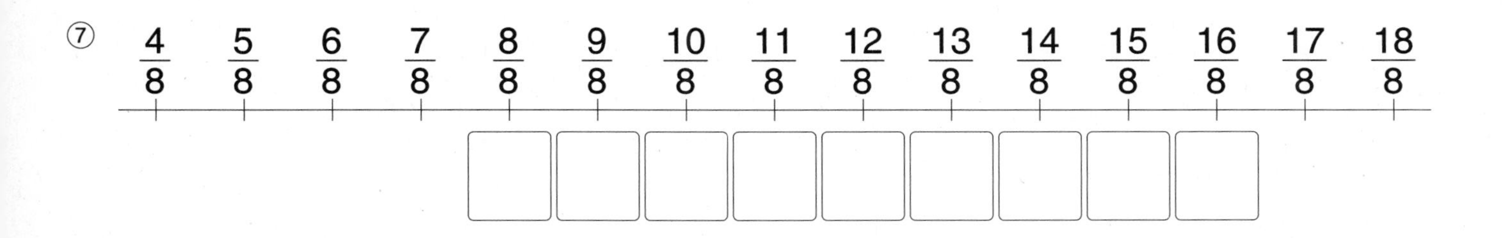

$\frac{4}{8}$ $\frac{5}{8}$ $\frac{6}{8}$ $\frac{7}{8}$ $\frac{8}{8}$ $\frac{9}{8}$ $\frac{10}{8}$ $\frac{11}{8}$ $\frac{12}{8}$ $\frac{13}{8}$ $\frac{14}{8}$ $\frac{15}{8}$ $\frac{16}{8}$ $\frac{17}{8}$ $\frac{18}{8}$

⑧

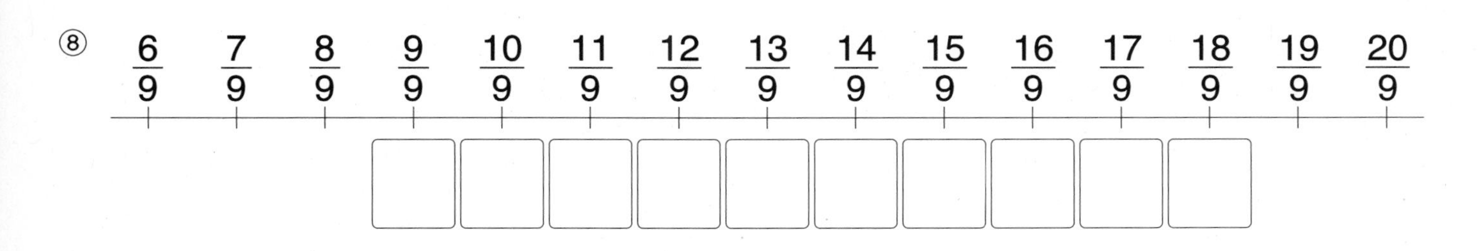

$\frac{6}{9}$ $\frac{7}{9}$ $\frac{8}{9}$ $\frac{9}{9}$ $\frac{10}{9}$ $\frac{11}{9}$ $\frac{12}{9}$ $\frac{13}{9}$ $\frac{14}{9}$ $\frac{15}{9}$ $\frac{16}{9}$ $\frac{17}{9}$ $\frac{18}{9}$ $\frac{19}{9}$ $\frac{20}{9}$

분자에 분모가 몇 번 들어 있는지 생각해 봐.

N 02 가분수를 대분수로 나타내기

● 가분수를 자연수 또는 대분수로 나타내 보세요.

① $\frac{8}{4}=2$ (8÷4=2)

② $\frac{9}{3}=$

③ $\frac{36}{4}=$

④ $\frac{72}{9}=$

⑤ $\frac{40}{2}=$

⑥ $\frac{77}{7}=$

⑦ $\frac{5}{3}=$ (5÷3=1⋯2)

⑧ $\frac{7}{5}=$

⑨ $\frac{9}{2}=$

⑩ $\frac{22}{5}=$

⑪ $\frac{25}{4}=$

⑫ $\frac{24}{7}=$

⑬ $\frac{64}{9}=$

⑭ $\frac{35}{6}=$

⑮ $\frac{25}{11}=$

⑯ $\frac{53}{10}=$

⑰ $\frac{85}{12}=$

⑱ $\frac{32}{15}=$

⑲ $\frac{51}{16}=$

⑳ $\frac{87}{17}=$

㉑ $\frac{45}{5}=$

㉒ $\frac{56}{7}=$

㉓ $\frac{32}{8}=$

㉔ $\frac{48}{6}=$

㉕ $\frac{48}{4}=$

㉖ $\frac{52}{13}=$

㉗ $\frac{7}{4}=$

㉘ $\frac{11}{2}=$

㉙ $\frac{47}{6}=$

㉚ $\frac{28}{5}=$

㉛ $\frac{35}{4}=$

㉜ $\frac{83}{9}=$

㉝ $\frac{65}{8}=$

㉞ $\frac{53}{7}=$

㉟ $\frac{39}{10}=$

㊱ $\frac{54}{11}=$

㊲ $\frac{37}{15}=$

㊳ $\frac{75}{14}=$

㊴ $\frac{41}{13}=$

㊵ $\frac{45}{19}=$

㊶ $\frac{32}{4}=$

㊷ $\frac{81}{9}=$

㊸ $\frac{68}{4}=$

㊹ $\frac{75}{5}=$

㊺ $\frac{91}{13}=$

㊻ $\frac{80}{16}=$

㊼ $\frac{9}{8}=$

㊽ $\frac{15}{4}=$

㊾ $\frac{42}{5}=$

㊿ $\frac{33}{7}=$

(51) $\frac{27}{4}=$

(52) $\frac{26}{3}=$

(53) $\frac{31}{9}=$

(54) $\frac{75}{8}=$

(55) $\frac{53}{17}=$

(56) $\frac{79}{20}=$

(57) $\frac{25}{18}=$

(58) $\frac{41}{15}=$

(59) $\frac{83}{19}=$

(60) $\frac{90}{13}=$

눈금 한 칸이 몇을 나타내는지 생각해 봐.

N03 수직선의 수를 바꾸어 나타내기(2)

● 수직선 위의 자연수 또는 대분수를 가분수로 나타내 보세요.

① 한 칸씩 움직일 때마다 $\frac{1}{2}$씩 커져요.

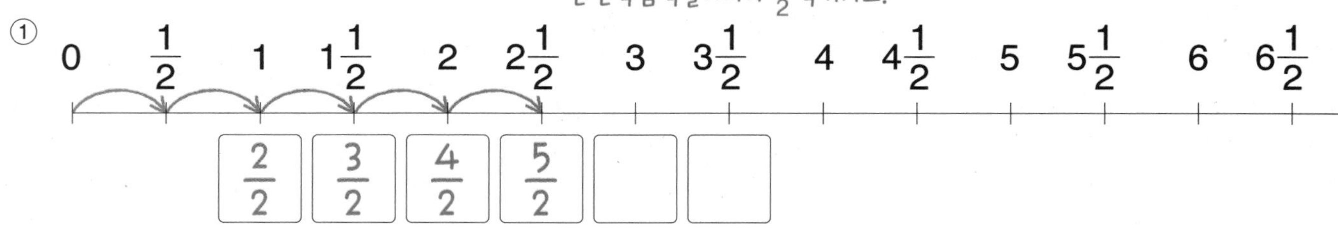

②

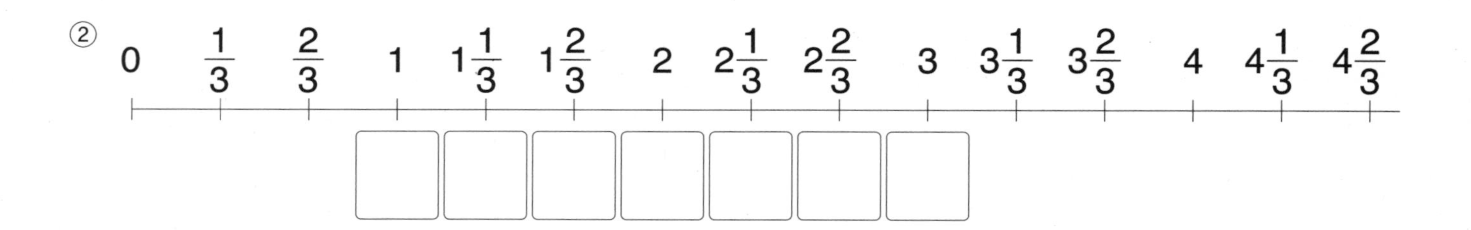

③

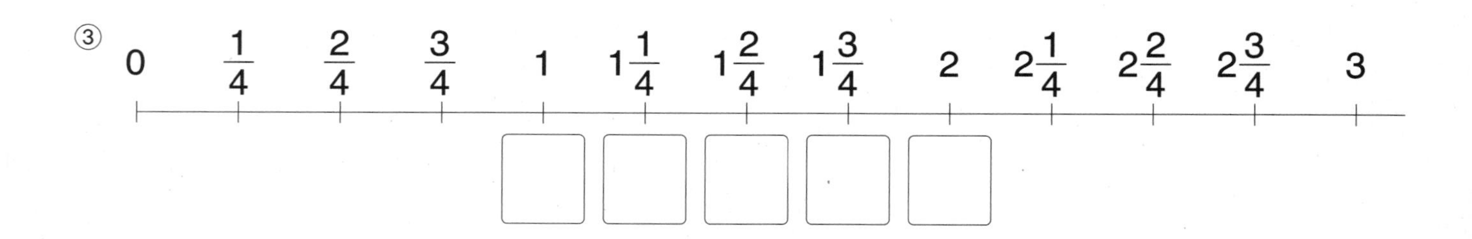

④

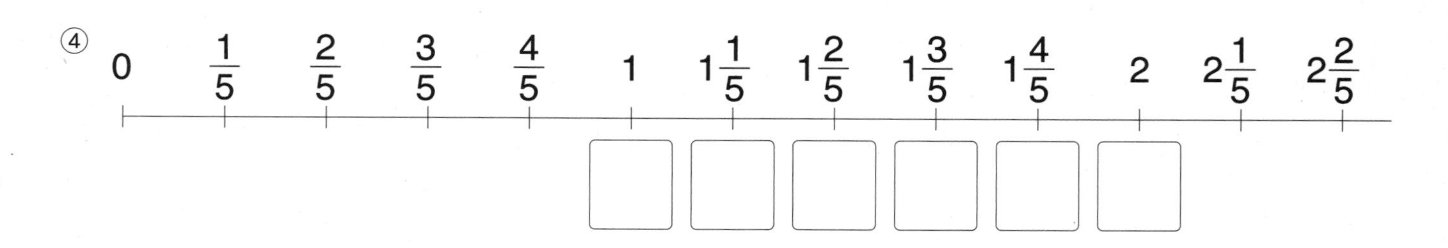

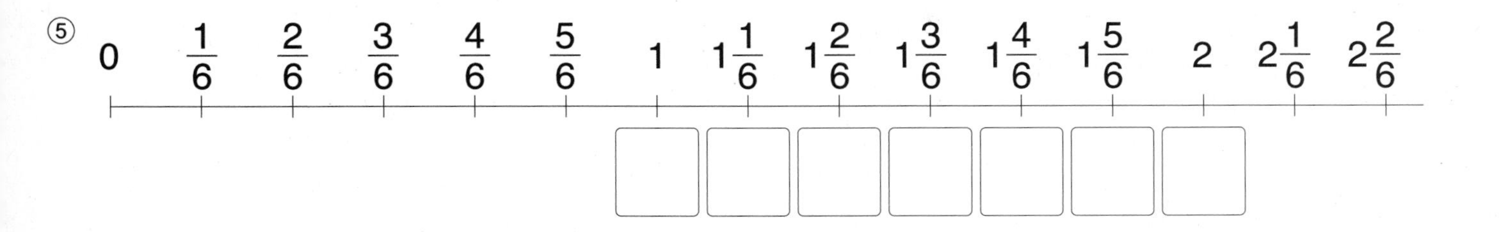
⑤
0 1/6 2/6 3/6 4/6 5/6 1 1 1/6 1 2/6 1 3/6 1 4/6 1 5/6 2 2 1/6 2 2/6

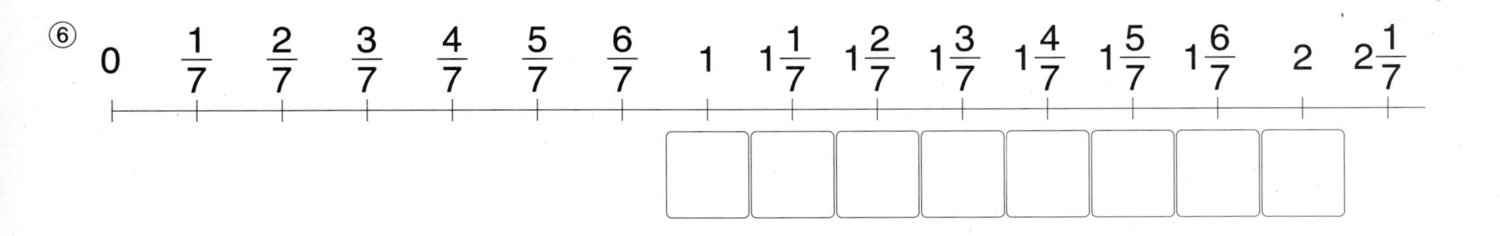
⑥
0 1/7 2/7 3/7 4/7 5/7 6/7 1 1 1/7 1 2/7 1 3/7 1 4/7 1 5/7 1 6/7 2 2 1/7

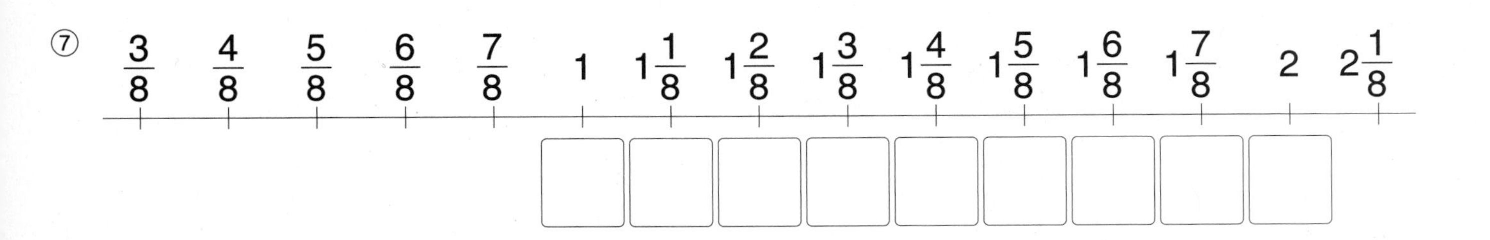
⑦
3/8 4/8 5/8 6/8 7/8 1 1 1/8 1 2/8 1 3/8 1 4/8 1 5/8 1 6/8 1 7/8 2 2 1/8

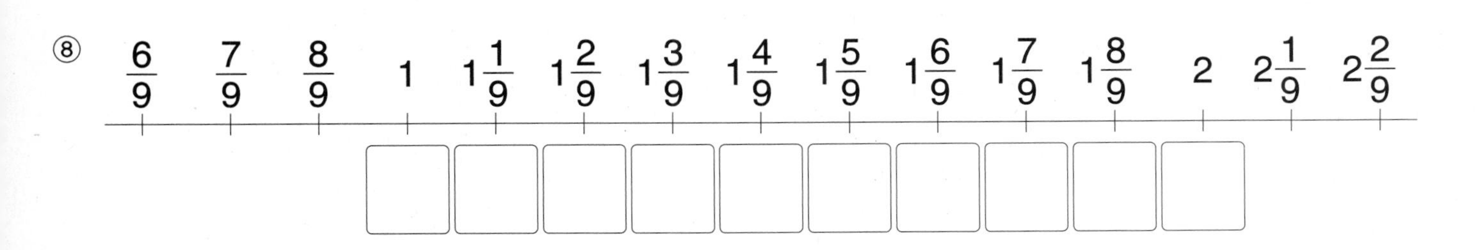
⑧
6/9 7/9 8/9 1 1 1/9 1 2/9 1 3/9 1 4/9 1 5/9 1 6/9 1 7/9 1 8/9 2 2 1/9 2 2/9

대분수는 (자연수)+(진분수)라는 걸 잊지 마.

N04 대분수를 가분수로 나타내기

● 자연수 또는 대분수를 가분수로 나타내 보세요.

① $1=\frac{11}{11}$ 분모와 분자가 같으면 1이에요.

② $2=\frac{\square}{2}$ $\frac{2\times2}{2}=\frac{4}{2}$

③ $5=\frac{\square}{6}$

④ $7=\frac{\square}{6}$

⑤ $8=\frac{\square}{5}$

⑥ $6=\frac{\square}{8}$

⑦ $3=\frac{\square}{4}$

⑧ $5=\frac{\square}{7}$

⑨ $4=\frac{\square}{4}$

⑩ $2\frac{1}{3}=\frac{3\times2+1}{3}=$

⑪ $1\frac{2}{5}=$

⑫ $2\frac{2}{5}=$

⑬ $3\frac{3}{4}=$

⑭ $4\frac{3}{8}=$

⑮ $5\frac{1}{3}=$

⑯ $6\frac{1}{8}=$

⑰ $8\frac{2}{9}=$

⑱ $10\frac{1}{7}=$

⑲ $2\frac{2}{13}=$

⑳ $1\frac{11}{14}=$

㉑ $2\frac{4}{13}=$

㉒ $2\frac{10}{11}=$

㉓ $1\frac{5}{18}=$

㉔ $6\frac{1}{2}=$

㉕ $8\frac{1}{3}=$

㉖ $4\frac{2}{5}=$

㉗ $5\frac{5}{7}=$

㉘ $6\frac{4}{7}=$

㉙ $10\frac{1}{8}=$

㉚ $4\frac{8}{15}=$

㉛ $6=\frac{\square}{3}$

㉜ $9=\frac{\square}{5}$

㉝ $13=\frac{\square}{3}$

㉞ $2=\frac{\square}{6}$

㉟ $7=\frac{\square}{3}$

㊱ $4=\frac{\square}{9}$

㊲ $8=\frac{\square}{3}$

㊳ $7=\frac{\square}{11}$

㊴ $10=\frac{\square}{17}$

㊵ $2\frac{11}{20}=$

㊶ $6\frac{3}{4}=$

㊷ $4\frac{5}{6}=$

㊸ $6\frac{2}{7}=$

㊹ $9\frac{1}{3}=$

㊺ $12\frac{3}{5}=$

㊻ $4\frac{3}{14}=$

㊼ $7\frac{4}{5}=$

㊽ $8\frac{3}{4}=$

㊾ $5\frac{3}{9}=$

㊿ $6\frac{5}{6}=$

(51) $10\frac{2}{9}=$

(52) $5\frac{5}{12}=$

(53) $2\frac{11}{18}=$

(54) $3\frac{5}{6}=$

(55) $7\frac{3}{4}=$

(56) $16\frac{2}{5}=$

(57) $4\frac{13}{19}=$

가분수로 빠르게 만드는 방법

$2\frac{1}{3}=\frac{3\times2+1}{3}=\frac{7}{3}$ 과정을 생략한다!!

$2+\frac{1}{3}=\frac{3}{3}+\frac{3}{3}+\frac{1}{3}=\frac{3\times2}{3}+\frac{1}{3}=$

분수의 원리

N 05 두 분수의 크기 비교하기

● 두 분수의 크기를 비교하여 ○ 안에 >, =, <를 써 보세요.

① $\frac{9}{5}$ (<) $2\frac{4}{5}$

❶ 대분수를 가분수로 고쳐요.

$2\frac{4}{5}=\frac{5\times2+4}{5}=\frac{14}{5}$

❷ $\frac{9}{5}<\frac{14}{5}$

② $2\frac{3}{4}$ ○ $\frac{13}{4}$

❶ 가분수를 대분수로 고쳐요.

$\frac{13}{4}=3\frac{1}{4}$

❷ $2\frac{3}{4}<3\frac{1}{4}$

③ $3\frac{1}{3}$ ○ $\frac{7}{3}$

④ $1\frac{5}{8}$ ○ $\frac{13}{8}$

⑤ $\frac{11}{2}$ ○ $4\frac{1}{2}$

⑥ $2\frac{1}{7}$ ○ $\frac{22}{7}$

⑦ $\frac{17}{12}$ ○ $1\frac{5}{12}$

⑧ $\frac{44}{9}$ ○ $5\frac{1}{9}$

⑨ $\frac{13}{6}$ ○ $2\frac{5}{6}$

⑩ $3\frac{3}{8}$ ○ $\frac{29}{8}$

⑪ $2\frac{5}{7}$ ○ $\frac{18}{7}$

⑫ $3\frac{5}{6}$ ○ $\frac{23}{6}$

⑬ $\frac{25}{7}$ ○ $3\frac{2}{7}$

⑭ $2\frac{3}{8}$ ○ $\frac{21}{8}$

⑮ $\frac{31}{9}$ ○ $3\frac{7}{9}$

⑯ $\frac{21}{10}$ ○ $2\frac{6}{10}$

⑰ $4\frac{2}{7}$ ○ $\frac{30}{7}$

⑱ $5\frac{7}{9}$ ○ $\frac{53}{9}$

분수의 모양을 같게 해서 비교해 봐.

06 여러 분수의 크기 비교하기

● 작은 수부터 차례로 써 보세요.

① $\frac{5}{8}$ $\frac{8}{8}$ $2\frac{1}{8}$ $\frac{13}{8}$

$\frac{5}{8}$, $\frac{8}{8}$, $\frac{13}{8}$, $2\frac{1}{8}$

❶ 대분수를 가분수로 고쳐요. → $2\frac{1}{8}=\frac{8\times2+1}{8}=\frac{17}{8}$

❷ 크기를 비교해요. → $\frac{5}{8}<\frac{8}{8}<\frac{13}{8}<\frac{17}{8}$

② $\frac{7}{9}$ $3\frac{2}{9}$ $\frac{19}{9}$ $\frac{32}{9}$

③ $\frac{26}{7}$ $\frac{19}{7}$ $\frac{12}{7}$ $2\frac{6}{7}$

● 큰 수부터 차례로 써 보세요.

① $\frac{9}{5}$ $3\frac{4}{5}$ $\frac{17}{5}$ $\frac{15}{5}$

② $\frac{65}{12}$ $4\frac{11}{12}$ $5\frac{7}{12}$ $\frac{61}{12}$

③ $2\frac{11}{21}$ $\frac{55}{21}$ $1\frac{20}{21}$ $\frac{49}{21}$

N 07 두 수 사이의 분수 찾기

● 두 수 사이에 있는 분수를 모두 찾아 ○표 하세요.

① 1 ——— 3

$3\frac{1}{3}$	$\frac{12}{5}$	$\frac{9}{13}$
$1\frac{3}{4}$	$4\frac{5}{7}$	$2\frac{1}{2}$

❶ 가분수를 모두 대분수로 고쳐요. → $\frac{12}{5}=2\frac{2}{5}$

❷ 1과 3 사이에 있는 분수는 자연수 부분이 1 또는 2인 대분수예요.

② 1 ——— 4

$\frac{10}{3}$	$\frac{11}{25}$	$2\frac{3}{5}$
$4\frac{1}{8}$	$\frac{20}{17}$	$5\frac{1}{2}$

③ 2 ——— 5

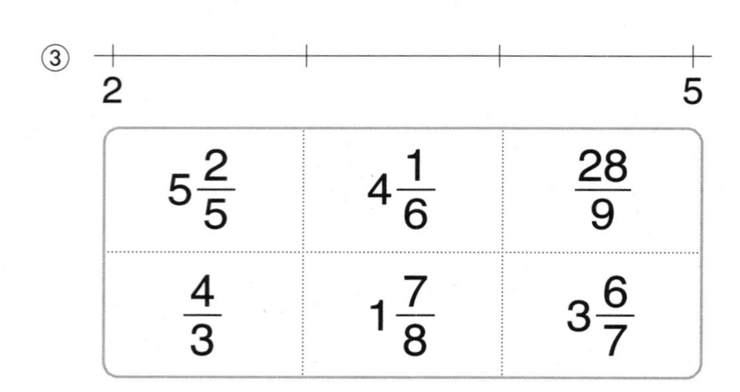

$5\frac{2}{5}$	$4\frac{1}{6}$	$\frac{28}{9}$
$\frac{4}{3}$	$1\frac{7}{8}$	$3\frac{6}{7}$

④ 4 ——— 6

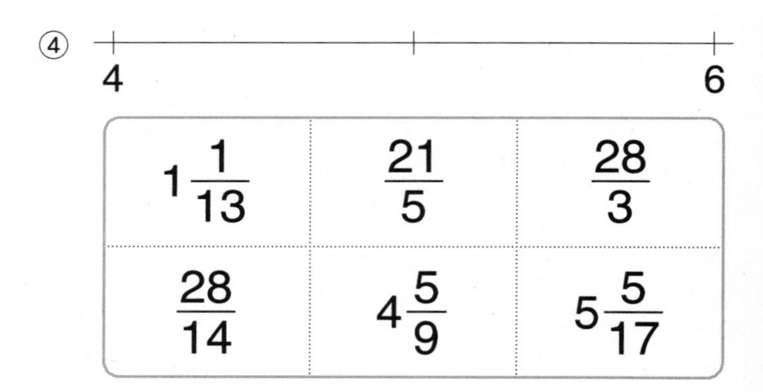

$1\frac{1}{13}$	$\frac{21}{5}$	$\frac{28}{3}$
$\frac{28}{14}$	$4\frac{5}{9}$	$5\frac{5}{17}$

⑤ 5 ——— 7

$5\frac{3}{11}$	$\frac{8}{3}$	$\frac{23}{4}$
$7\frac{11}{12}$	$\frac{30}{5}$	$8\frac{1}{2}$

⑥ 6 ——— 9

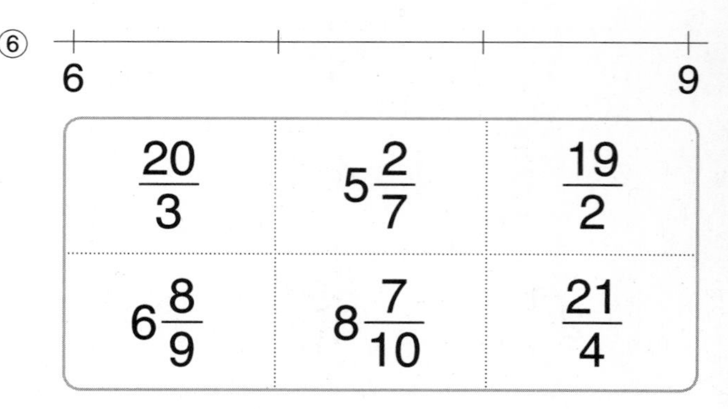

$\frac{20}{3}$	$5\frac{2}{7}$	$\frac{19}{2}$
$6\frac{8}{9}$	$8\frac{7}{10}$	$\frac{21}{4}$

⑦ 5 ——— 8

$1\frac{1}{19}$	$\frac{42}{6}$	$\frac{23}{24}$
$5\frac{1}{12}$	$7\frac{15}{23}$	$\frac{28}{7}$

⑧ 6 ——— 8

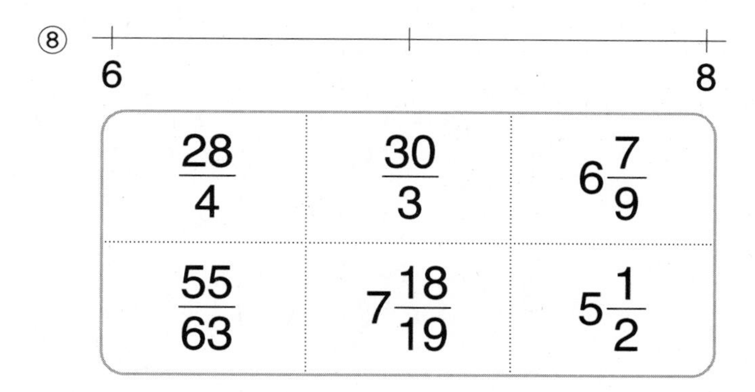

$\frac{28}{4}$	$\frac{30}{3}$	$6\frac{7}{9}$
$\frac{55}{63}$	$7\frac{18}{19}$	$5\frac{1}{2}$

⑨ 2 ——— 6

$6\frac{2}{3}$	$4\frac{7}{8}$	$\frac{8}{15}$
$\frac{13}{2}$	$5\frac{4}{5}$	$\frac{15}{7}$

⑩ 4 ——— 8

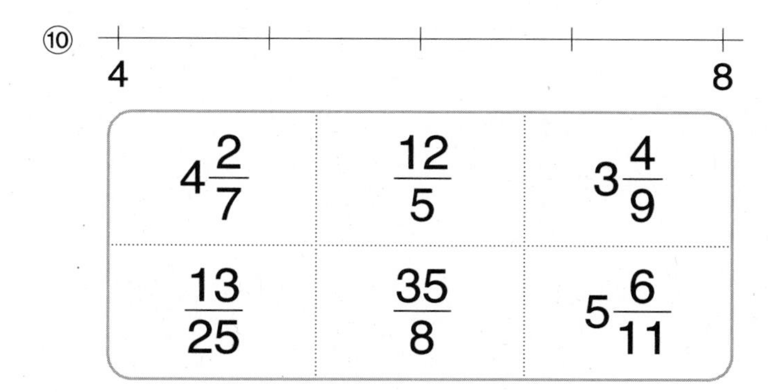

$4\frac{2}{7}$	$\frac{12}{5}$	$3\frac{4}{9}$
$\frac{13}{25}$	$\frac{35}{8}$	$5\frac{6}{11}$

⑪ 3 ——— 7

$\frac{30}{5}$	$4\frac{5}{16}$	$\frac{13}{8}$
$2\frac{11}{14}$	$\frac{28}{47}$	$6\frac{8}{25}$

⑫ 5 ——— 9

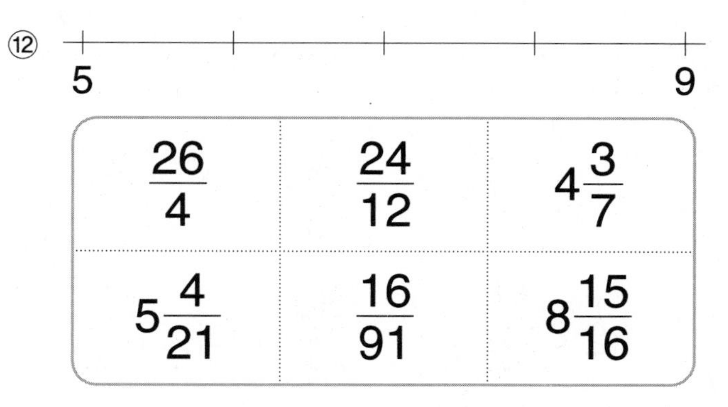

$\frac{26}{4}$	$\frac{24}{12}$	$4\frac{3}{7}$
$5\frac{4}{21}$	$\frac{16}{91}$	$8\frac{15}{16}$

분모를 보면 전체를 똑같이 몇으로 나눠야 하는지 알 수 있어.

N08 분수만큼 색칠하기

● 분수만큼 색칠하고 빈칸에 알맞은 수를 써 보세요.

❶ 똑같이 3으로 나눈 것 중의 2를 색칠해요.

① 예

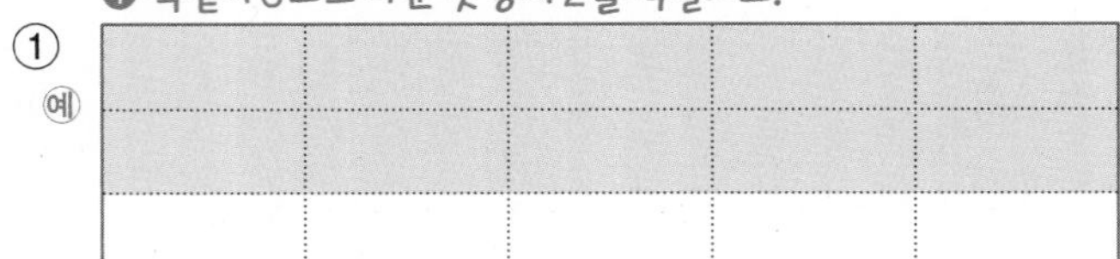

15의 $\frac{2}{3}$는 10 입니다.

❷ 10칸을 색칠했으므로 10이에요.

②

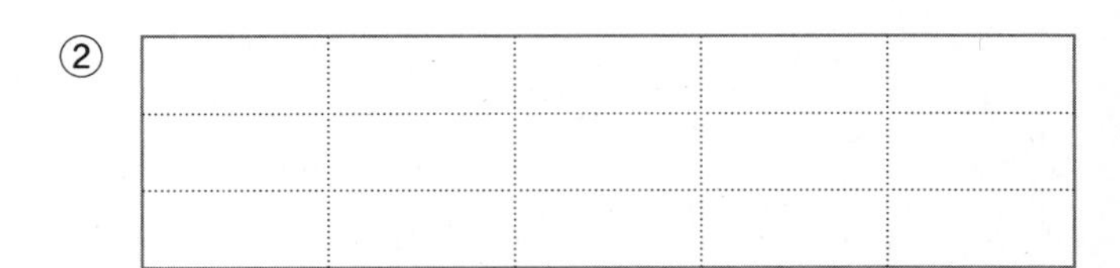

15의 $\frac{1}{5}$은 ______ 입니다.

③

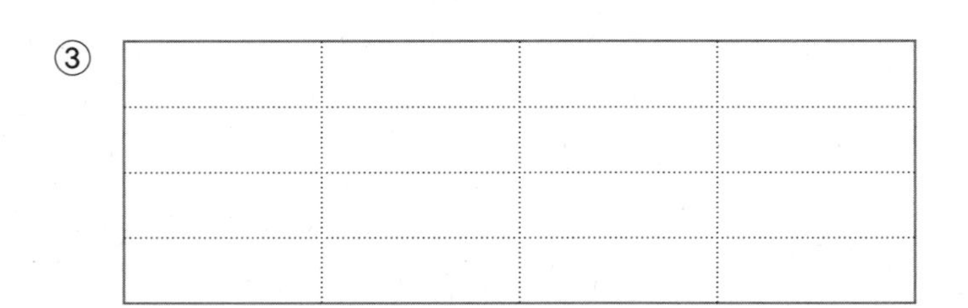

16의 $\frac{1}{4}$은 ______ 입니다.

④

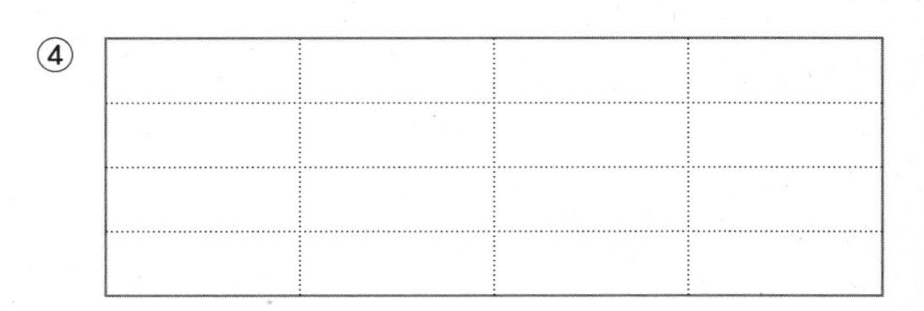

16의 $\frac{3}{4}$은 ______ 입니다.

⑤

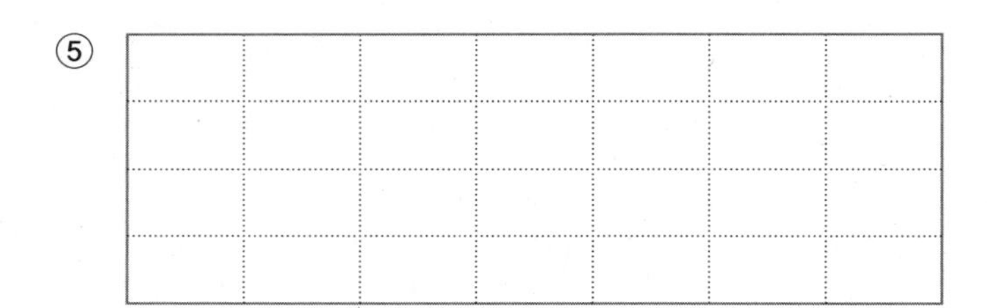

28의 $\frac{3}{4}$은 ______ 입니다.

⑥

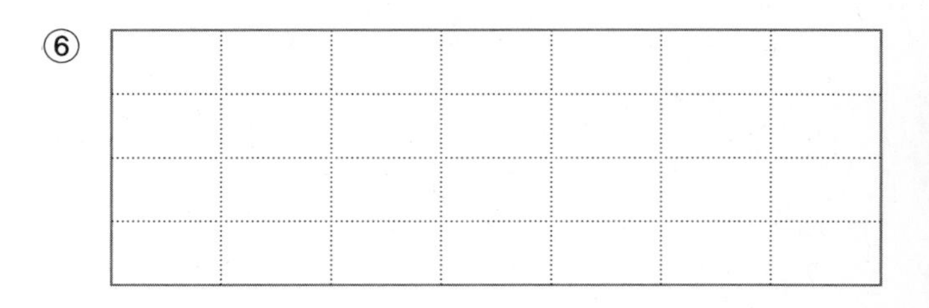

28의 $\frac{2}{7}$는 ______ 입니다.

⑦

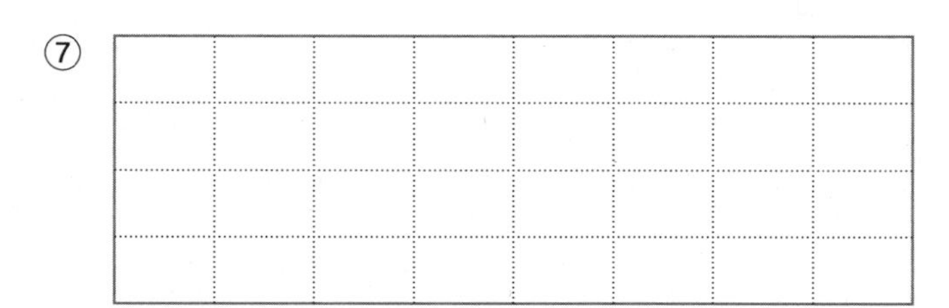

32의 $\frac{1}{4}$은 ______ 입니다.

⑧

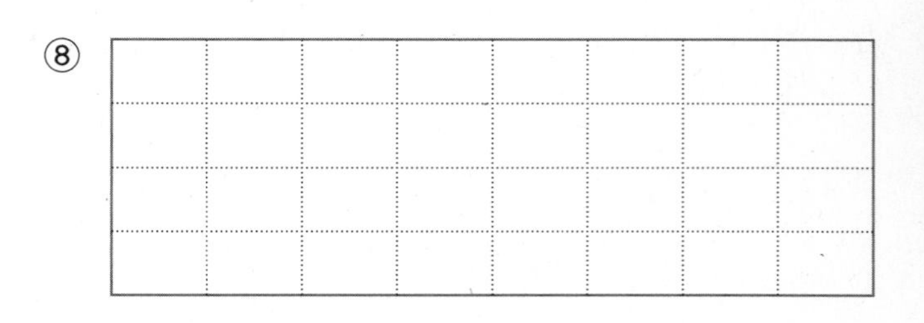

32의 $\frac{3}{8}$은 ______ 입니다.

⑨

20의 $\frac{1}{4}$은 ______ 입니다.

⑩

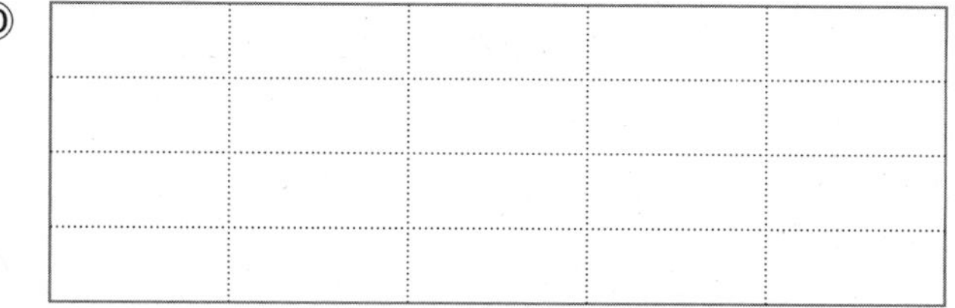

20의 $\frac{3}{5}$은 ______ 입니다.

⑪

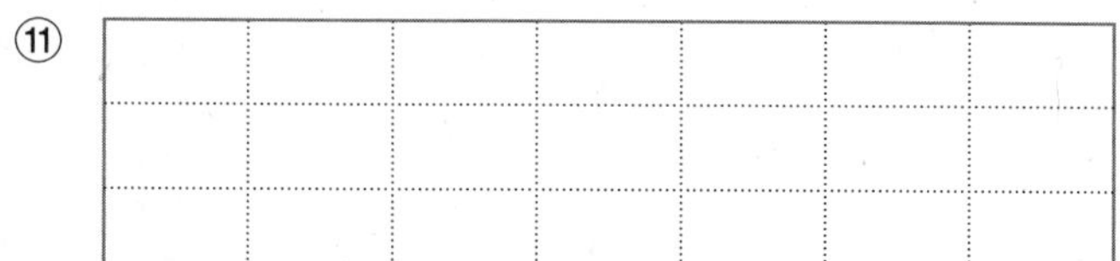

21의 $\frac{2}{3}$는 ______ 입니다.

⑫

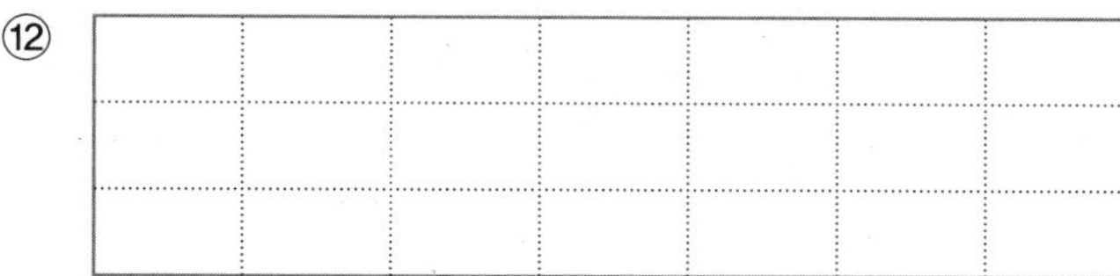

21의 $\frac{3}{7}$은 ______ 입니다.

⑬

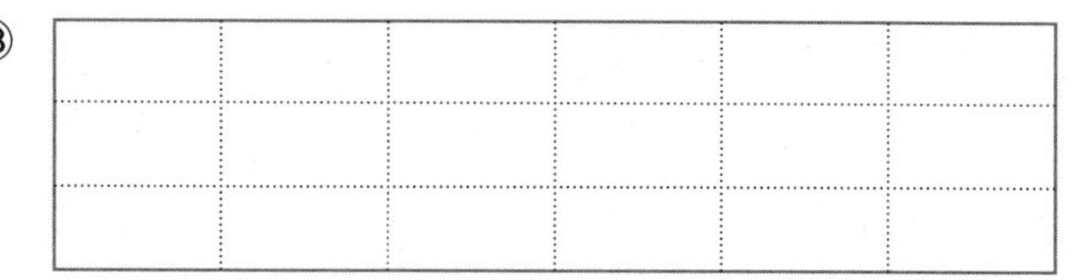

18의 $\frac{1}{2}$은 ______ 입니다.

⑭

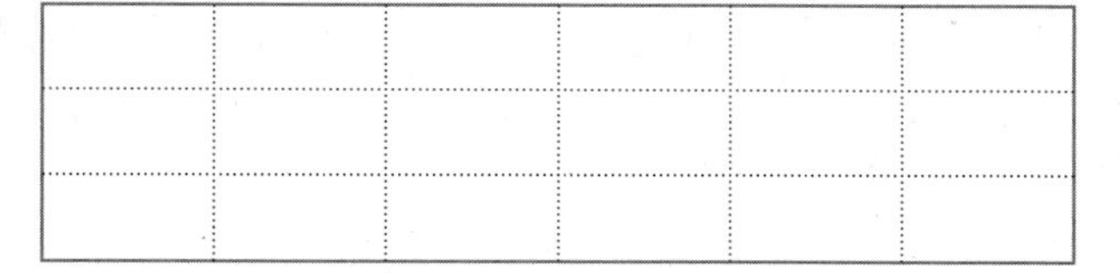

18의 $\frac{2}{9}$는 ______ 입니다.

⑮

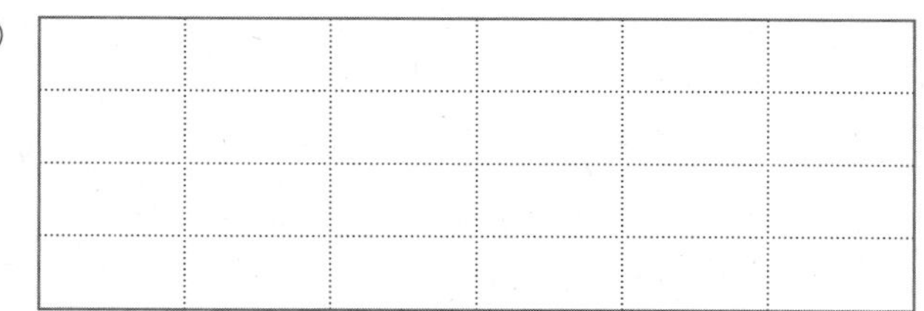

24의 $\frac{5}{6}$는 ______ 입니다.

⑯

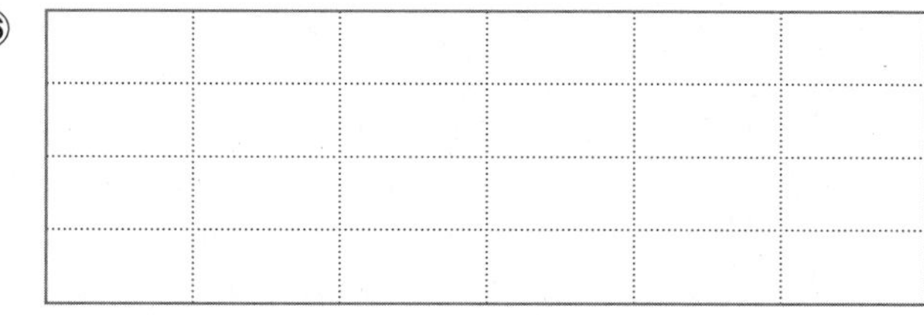

24의 $\frac{5}{8}$는 ______ 입니다.

N 09 여러 가지 분수만큼을 구하기

● 빈칸에 알맞은 수를 써 보세요.

①

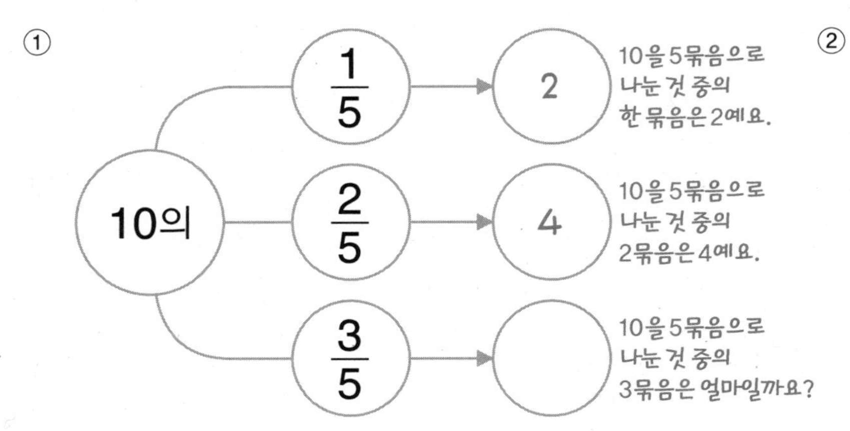

②

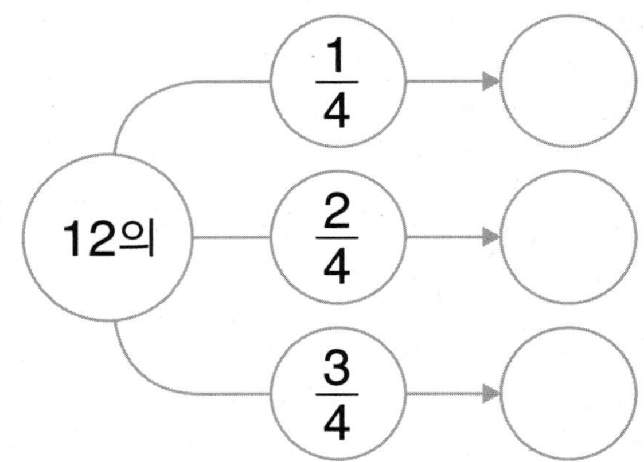

③

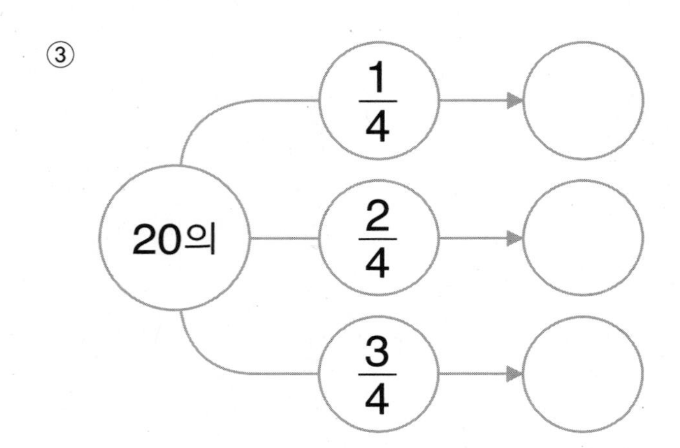

④

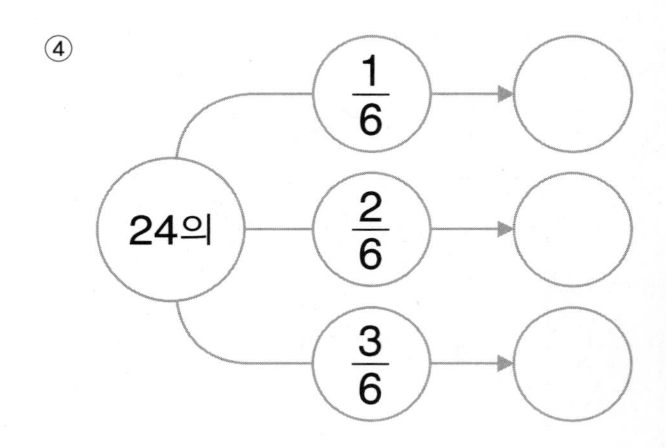

⑤

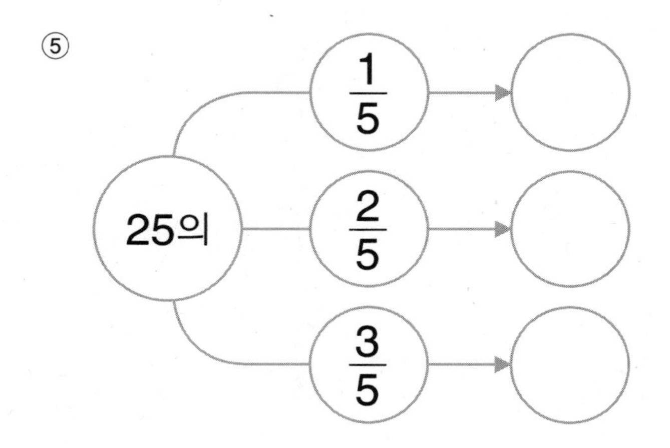

⑥

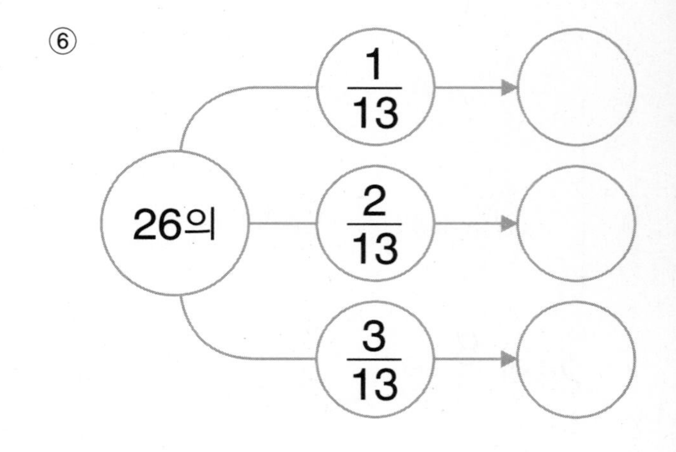

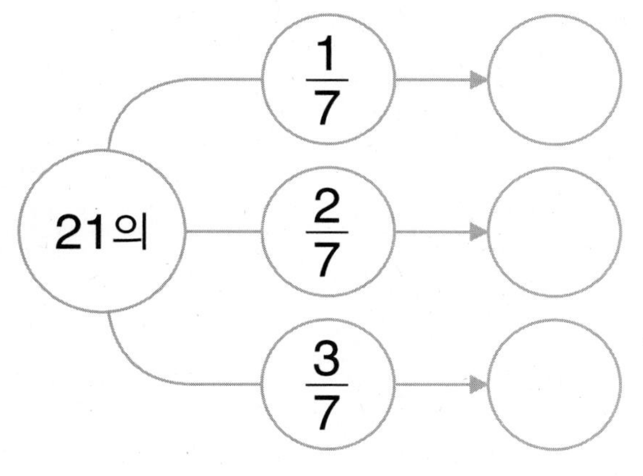
21의
1/7
2/7
3/7

⑧

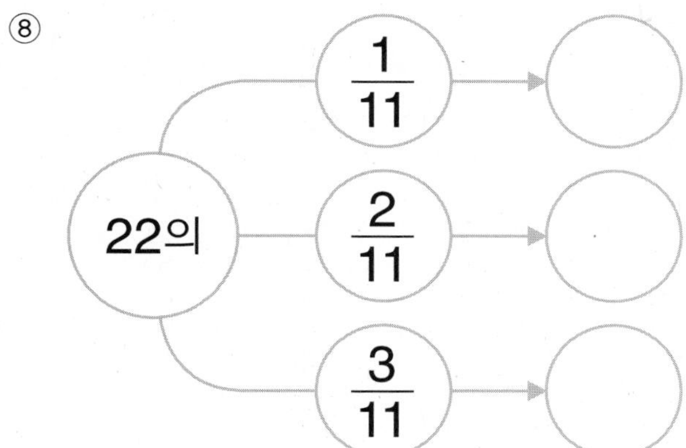
22의
1/11
2/11
3/11

⑨

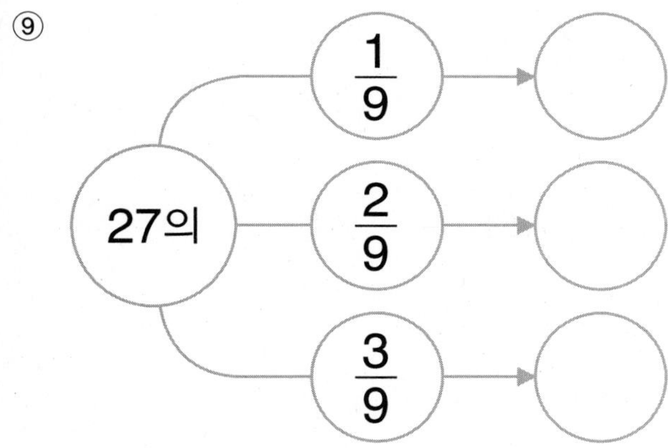
27의
1/9
2/9
3/9

⑩

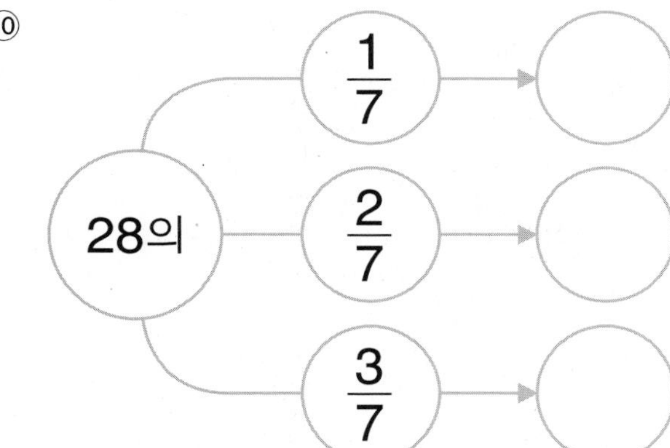
28의
1/7
2/7
3/7

⑪

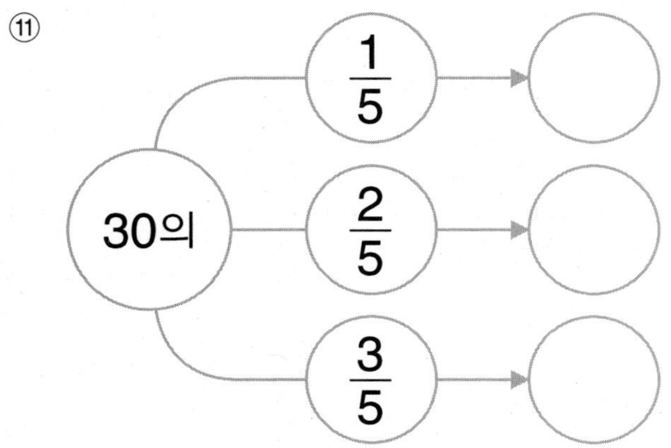
30의
1/5
2/5
3/5

⑫

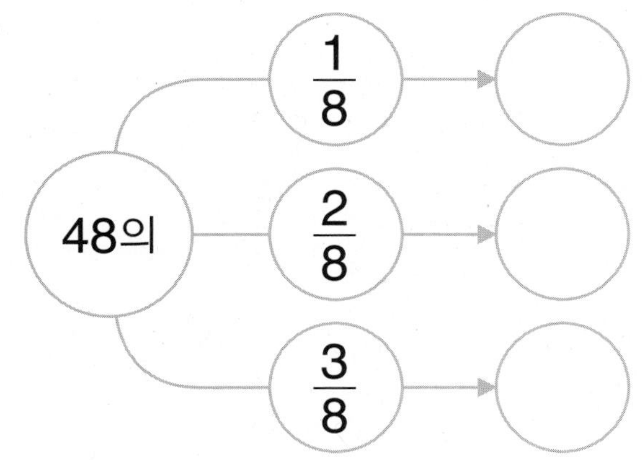
48의
1/8
2/8
3/8

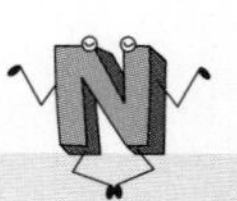

N 10 정해진 분수만큼을 구하기

● 빈칸에 알맞은 수를 써 보세요.

① 12의 $\frac{1}{2}$ ➡ 6 — 12를 2묶음으로 나눈 것 중의 한 묶음은 6이에요.

16의 $\frac{1}{2}$ ➡ 8 — 16을 2묶음으로 나눈 것 중의 한 묶음은 8이에요.

20의 $\frac{1}{2}$ ➡ ______ — 20을 2묶음으로 나눈 것 중의 한 묶음은 얼마일까요?

② 12의 $\frac{1}{3}$ ➡ ______

15의 $\frac{1}{3}$ ➡ ______

18의 $\frac{1}{3}$ ➡ ______

③ 16의 $\frac{1}{4}$ ➡ ______

20의 $\frac{1}{4}$ ➡ ______

24의 $\frac{1}{4}$ ➡ ______

④ 20의 $\frac{3}{4}$ ➡ ______

28의 $\frac{3}{4}$ ➡ ______

40의 $\frac{3}{4}$ ➡ ______

⑤ 10의 $\frac{2}{5}$ ➡ ______

25의 $\frac{2}{5}$ ➡ ______

50의 $\frac{2}{5}$ ➡ ______

⑥ 12의 $\frac{5}{6}$ ➡ ______

30의 $\frac{5}{6}$ ➡ ______

24의 $\frac{5}{6}$ ➡ ______

⑦ 21의 $\frac{2}{7}$ ➜ ______

14의 $\frac{2}{7}$ ➜ ______

35의 $\frac{2}{7}$ ➜ ______

⑧ 16의 $\frac{5}{8}$ ➜ ______

40의 $\frac{5}{8}$ ➜ ______

88의 $\frac{5}{8}$ ➜ ______

⑨ 10의 $\frac{3}{10}$ ➜ ______

20의 $\frac{3}{10}$ ➜ ______

70의 $\frac{3}{10}$ ➜ ______

⑩ 22의 $\frac{3}{11}$ ➜ ______

44의 $\frac{3}{11}$ ➜ ______

77의 $\frac{3}{11}$ ➜ ______

⑪ 24의 $\frac{11}{12}$ ➜ ______

60의 $\frac{11}{12}$ ➜ ______

84의 $\frac{11}{12}$ ➜ ______

어떤 것이 더 많지?

전체 길이를 분모만큼으로 나눠서 생각해.

N 11 길이의 분수만큼을 구하기

● 1 m=100 cm입니다. m를 cm로 바꿔보세요.

① $\frac{1}{2}$ m= 50 cm　100 cm를 2로 나눈 것 중의 하나는 50 cm예요.

② $\frac{1}{4}$ m= ______

③ $\frac{3}{4}$ m= ______

④ $1\frac{1}{2}$ m= ______　→ 1 m + $\frac{1}{2}$ m로 생각해요.

⑤ $1\frac{1}{5}$ m= ______

⑥ $2\frac{1}{4}$ m= ______

⑦ $2\frac{3}{4}$ m= ______

⑧ $2\frac{3}{5}$ m= ______　100의 분수만큼을 구하는 문제와 같아.

● 1 km=1000 m입니다. km를 m로 바꿔보세요.

① $\frac{1}{4}$ km= ______

② $\frac{1}{5}$ km= ______

③ $\frac{3}{4}$ km= ______

④ $1\frac{1}{2}$ km= ______

⑤ $1\frac{2}{5}$ km= ______

⑥ $2\frac{3}{5}$ km= ______

⑦ $2\frac{1}{4}$ km= ______

⑧ $2\frac{3}{4}$ km= ______

전체 무게를 분모만큼으로 나눠서 생각해.

12 무게의 분수만큼을 구하기

● 1 kg = 1000 g입니다. kg을 g으로 바꿔보세요.

① $\frac{1}{2}$ kg = 500 g

1000 g을 2로 나눈 것 중의 하나는 500 g이에요.

② $\frac{1}{4}$ kg = ______

③ $\frac{1}{8}$ kg = ______

④ $\frac{1}{5}$ kg = ______

⑤ $\frac{3}{5}$ kg = ______

⑥ $\frac{3}{4}$ kg = ______

⑦ $\frac{3}{8}$ kg = ______

⑧ $\frac{5}{8}$ kg = ______

⑨ $1\frac{1}{2}$ kg = ______

⑩ $1\frac{3}{5}$ kg = ______

⑪ $1\frac{3}{4}$ kg = ______

⑫ $1\frac{5}{8}$ kg = ______

⑬ $2\frac{1}{2}$ kg = ______

⑭ $2\frac{1}{4}$ kg = ______

1000의 분수만큼을 구하는 문제와 같아.

⑮ $2\frac{1}{8}$ kg = ______

⑯ $2\frac{4}{5}$ kg = ______

전체 들이를 분모만큼으로 나눠서 생각해.

N 13 들이의 분수만큼을 구하기

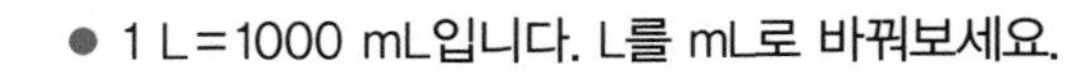

● 1 L=1000 mL입니다. L를 mL로 바꿔보세요.

① $\frac{1}{4}$ L= 250 mL　$\frac{1}{4}$ L는 1000 mL의 $\frac{1}{4}$이므로 250 mL예요.

② $\frac{1}{2}$ L= ______

③ $\frac{1}{5}$ L= ______

④ $\frac{1}{8}$ L= ______

⑤ $\frac{2}{5}$ L= ______

⑥ $\frac{3}{4}$ L= ______

⑦ $\frac{3}{8}$ L= ______

⑧ $\frac{5}{8}$ L= ______

⑨ $1\frac{1}{2}$ L= ______

⑩ $1\frac{2}{5}$ L= ______

⑪ $1\frac{3}{4}$ L= ______

⑫ $1\frac{3}{8}$ L= ______

우유 $\frac{1}{5}$ L 사 와.

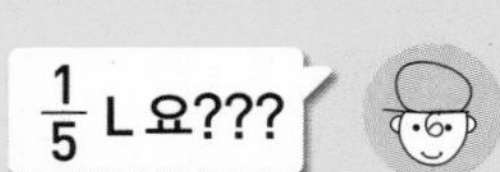

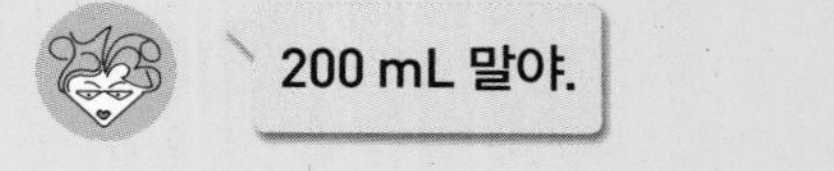

⑬ $2\frac{1}{8}$ L= ______

⑭ $2\frac{4}{5}$ L= ______

분수로 나타낸 시간을 자연수로 나타내 봐!

14 시간의 분수만큼을 구하기

● 1분=60초입니다. 몇 초인지 구해 보세요.

① $\frac{1}{2}$분 = 30초 ($\frac{1}{2}$분은 60초의 $\frac{1}{2}$이므로 30초예요.)

② $\frac{1}{3}$분 = ______

③ $\frac{1}{5}$분 = ______

④ $\frac{1}{10}$분 = ______

● 1시간=60분입니다. 몇 분인지 구해 보세요.

① $\frac{1}{2}$시간 = ______

② $\frac{1}{4}$시간 = ______

③ $\frac{3}{4}$시간 = ______

④ $\frac{1}{6}$시간 = ______

● 1일=24시간입니다. 몇 시간인지 구해 보세요.

① $\frac{1}{2}$일 = ______

② $\frac{1}{3}$일 = ______

③ $\frac{2}{3}$일 = ______

④ $1\frac{1}{2}$일 = ______

● 1년=12개월입니다. 몇 개월인지 구해 보세요.

① $\frac{1}{3}$년 = ______

② $\frac{1}{4}$년 = ______

③ $\frac{1}{6}$년 = ______

④ $1\frac{1}{2}$년 = ______

수능까지 연결되는 독해 로드맵

디딤돌 독해력은 수능까지 연결되는 체계적인 라인업을 통하여
수능에서 요구하는 핵심 독해 원리에 대한 이해는 물론,
단계 별로 심화되며 연결되는 학습의 과정을 통해
깊이 있고 종합적인 독해 사고의 능력까지 기를 수 있도록 도와줍니다.

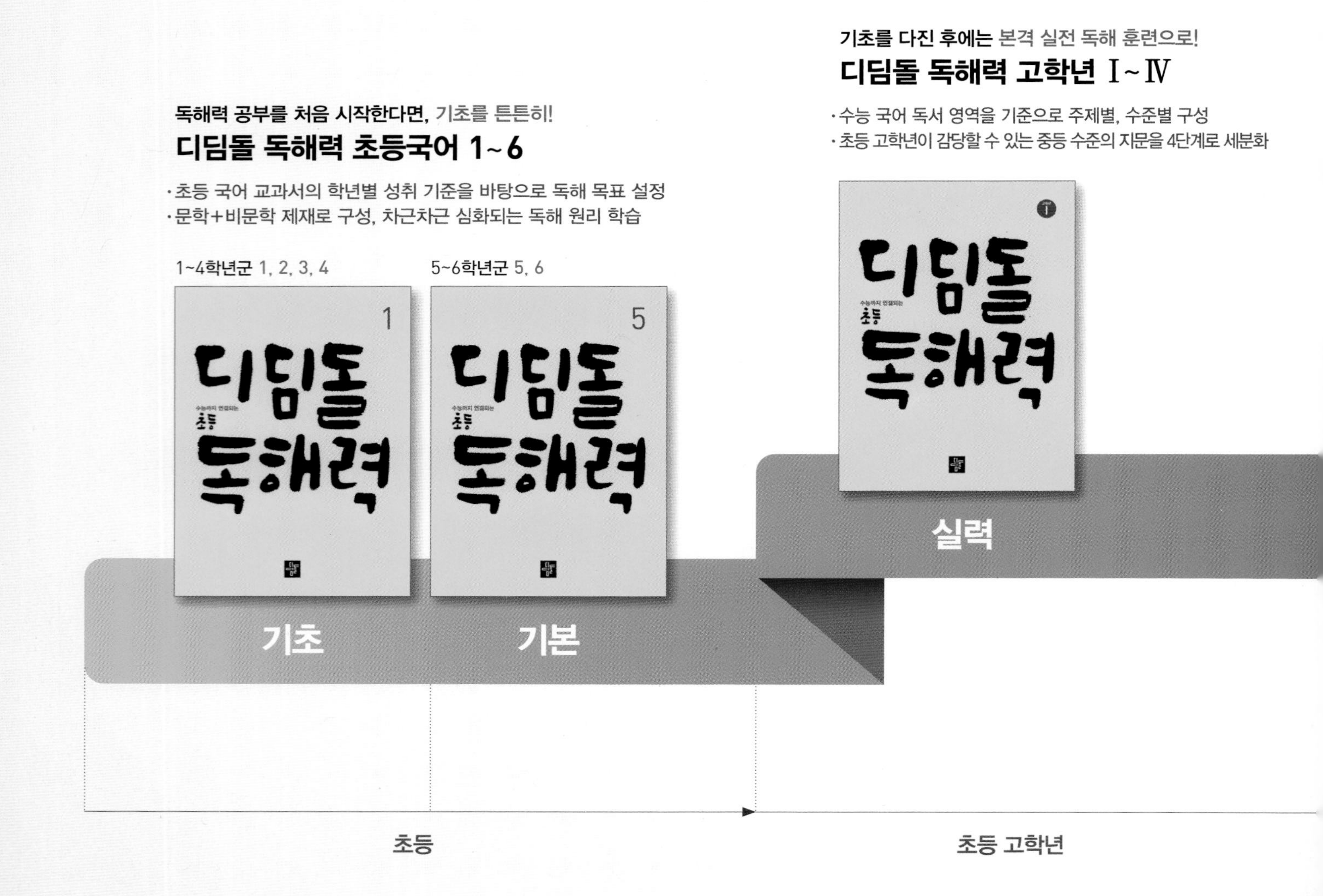

기초를 다진 후에는 본격 실전 독해 훈련으로!
디딤돌 독해력 고학년 Ⅰ~Ⅳ
·수능 국어 독서 영역을 기준으로 주제별, 수준별 구성
·초등 고학년이 감당할 수 있는 중등 수준의 지문을 4단계로 세분화
독해력 공부를 처음 시작한다면, 기초를 튼튼히!
디딤돌 독해력 초등국어 1~6
·초등 국어 교과서의 학년별 성취 기준을 바탕으로 독해 목표 설정
·문학+비문학 제재로 구성, 차근차근 심화되는 독해 원리 학습
1~4학년군 1, 2, 3, 4
5~6학년군 5, 6
1
디딤돌
초등
독해력
5
디딤돌
초등
독해력
디딤돌
초등
독해력
실력
기초
기본
초등
초등 고학년

3B

디딤돌
연산은
수학이다.

정답과
학습지도법

디딤돌 연산은 수학이다.

정답과 학습지도법

1 올림이 없는 (세 자리 수)×(한 자리 수)

올림이 없는 (세 자리 수)×(한 자리 수)에서는 두 자리 수의 곱셈을 세 자리 수로 확장하게 됩니다. 곱하는 과정이 한 번 늘지만 일, 십, 백의 자리 순서로 곱하여 더한다는 원리만 안다면 어렵지 않습니다. 또 올림이 여러 번 있는 계산의 준비 단계이므로 원리를 이해하여 정확하게 계산할 수 있도록 충분히 연습하게 해 주세요.

01 단계에 따라 계산하기 8쪽

① 3, 30, 300 ② 4, 40, 400 ③ 8, 80, 800
④ 9, 90, 900 ⑤ 4, 40, 400 ⑥ 6, 60, 600
⑦ 8, 80, 800 ⑧ 5, 50, 500 ⑨ 12, 120, 1200
⑩ 15, 150, 1500 ⑪ 12, 120, 1200 ⑫ 14, 140, 1400

곱셈의 원리 ● 계산 원리 이해

02 수를 가르기하여 계산하기 9쪽

① 4, 40, 200 / 244 ② 3, 60, 300 / 363
③ 6, 20, 200 / 226
④ 3, 90, 300 / 393 ⑤ 8, 20, 200 / 228
⑥ 4, 40, 800 / 844
⑦ 8, 40, 300 / 348 ⑧ 7, 70, 700 / 777
⑨ 0, 50, 500 / 550
⑩ 6, 60, 600 / 666 ⑪ 8, 40, 400 / 448
⑫ 9, 30, 600 / 639

곱셈의 원리 ● 계산 원리 이해

03 자리별로 계산하기 10쪽

① 848 ② 600 ③ 608 ④ 448
⑤ 862 ⑥ 488 ⑦ 408 ⑧ 804
⑨ 660 ⑩ 426 ⑪ 800 ⑫ 936

곱셈의 원리 ● 계산 방법과 자릿값의 이해

04 세로셈 11~12쪽

① 248 ② 600 ③ 360
④ 408 ⑤ 402 ⑥ 260
⑦ 282 ⑧ 404 ⑨ 633
⑩ 609 ⑪ 936 ⑫ 820
⑬ 363 ⑭ 639 ⑮ 288
⑯ 484 ⑰ 684 ⑱ 840
⑲ 963 ⑳ 822 ㉑ 906
㉒ 208 ㉓ 486 ㉔ 624
㉕ 846 ㉖ 420 ㉗ 390
㉘ 804 ㉙ 842 ㉚ 663
㉛ 284 ㉜ 630 ㉝ 396
㉞ 399 ㉟ 903 ㊱ 707

곱셈의 원리 ● 계산 방법과 자릿값의 이해

05 가로셈 13~14쪽

① 844 ② 300 ③ 440
④ 242 ⑤ 309 ⑥ 804
⑦ 399 ⑧ 244 ⑨ 280
⑩ 939 ⑪ 428 ⑫ 824
⑬ 866 ⑭ 840 ⑮ 693
⑯ 686 ⑰ 268 ⑱ 842
⑲ 228 ⑳ 628 ㉑ 639
㉒ 666 ㉓ 930 ㉔ 969
㉕ 669 ㉖ 286 ㉗ 246
㉘ 690 ㉙ 960 ㉚ 609

곱셈의 원리 ● 계산 방법과 자릿값의 이해

06 바꾸어 곱하기 15쪽

① 448, 448 ② 609, 609 ③ 999, 999
④ 369, 369 ⑤ 440, 440 ⑥ 339, 339
⑦ 906, 906 ⑧ 884, 884 ⑨ 406, 406
⑩ 348, 348 ⑪ 393, 393 ⑫ 426, 426
⑬ 404, 404 ⑭ 620, 620 ⑮ 844, 844
⑯ 903, 903 ⑰ 484, 484

곱셈의 성질 ● 교환법칙

07 여러 가지 수 곱하기 16쪽

① 400, 600, 800 ② 130, 260, 390
③ 0, 140, 280
④ 204, 306, 408 ⑤ 402, 603, 804
⑥ 224, 336, 448
⑦ 400, 300, 200 ⑧ 309, 206, 103
⑨ 808, 606, 404
⑩ 480, 360, 240 ⑪ 484, 363, 242
⑫ 840, 630, 420

곱셈의 원리 ● 계산 원리 이해

08 정해진 수 곱하기 17쪽

① 2를 곱해 보세요.

곱해지는 수가 1씩 커지면

100	101	102	103
× 2	× 2	× 2	× 2
200	202	204	206

계산 결과는 2씩 커져요.

② 1을 곱해 보세요.

100	101	102	103
× 1	× 1	× 1	× 1
100	101	102	103

③ 3을 곱해 보세요.

100	110	120	130
× 3	× 3	× 3	× 3
300	330	360	390

④ 4를 곱해 보세요.

100	110	200	210
× 4	× 4	× 4	× 4
400	440	800	840

곱셈의 원리 ● 계산 원리 이해

09 계산하지 않고 크기 비교하기 18쪽

① < ② >
③ < ④ <
⑤ > ⑥ <
⑦ > ⑧ >
⑨ < ⑩ <
⑪ > ⑫ <
⑬ < ⑭ >
⑮ < ⑯ >

곱셈의 원리 ● 계산 방법 이해

10 곱하는 수 구하기 19쪽

① 3 ② 2
③ 3 ④ 3
⑤ 2 ⑥ 3
⑦ 2 ⑧ 3
⑨ 4 ⑩ 3

곱셈의 감각 ● 수의 조작

2 올림이 한 번 있는 (세 자리 수)×(한 자리 수)

일, 십, 백의 자리의 곱셈 중 올림이 한 번 있는 계산입니다.
곱셈에서 각 자리별로 곱한 다음 더하는 이유는 각 자리의 숫자가 나타내는 수가 다르기 때문입니다. 222×6의 문제에서 222는 똑같은 숫자로 나타냈지만 백의 자리는 200, 십의 자리는 20, 일의 자리는 2를 나타내기 때문에 자리별로 곱할 수밖에 없는 것이지요. 따라서 본격적인 계산 문제 전에 '수를 가르기하여 계산하기', '자리별로 계산하기'를 통해 두 자리 수 이상의 곱셈 원리를 충분히 이해할 수 있게 해 주세요.

01 수를 가르기하여 계산하기 22쪽

① 3, 60, 2100 / 2163 ② 9, 210, 600 / 819
③ 18, 80, 800 / 898
④ 6, 80, 1000 / 1086 ⑤ 0, 360, 600 / 960
⑥ 8, 160, 800 / 968
⑦ 3, 30, 2700 / 2733 ⑧ 12, 20, 600 / 632
⑨ 0, 70, 6300 / 6370
⑩ 9, 0, 1800 / 1809 ⑪ 21, 70, 700 / 791
⑫ 4, 80, 1200 / 1284

곱셈의 원리 ● 계산 원리 이해

02 자리별로 계산하기 23쪽

① 510 ② 600 ③ 5499
④ 1266 ⑤ 920 ⑥ 618
⑦ 1028 ⑧ 896 ⑨ 1460

곱셈의 원리 ● 계산 방법과 자릿값의 이해

03 세로셈 24~25쪽

① 1 / 210	② 1200	③ 2 / 570
④ 1 / 292	⑤ 1 / 924	⑥ 1233
⑦ 1 / 564	⑧ 1048	⑨ 1 / 912
⑩ 2460	⑪ 1 / 675	⑫ 1 / 722
⑬ 1 / 474	⑭ 1590	⑮ 1 / 489
⑯ 366	⑰ 652	⑱ 1848
⑲ 1600	⑳ 856	㉑ 688
㉒ 478	㉓ 740	㉔ 1284
㉕ 296	㉖ 1470	㉗ 726
㉘ 724	㉙ 1293	㉚ 681

곱셈의 원리 ● 계산 방법과 자릿값의 이해

04 가로셈 26~27쪽

① 426	② 1400	③ 850
④ 312	⑤ 1280	⑥ 852
⑦ 586	⑧ 1236	⑨ 636
⑩ 384	⑪ 526	⑫ 1062
⑬ 456	⑭ 1296	⑮ 621
⑯ 1024	⑰ 942	⑱ 942
⑲ 1600	⑳ 218	㉑ 562
㉒ 1833	㉓ 328	㉔ 615
㉕ 676	㉖ 906	㉗ 1026
㉘ 384	㉙ 972	㉚ 1664

곱셈의 원리 ● 계산 방법과 자릿값의 이해

05 정해진 수 곱하기 28쪽

① 5를 곱해 보세요.

곱해지는 수가 1씩 커지면

10②	10③	104	105
$\times\ {}_{1}5$	$\times\ {}_{1}5$	$\times\ {}_{2}5$	$\times\ {}_{2}5$
510	515	520	525

계산 결과는 5씩 커져요.

② 4를 곱해 보세요.

113	114	115	116
$\times\ {}_{1}4$	$\times\ {}_{1}4$	$\times\ {}_{2}4$	$\times\ {}_{2}4$
452	456	460	464

③ 8을 곱해 보세요.

102	103	104	105
$\times\ {}_{1}8$	$\times\ {}_{2}8$	$\times\ {}_{3}8$	$\times\ {}_{4}8$
816	824	832	840

④ 7을 곱해 보세요.

411	511	611	711
× 7	× 7	× 7	× 7
2877	3577	4277	4977

⑤ 2를 곱해 보세요.

252	262	272	282
$\times\ {}_{1}\ 2$	$\times\ {}_{1}\ 2$	$\times\ {}_{1}\ 2$	$\times\ {}_{1}\ 2$
504	524	544	564

곱셈의 원리 ● 계산 원리 이해

06 다르면서 같은 곱셈 29쪽

① 2400, 2400	② 1000, 1000	③ 1600, 1600
④ 1200, 1200	⑤ 720, 720	⑥ 630, 630
⑦ 1260, 1260	⑧ 624, 624	⑨ 728, 728
⑩ 780, 780	⑪ 1680, 1680	⑫ 896, 896
⑬ 1248, 1248	⑭ 654, 654	

곱셈의 원리 ● 계산 원리 이해

07 쌓기나무의 무게 구하기 30쪽

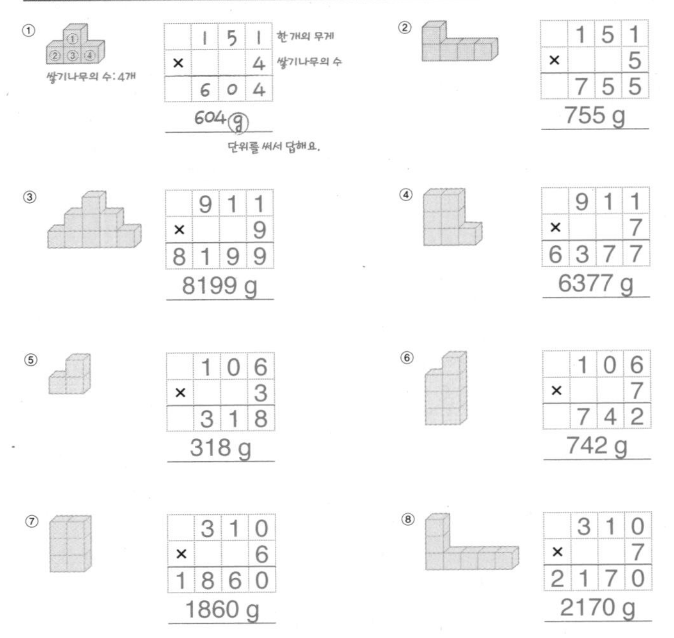

곱셈의 활용 ● 곱셈의 적용

08 등식 완성하기 31쪽

① 72 ② 36
③ 30 ④ 128
⑤ 160 ⑥ 15
⑦ 76 ⑧ 18
⑨ 42 ⑩ 50
⑪ 86 ⑫ 30
⑬ 12 ⑭ 19

곱셈의 성질 ● 등식

3 올림이 두 번 있는 (세 자리 수)×(한 자리 수)

곱하는 수가 한 자리 수인 곱셈의 완성 단계입니다. 이번 학습을 바탕으로 (두 자리 수)×(두 자리 수), (세 자리 수)×(두 자리 수)로 확장하게 됩니다. 따라서 곱셈의 원리를 충분히 이해하고 계산 과정에서 올림한 수를 표시하는 방법도 능숙하게 사용할 수 있도록 해 주세요.

01 수를 가르기하여 계산하기 34쪽

① 12, 30, 1800 / 1842 ② 18, 140, 200 / 358
③ 10, 50, 3500 / 3560
④ 16, 80, 1200 / 1296 ⑤ 12, 20, 1600 / 1632
⑥ 81, 810, 8100 / 8991
⑦ 36, 360, 600 / 996 ⑧ 24, 560, 1600 / 2184
⑨ 16, 40, 1200 / 1256
⑩ 27, 120, 300 / 447 ⑪ 12, 200, 800 / 1012
⑫ 49, 560, 5600 / 6209

곱셈의 원리 ● 계산 원리 이해

02 자리별로 계산하기 35쪽

① 544 ② 1010 ③ 1500
④ 1710 ⑤ 552 ⑥ 1284
⑦ 2525 ⑧ 2233 ⑨ 4230

곱셈의 원리 ● 계산 방법과 자릿값의 이해

03 세로셈 36~37쪽

① 3, 2 / 1008 ② 2, 1 / 612 ③ 2 / 7479
④ 4 / 1040 ⑤ 1, 1 / 512 ⑥ 1, 4 / 1902
⑦ 2, 1 / 1152 ⑧ 1, 1 / 930 ⑨ 1 / 1542
⑩ 1 / 2580 ⑪ 2, 6 / 4403 ⑫ 1, 4 / 2568
⑬ 2 / 4248 ⑭ 6 / 7839 ⑮ 1 / 2892
⑯ 2, 1 / 582 ⑰ 1, 3 / 2680 ⑱ 1, 2 / 6468
⑲ 750 ⑳ 1085 ㉑ 1332
㉒ 1736 ㉓ 1424 ㉔ 8154
㉕ 1116 ㉖ 4865 ㉗ 2275
㉘ 1212 ㉙ 5856 ㉚ 3096
㉛ 2523 ㉜ 2150 ㉝ 3972
㉞ 5840 ㉟ 2051 ㊱ 7614

곱셈의 원리 ● 계산 방법과 자릿값의 이해

04 가로셈 38~39쪽

① 438 ② 940 ③ 1484
④ 1540 ⑤ 2310 ⑥ 3080
⑦ 1251 ⑧ 1576 ⑨ 1058
⑩ 1270 ⑪ 1326 ⑫ 5656
⑬ 4884 ⑭ 5040 ⑮ 3816
⑯ 5772 ⑰ 1098 ⑱ 1791
⑲ 3048 ⑳ 2430 ㉑ 2112
㉒ 924 ㉓ 1976 ㉔ 2775
㉕ 1890 ㉖ 2989 ㉗ 7672
㉘ 1813 ㉙ 2511 ㉚ 3300

곱셈의 원리 ● 계산 방법과 자릿값의 이해

05 여러 가지 수 곱하기 40쪽

① 1100, 1320, 1540 ② 1050, 1400, 1750
③ 2100, 2520, 2940
④ 492, 615, 738 ⑤ 924, 1232, 1540
⑥ 2863, 3272, 3681
⑦ 2160, 1920, 1680 ⑧ 3600, 3150, 2700
⑨ 2650, 2120, 1590
⑩ 1560, 1365, 1170 ⑪ 3174, 2645, 2116
⑫ 3656, 2742, 1828

곱셈의 원리 ● 계산 원리 이해

06 다르면서 같은 곱셈 41쪽

① 1760, 1760, 1760 ② 1332, 1332, 1332
③ 1400, 1400, 1400
④ 1800, 1800, 1800 ⑤ 1620, 1620, 1620
⑥ 940, 940, 940
⑦ 2160, 2160, 2160 ⑧ 780, 780, 780
⑨ 1710, 1710, 1710
⑩ 1240, 1240, 1240 ⑪ 852, 852, 852
⑫ 1648, 1648, 1648

곱셈의 원리 ● 계산 원리 이해

07 묶어서 곱하기 42쪽

① $(145\times2)\times2=145\times(2\times2)$

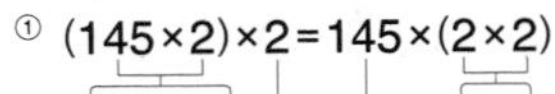
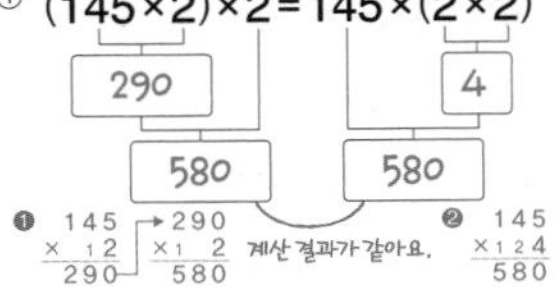

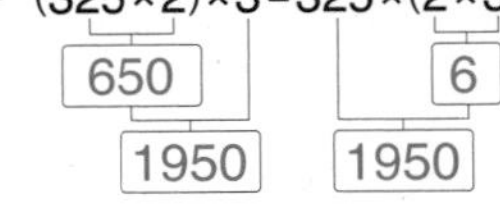

② $(325\times2)\times3=325\times(2\times3)$
650, 6 / 1950, 1950

③ $(238\times2)\times4=238\times(2\times4)$
476, 8 / 1904, 1904

④ $(244\times3)\times2=244\times(3\times2)$
732, 6 / 1464, 1464

⑤ $(358\times3)\times3=358\times(3\times3)$
1074, 9 / 3222, 3222

⑥ $(374\times2)\times4=374\times(2\times4)$
748, 8 / 2992, 2992

⑦ $(197\times4)\times2=197\times(4\times2)$
788, 8 / 1576, 1576

⑧ $(158\times3)\times3=158\times(3\times3)$
474, 9 / 1422, 1422

곱셈의 성질 ● 결합법칙

08 알파벳으로 곱셈하기 43쪽

① 1140	② 692
③ 2310	④ 855
⑤ 1386	⑥ 865
⑦ 1442	⑧ 4956
⑨ 5068	⑩ 1236
⑪ 5792	⑫ 1648

곱셈의 활용 ● 곱셈의 추상화

수의 추상화

초등 학습과 중등 학습의 가장 큰 차이는 '추상화'입니다.
초등에서는 개념 설명을 할 때 어떤 수로 예를 들어 설명하지만 중등에서는 $a+b=c$와 같이 문자를 사용합니다.
문자는 수를 대신하는 것일 뿐 그 이상의 어려운 개념은 아닌데도 학생들에게는 초등과 중등의 큰 격차로 느껴지게 되지요.
디딤돌 연산에서는 '수를 대신하는 문자'를 통해 추상화된 계산식을 미리 접해 봅니다.

4 (두 자리 수)×(두 자리 수)

(세 자리 수)×(한 자리 수)에서 이어지는 학습으로 '각 자리별로 곱하여 더한다'는 원리는 같게 적용됩니다. 하지만 십의 자리 수의 곱이 추가되어 계산이 보다 복잡해졌으므로 가로셈은 세로셈으로 할 수 있도록 하고, 계산 과정에서 자리에 맞추어 쓰는 연습을 충분히 할 수 있도록 지도해 주세요.

01 단계에 따라 계산하기 46쪽

① 34 → 340 → 374
② 60 → 450 → 510
③ 48 → 720 → 768
④ 371 → 3180 → 3551

곱셈의 원리 ● 계산 원리 이해

02 수를 가르기하여 계산하기 47쪽

① 13, 390 / 403　② 12, 840 / 852
③ 99, 1980 / 2079
④ 54, 1350 / 1404　⑤ 144, 1440 / 1584
⑥ 448, 1120 / 1568
⑦ 64, 2560 / 2624　⑧ 64, 640 / 704
⑨ 380, 950 / 1330
⑩ 34, 1020 / 1054　⑪ 237, 3160 / 3397
⑫ 492, 6560 / 7052

곱셈의 원리 ● 계산 원리 이해

03 자리별로 계산하기 48쪽

① 714　② 816　③ 2368
④ 285　⑤ 1364　⑥ 1008
⑦ 6248　⑧ 2744　⑨ 5015
⑩ 1742　⑪ 4264　⑫ 3034

곱셈의 원리 ● 계산 방법과 자릿값의 이해

자릿값

십진법에 따라 수는 자리마다 다른 값을 가집니다.
예를 들어 33에서 모든 자리의 수가 3이지만 십의 자리 숫자는 30, 일의 자리 숫자는 3을 나타냅니다.
이렇듯 자리에 따라 나타내는 수가 다르기 때문에 각 자리별로 계산해야 합니다.
자릿값에 따른 계산 원리는 중등의 '다항식의 계산'으로 이어집니다.
$3a+2b+4a$와 같은 식에서 a항끼리는 계산할 수 있지만 a항과 b항은 계산할 수 없는 것과 같은 원리입니다.
따라서 학생들이 자리별로 계산하는 이유를 생각하면서 계산하고 '항'의 개념을 경험해 볼 수 있도록 지도해 주세요.

04 세로셈 49~50쪽

① 5929　② 684　③ 483
④ 420　⑤ 1911　⑥ 1525
⑦ 5022　⑧ 3648　⑨ 1480
⑩ 1722　⑪ 1290　⑫ 1140
⑬ 490　⑭ 5848　⑮ 925
⑯ 952　⑰ 585　⑱ 5673
⑲ 3000　⑳ 3724　㉑ 621
㉒ 2537　㉓ 902　㉔ 1746

곱셈의 원리 ● 계산 방법과 자릿값의 이해

05 가로셈 51~52쪽

① 3100　② 1632　③ 1892
④ 2117　⑤ 513　⑥ 1404
⑦ 5002　⑧ 1800　⑨ 7546
⑩ 272　⑪ 552　⑫ 2128
⑬ 1363　⑭ 1320　⑮ 1870
⑯ 5510　⑰ 6882　⑱ 2888

곱셈의 원리 ● 계산 방법과 자릿값의 이해

06 여러 가지 수 곱하기 53쪽

①

25	25	25
× 2⓪	× 2①	× 22
500	25	50
	+ 50	50
	525	550

곱하는 수가 1씩 커지면 계산 결과는 25씩 커져요.

②

15	15	15
× 45	× 46	× 47
75	90	105
60	60	60
675	690	705

③

45	45	45
× 1③	× 1②	× 11
135	90	45
45	45	45
585	540	495

곱하는 수가 1씩 작아지면 곱은 어떻게 될까요?

④

73	73	73
× 68	× 67	× 66
584	511	438
438	438	438
4964	4891	4818

곱셈의 원리 ● 계산 원리 이해

07 다르면서 같은 곱셈 54쪽

① 33 × 24 = 132 + 660 → 792 / 66 × 12 = 132 + 660 → 792 (×2, ×2)

	33 × 24	66 × 12
	132	132
+	66	66
	792	792

곱해지는 수가 커진 만큼 곱하는 수는 작아져요.

②

	27 × 52	54 × 26
	54	324
	135	108
	1404	1404

③

	32 × 88	64 × 44
	256	256
	256	256
	2816	2816

④

	21 × 56	84 × 14
	126	336
	105	84
	1176	1176

⑤

	60 × 24	30 × 48
	240	240
	120	120
	1440	1440

⑥

	46 × 18	23 × 36
	368	138
	46	69
	828	828

⑦

	82 × 37	41 × 74
	574	164
	246	287
	3034	3034

⑧

	36 × 24	12 × 72
	144	24
	72	84
	864	864

곱셈의 원리 ● 계산 원리 이해

08 편리하게 계산하기 55쪽

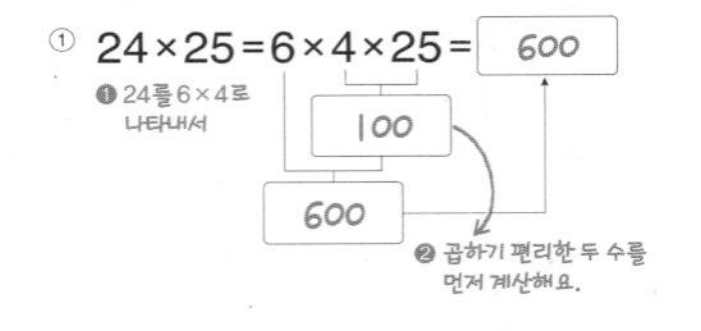
① 24×25=6×4×25= 600
❶ 24를 6×4로 나타내서
100
600
❷ 곱하기 편리한 두 수를 먼저 계산해요.

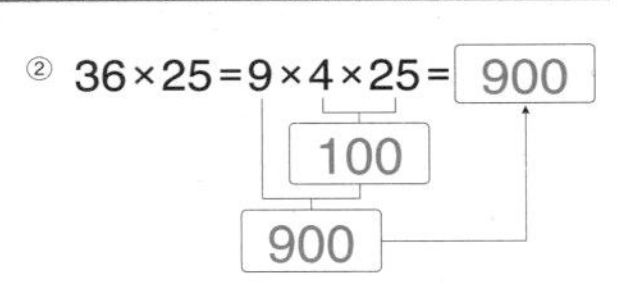
② 36×25=9×4×25= 900
100
900

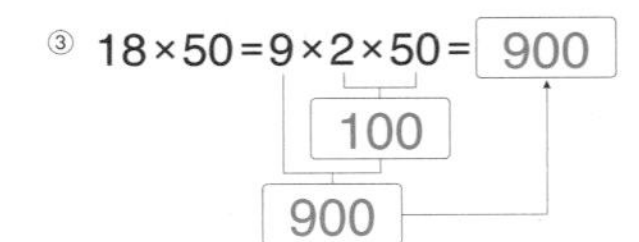
③ 18×50=9×2×50= 900
100
900

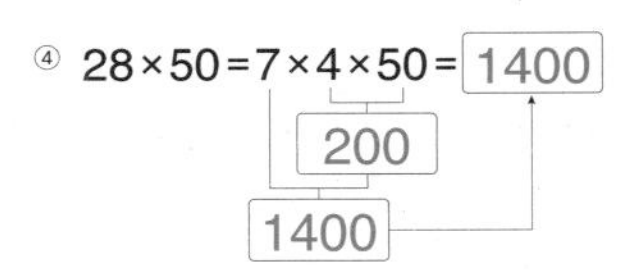
④ 28×50=7×4×50= 1400
200
1400

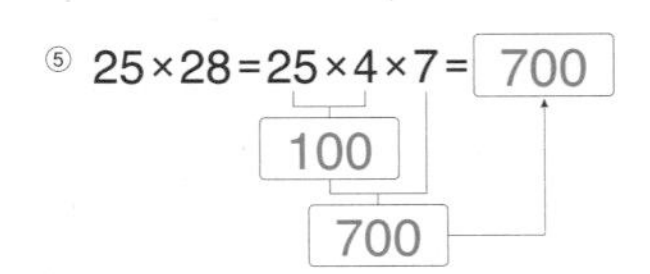
⑤ 25×28=25×4×7= 700
100
700

⑥ 50×36=50×4×9= 1800
200
1800

⑦ 50×48=50×2×24= 2400
100
2400

⑧ 25×56=25×8×7= 1400
200
1400

곱셈의 감각 ● 수의 조작

09 내가 만드는 곱셈식 56쪽

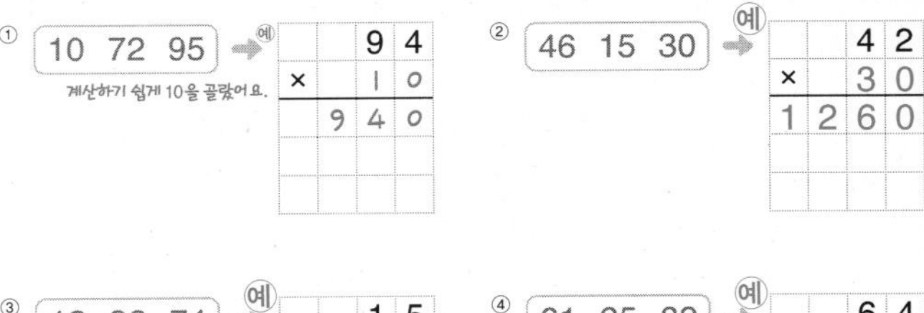
① 10 72 95 → 예 94 × 10 = 940
계산하기 쉽게 10을 골랐어요.

② 46 15 30 → 예 42 × 30 = 1260

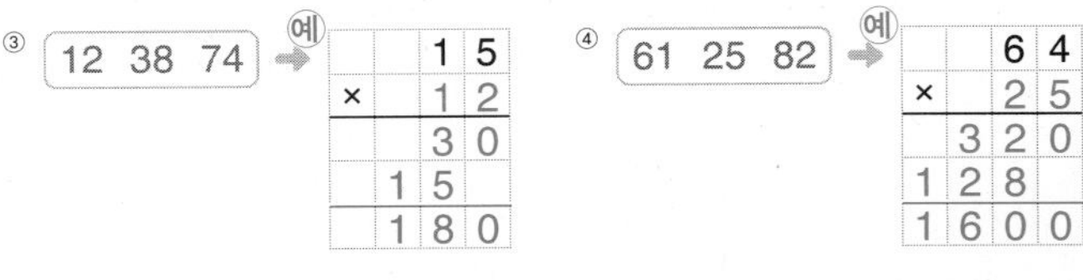
③ 12 38 74 → 예 15 × 12: 30, 15, 180

④ 61 25 82 → 예 64 × 25: 320, 128, 1600

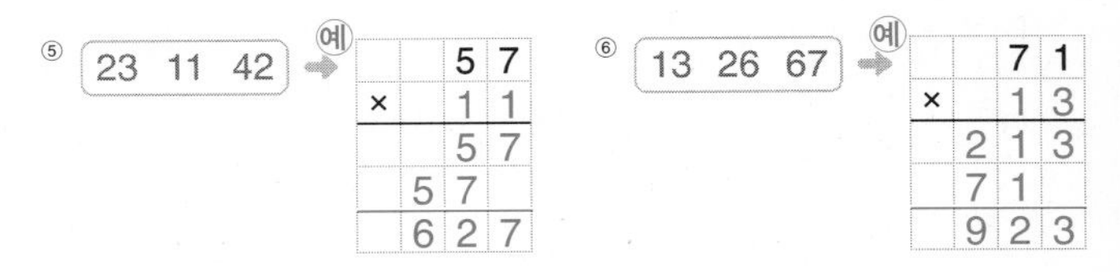
⑤ 23 11 42 → 예 57 × 11: 57, 57, 627

⑥ 13 26 67 → 예 71 × 13: 213, 71, 923

⑦ 59 85 50 → 예 85 × 50 = 4250

⑧ 45 36 93 → 예 28 × 45: 140, 112, 1260

곱셈의 감각 ● 곱셈의 다양성

10 곱셈식을 보고 식 완성하기 57쪽

① 11
② 33
③ 42
④ 23
⑤ 81
⑥ 60
⑦ 14
⑧ 39
⑨ 50
⑩ 78
⑪ 59
⑫ 64
⑬ 50

곱셈의 원리 ● 계산 방법 이해

5 나머지가 있는 나눗셈

3A에서 나머지가 없는 경우에 대해 연습하였습니다. 이 단원에서는 몫과 나머지의 의미에 대해 알아봅니다. 나누어지는 수에서 같은 수를 여러 번 빼고 남은 수가 나머지이고 나머지는 나누는 수보다 반드시 작다는 것을 문제를 통해 깨달을 수 있도록 지도해 주세요.

01 묶어서 몫과 나머지 구하기 60~61쪽

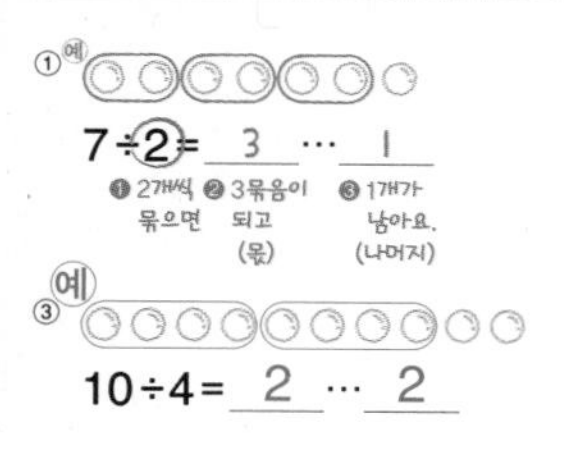

① 예 7÷2= 3 … 1
❶ 2개씩 묶으면 ❷ 3묶음이 되고 (몫) ❸ 1개가 남아요. (나머지)

② 예 5÷2= 2 … 1
❶ 2개씩 묶으면 ❷ 2묶음이 되고 ❸ 1개가 남아요.

③ 예 10÷4= 2 … 2

④ 예 11÷3= 3 … 2

⑤ 예 23÷3= 7 … 2

⑥ 예 29÷5= 5 … 4

⑦ 예 23÷6= 3 … 5

⑧ 예 21÷9= 2 … 3

⑨ 예 19÷8= 2 … 3

⑩ 예 20÷7= 2 … 6

⑪ 예 19÷4= 4 … 3

⑫ 예 16÷6= 2 … 4

⑬ 예 30÷9= 3 … 3

⑭ 예 15÷4= 3 … 3

⑮ 예 25÷8= 3 … 1

⑯ 예 25÷7= 3 … 4

⑰ 예 15÷2= 7 … 1

⑱ 예 14÷3= 4 … 2

⑲ 예 22÷5= 4 … 2

⑳ 예 27÷6= 4 … 3

나눗셈의 원리 ● 계산 원리 이해

02 뺄셈으로 몫과 나머지 구하기 62쪽

① 1 / 4, 1
② 1 / 3, 1
③ 2 / 2, 2
④ 4 / 3, 4
⑤ 3 / 5, 3
⑥ 3 / 4, 3
⑦ 2 / 8, 2
⑧ 3 / 6, 3
⑨ 6 / 8, 6
⑩ 7 / 7, 7

나눗셈의 원리 ● 계산 원리 이해

03 곱셈으로 몫과 나머지 구하기 63~64쪽

① 2×5=10에 ○표 / 5⋯1 ② 5×3=15에 ○표 / 3⋯3
③ 3×6=18에 ○표 / 6⋯1 ④ 5×4=20에 ○표 / 4⋯3
⑤ 7×6=42에 ○표 / 6⋯1 ⑥ 4×7=28에 ○표 / 7⋯2
⑦ 8×7=56에 ○표 / 7⋯7 ⑧ 8×8=64에 ○표 / 8⋯5
⑨ 7×3=21에 ○표 / 3⋯4 ⑩ 9×8=72에 ○표 / 8⋯8
⑪ 2×3=6에 ○표 / 3, 1 ⑫ 7×1=7에 ○표 / 1, 3
⑬ 3×4=12에 ○표 / 4, 1 ⑭ 6×4=24에 ○표 / 4, 2
⑮ 5×8=40에 ○표 / 8, 2 ⑯ 9×7=63에 ○표 / 7, 2
⑰ 8×6=48에 ○표 / 6, 4 ⑱ 6×6=36에 ○표 / 6, 1
⑲ 9×8=72에 ○표 / 8, 3 ⑳ 3×7=21에 ○표 / 7, 1
㉑ 8×8=64에 ○표 / 8, 2 ㉒ 7×8=56에 ○표 / 8, 2

나눗셈의 원리 ● 계산 원리 이해

04 2, 3으로 나누기 65쪽

① 6, 1 ② 1, 1
③ 3, 1 ④ 8, 1
⑤ 9, 1 ⑥ 5, 1 ⑦ 1, 1
⑧ 4, 1 ⑨ 2, 1 ⑩ 9, 1
⑪ 3, 1 ⑫ 7, 1 ⑬ 8, 1

① 1, 1 ② 1, 2 ③ 3, 1
④ 2, 1 ⑤ 2, 2 ⑥ 6, 2
⑦ 4, 1 ⑧ 8, 2 ⑨ 9, 2
⑩ 7, 2 ⑪ 5, 1 ⑫ 6, 1
⑬ 3, 2 ⑭ 7, 1 ⑮ 4, 2

나눗셈의 원리 ● 계산 원리 이해

05 4, 5로 나누기 66쪽

① 1, 1 ② 1, 2 ③ 1, 3
④ 2, 2 ⑤ 2, 3 ⑥ 4, 1
⑦ 3, 3 ⑧ 8, 3 ⑨ 9, 2
⑩ 5, 3 ⑪ 7, 3 ⑫ 7, 1
⑬ 5, 1 ⑭ 6, 3 ⑮ 3, 1

① 1, 4 ② 5, 1 ③ 3, 3
④ 5, 3 ⑤ 4, 2 ⑥ 4, 3
⑦ 6, 1 ⑧ 6, 2 ⑨ 6, 3
⑩ 8, 2 ⑪ 3, 1 ⑫ 7, 4
⑬ 2, 4 ⑭ 7, 1 ⑮ 9, 3

나눗셈의 원리 ● 계산 원리 이해

06 6, 7로 나누기 67쪽

① 1, 3 ② 5, 1 ③ 2, 5
④ 4, 3 ⑤ 2, 2 ⑥ 2, 3
⑦ 3, 1 ⑧ 8, 4 ⑨ 9, 5
⑩ 6, 4 ⑪ 7, 4 ⑫ 3, 5
⑬ 6, 1 ⑭ 5, 2 ⑮ 8, 2

① 1, 4 ② 6, 1 ③ 4, 6
④ 3, 3 ⑤ 2, 2 ⑥ 7, 3
⑦ 8, 5 ⑧ 8, 6 ⑨ 1, 2
⑩ 3, 5 ⑪ 5, 6 ⑫ 5, 5
⑬ 9, 6 ⑭ 6, 6 ⑮ 9, 4

나눗셈의 원리 ● 계산 원리 이해

07 8, 9로 나누기 68쪽

① 1, 1	② 3, 5	③ 5, 2
④ 2, 2	⑤ 2, 1	⑥ 7, 4
⑦ 8, 4	⑧ 4, 7	⑨ 9, 7
⑩ 6, 5	⑪ 4, 3	⑫ 8, 1
⑬ 9, 5	⑭ 7, 7	⑮ 3, 7

① 1, 3	② 2, 2	③ 3, 3
④ 4, 1	⑤ 7, 4	⑥ 7, 5
⑦ 5, 5	⑧ 8, 3	⑨ 3, 5
⑩ 5, 7	⑪ 6, 4	⑫ 8, 4
⑬ 8, 1	⑭ 8, 3	⑮ 9, 8

나눗셈의 원리 ● 계산 원리 이해

08 세로셈 69~70쪽

① 5	② 5…2	③ 3…2	④ 4…1
⑤ 3…4	⑥ 8…1	⑦ 1…3	⑧ 3…3
⑨ 2…3	⑩ 3…1	⑪ 4…2	⑫ 4…5
⑬ 7…1	⑭ 3…2	⑮ 4…3	⑯ 1…1
⑰ 3…3	⑱ 3…4	⑲ 7…2	⑳ 5…3
㉑ 6…6	㉒ 6…2	㉓ 6…2	㉔ 6…6
㉕ 4…1	㉖ 8…1	㉗ 1…1	㉘ 6…1
㉙ 7…2	㉚ 7…3	㉛ 9…2	㉜ 6…2
㉝ 5…5	㉞ 6…1	㉟ 9…3	㊱ 8…7
㊲ 8…3	㊳ 8…2	㊴ 9…2	㊵ 2…6

나눗셈의 원리 ● 계산 방법과 자릿값의 이해

09 가로셈 71~72쪽

① 8	② 8, 1	③ 4, 2
④ 5, 5	⑤ 3, 4	⑥ 5, 2
⑦ 7, 1	⑧ 6, 1	⑨ 7, 4
⑩ 2, 4	⑪ 4, 5	⑫ 7, 2
⑬ 5, 3	⑭ 5, 4	⑮ 5, 5
⑯ 8, 1	⑰ 5, 1	⑱ 9, 5
⑲ 2, 5	⑳ 5, 2	㉑ 9, 2
㉒ 7, 5	㉓ 9, 2	㉔ 8, 7
㉕ 3, 2	㉖ 9, 1	㉗ 8, 7
㉘ 5, 2	㉙ 8, 3	㉚ 4, 4
㉛ 9, 4	㉜ 3, 1	㉝ 2, 2
㉞ 5, 4	㉟ 5, 2	㊱ 7, 5
㊲ 4, 1	㊳ 3, 6	㊴ 7, 2
㊵ 3, 5	㊶ 6, 2	㊷ 1, 1
㊸ 6, 2	㊹ 8, 5	㊺ 9, 1
㊻ 8, 6	㊼ 5, 1	㊽ 2, 2

나눗셈의 원리 ● 계산 방법과 자릿값의 이해

10 정해진 수로 나누기 73쪽

① 2로 나누어 보세요.

× 6	× 6	7	7	8
2)12	2)13	2)14	2)15	2)16
− 12	− 12	14	14	16
0	1	0	1	0

❶ 나누는 수가 2일 때
❷ 나머지는 항상 2보다 작아요.

② 4로 나누어 보세요.

몫이 어떻게 달라졌나요?

4	4	4	4	5
4)16	4)17	4)18	4)19	4)20
16	16	16	16	20
0	1	2	3	0

나머지가 어떻게 달라졌나요?

③ 5로 나누어 보세요.

6	6	6	6	6
5)30	5)31	5)32	5)33	5)34
30	30	30	30	30
0	1	2	3	4

④ 9로 나누어 보세요.

7	7	7	7	8
9)68	9)69	9)70	9)71	9)72
63	63	63	63	72
5	6	7	8	0

나눗셈의 원리 ● 계산 원리 이해

11 검산하기 74~75쪽

① 2, 2 / 5, 2, 2, 12
② 5, 1 / 2, 5, 1, 11
③ 3, 1 / 8, 3, 1, 25
④ 8, 1 / 3, 8, 1, 25
⑤ 9, 1 / 4, 9, 1, 37
⑥ 6, 4 / 9, 6, 4, 58
⑦ 4, 3 / 7, 4, 3, 31
⑧ 2, 3 / 6, 2, 3, 15
⑨ 5, 2 / 3, 5, 2, 17
⑩ 4, 8 / 9, 4, 8, 44
⑪ 7, 1 / 2, 7, 1, 15
⑫ 6, 2 / 3, 6, 2, 20
⑬ 1, 1 / 2, 1, 1, 3
⑭ 5, 3 / 8, 5, 3, 43
⑮ 8, 2 / 5, 8, 2, 42
⑯ 4, 2 / 7, 4, 2, 30
⑰ 4, 2 / 4, 4, 2, 18
⑱ 5, 2 / 9, 5, 2, 47
⑲ 6, 3 / 6, 6, 3, 39
⑳ 9, 1 / 6, 9, 1, 55

나눗셈의 원리 ● 계산 원리 이해

12 나누어지는 수 구하기 76쪽

① 4, 3, 1 / 13
② 6, 3, 4 / 22
③ 7, 5, 6 / 41
④ 5, 6, 2 / 32
⑤ 9, 3, 7 / 34
⑥ 9, 1, 5 / 14
⑦ 8, 7, 3 / 59
⑧ 2, 7, 1 / 15

나눗셈의 원리 ● 계산 방법 이해

13 몫을 어림하여 비교하기 77쪽

① 5÷2에 ○표
② 22÷3, 59÷8에 ○표
③ 48÷5, 74÷8에 ○표
④ 18÷4, 9÷2에 ○표
⑤ 49÷8에 ○표
⑥ 47÷5, 25÷3에 ○표

나눗셈의 감각 ● 수의 조작

어림하기

계산을 하기 전에 가능한 답의 범위를 생각해 보는 것은 계산 원리를 이해하는 데 도움이 될 뿐만 아니라 수와 연산 감각을 길러 줍니다. 따라서 정확한 값을 내는 훈련만 반복하는 것이 아니라 연산의 감각을 개발하여 보다 합리적으로 문제를 해결할 수 있는 능력을 길러 주세요.

14 단위가 있는 나눗셈 78쪽

① 4 / 4 cm
② 2, 3 cm / 2 cm, 3 cm
③ 2, 6 cm / 2 cm, 6 cm
④ 5, 3 cm / 5 cm, 3 cm
⑤ 7, 3 cm / 7 cm, 3 cm
⑥ 6, 4 cm / 6 cm, 4 cm
⑦ 6, 2 kg / 6 kg, 2 kg
⑧ 4, 1 kg / 4 kg, 1 kg
⑨ 3, 7 kg / 3 kg, 7 kg
⑩ 8, 3 kg / 8 kg, 3 kg

나눗셈의 원리 ● 계산 방법 이해

15 알맞은 수 찾기 79쪽

① 18에 ○표
② 15에 ○표
③ 14, 20에 ○표
④ 23, 31에 ○표
⑤ 43에 ○표
⑥ 20에 ○표
⑦ 40, 19에 ○표
⑧ 89에 ○표
⑨ 44에 ○표
⑩ 20, 56에 ○표

나눗셈의 감각 ● 수의 조작

수 감각

수 감각은 수와 계산에 대한 직관적인 느낌으로 다양한 방법으로 수학 문제를 해결할 수 있도록 도와줍니다.
따라서 초중고 전체의 수학 학습에 큰 영향을 주지만 그 감각을 기를 수 있는 충분한 훈련은 초등 단계에서 이루어져야 합니다.
하나의 연산을 다양한 각도에서 바라보고, 수 조작력을 발휘하여 수 감각을 기를 수 있도록 지도해 주세요.

6 (몇십)÷(몇), (몇백몇십)÷(몇)

3A에서 학습한 '곱셈구구 안에서의 나눗셈'이 확장된 단원입니다. 나누어지는 수와 나누는 수가 커졌지만 곱셈구구를 이용하여 몫을 구할 수 있는 계산이므로 12÷3과 같은 '곱셈구구 안에서의 나눗셈'과 연계하여 이해할 수 있도록 해 주세요.

01 단계에 따라 계산하기 82쪽

① 2, 20 ② 2, 20 ③ 2, 20 ④ 1, 10
⑤ 1, 10 ⑥ 1, 10 ⑦ 1, 10 ⑧ 1, 10
⑨ 3, 30 ⑩ 1, 10 ⑪ 4, 40 ⑫ 3, 30
⑬ 5, 50 ⑭ 5, 50 ⑮ 9, 90 ⑯ 3, 30
⑰ 7, 70 ⑱ 7, 70 ⑲ 3, 30 ⑳ 8, 80
㉑ 9, 90 ㉒ 4, 40 ㉓ 9, 90 ㉔ 4, 40

나눗셈의 원리 ● 계산 원리 이해

02 가로셈 83~84쪽

① 90÷3=30 (십 3, 일 0) / 9÷3=3
② 120÷3=40 / 12÷3=4
③ 160÷2=80 / 16÷2=8
④ 60÷2=30 / 6÷2=3
⑤ 420÷6=70 / 42÷6=7
⑥ 420÷7=60 / 42÷7=6
⑦ 400÷8=50 / 40÷8=5
⑧ 50÷5=10 / 5÷5=1
⑨ 70÷7=10 / 7÷7=1
⑩ 80÷2=40 / 8÷2=4
⑪ 300÷5=60 / 30÷5=6
⑫ 180÷9=20 / 18÷9=2
⑬ 540÷9=60 / 54÷9=6
⑭ 80÷4=20 / 8÷4=2
⑮ 480÷6=80 / 48÷6=8

⑯ 10	⑰ 80	⑱ 70
⑲ 70	⑳ 20	㉑ 50
㉒ 30	㉓ 40	㉔ 60
㉕ 20	㉖ 30	㉗ 80
㉘ 50	㉙ 60	㉚ 40
㉛ 20	㉜ 30	㉝ 90
㉞ 80	㉟ 50	㊱ 50
㊲ 40	㊳ 60	㊴ 50
㊵ 40	㊶ 20	㊷ 10
㊸ 90	㊹ 20	㊺ 40

나눗셈의 원리 ● 계산 방법과 자릿값의 이해

03 세로셈 85~86쪽

① 10	② 50	③ 60	④ 70
⑤ 60	⑥ 20	⑦ 80	⑧ 80
⑨ 40	⑩ 50	⑪ 70	⑫ 30
⑬ 20	⑭ 60	⑮ 40	⑯ 20
⑰ 10	⑱ 80	⑲ 80	⑳ 50
㉑ 10	㉒ 30	㉓ 20	㉔ 90
㉕ 50	㉖ 70	㉗ 90	㉘ 40
㉙ 40	㉚ 30	㉛ 50	㉜ 90
㉝ 90	㉞ 10	㉟ 60	㊱ 60
㊲ 80	㊳ 40	㊴ 70	㊵ 50

나눗셈의 원리 ● 계산 방법과 자릿값의 이해

04 검산하기 87쪽

① 20 / 20, 40	② 50 / 50, 150
③ 20 / 20, 60	④ 70 / 70, 560
⑤ 20 / 20, 180	⑥ 20 / 20, 100
⑦ 20 / 20, 80	⑧ 70 / 70, 210
⑨ 20 / 20, 120	
⑩ 90 / 90, 630	

나눗셈의 원리 ● 계산 원리 이해

05 같은 수로 나누기 88쪽

① 10, 20, 30, 40	② 10, 20, 30, 40	③ 50, 60, 70, 80
④ 30, 40, 50, 60	⑤ 50, 60, 70, 80	⑥ 60, 70, 80, 90
⑦ 40, 30, 20, 10	⑧ 50, 40, 30, 20	⑨ 40, 30, 20, 10
⑩ 90, 80, 70, 60	⑪ 50, 40, 30, 20	⑫ 90, 80, 70, 60

나눗셈의 원리 ● 계산 원리 이해

06 단위가 있는 나눗셈 89쪽

① 20 / 20 m	② 20 / 20 m	③ 30 / 30 m
④ 30 / 30 m	⑤ 50 / 50 m	⑥ 60 / 60 m
⑦ 70 / 70 m	⑧ 20 / 20 m	⑨ 60 / 60 m
⑩ 30 / 30 g	⑪ 80 / 80 g	⑫ 40 / 40 g
⑬ 80 / 80 g	⑭ 50 / 50 g	⑮ 30 / 30 g
⑯ 70 / 70 g	⑰ 90 / 90 g	⑱ 10 / 10 g

나눗셈의 원리 ● 계산 원리 이해

단위가 있는 나눗셈

나눗셈식은 단위를 넣는 방법에 따라 몫이 나타내는 바가 달라집니다.
나눗셈의 몫은
'① 전체를 똑같게 나눴을 때 한 묶음 안의 수가 몇인지 ② 전체에서 같은 수만큼씩 몇 번 덜어 낼 수 있는지'의 두 가지 뜻을 가집니다.
단위를 다르게 넣은 나눗셈의 몫을 구해 보면서 학생들은 나눗셈의 원리와 몫이 갖는 의미를 모두 이해할 수 있습니다.

07 계산하지 않고 크기 비교하기 90쪽

① 250÷5에 ○표
② 420÷7에 ○표
③ 480÷6에 ○표
④ 240÷3에 ○표
⑤ 120÷2에 ○표
⑥ 180÷2에 ○표

나눗셈의 원리 ● 계산 방법 이해

08 몫이 정해진 나눗셈식 만들기 91쪽

① 예 180, 3 / 420, 7
② 예 80, 2 / 200, 5
③ 예 250, 5 / 400, 8
④ 예 60, 6 / 90, 9
⑤ 예 80, 4 / 120, 6
⑥ 예 490, 7 / 350, 5
⑦ 예 720, 9 / 480, 6
⑧ 예 240, 8 / 90, 3
⑨ 예 160, 4 / 280, 7
⑩ 예 180, 2 / 270, 3

나눗셈의 감각 ● 나눗셈의 다양성

7 내림이 없는 (두 자리 수)÷(한 자리 수)

나눗셈에서 가장 먼저 해야 할 것은 나누는 수의 단 곱셈구구를 이용하여 몫을 구하는 것입니다. 이번 단원에서 나눗셈의 몫은 두 자리 수이므로 몫을 쓸 때, 자리에 맞추어 쓰도록 하고, 내림이 없으므로 가로셈으로도 충분히 연습하여 나눗셈 감각을 기를 수 있도록 해 주세요. 또한, 나눗셈의 계산 원리를 통해 나눗셈은 곱셈과 뺄셈으로 계산한다는 것을 알려 주세요.

01 수를 가르기하여 나누기 94쪽

① 10, 1 / 11
② 10, 1 / 11
③ 10, 1 / 11
④ 10, 1 / 11
⑤ 30, 2 / 32
⑥ 20, 4 / 24
⑦ 20, 3 / 23
⑧ 10, 2 / 12
⑨ 30, 3 / 33
⑩ 20, 1 / 21
⑪ 10, 2 / 12
⑫ 10, 4 / 14

나눗셈의 원리 ● 계산 원리 이해

02 가로셈 95~96쪽

① 11
② 20
③ 11
④ 23
⑤ 10
⑥ 21
⑦ 10
⑧ 43
⑨ 10
⑩ 10
⑪ 13
⑫ 12
⑬ 44
⑭ 22
⑮ 11
⑯ 20
⑰ 21
⑱ 12
⑲ 11
⑳ 43
㉑ 11
㉒ 23
㉓ 11
㉔ 12
㉕ 11
㉖ 13
㉗ 10
㉘ 21
㉙ 11
㉚ 22
㉛ 11
㉜ 33
㉝ 32
㉞ 22
㉟ 10
㊱ 33
㊲ 14
㊳ 31
㊴ 31
㊵ 32
㊶ 42
㊷ 23
㊸ 30
㊹ 41
㊺ 30
㊻ 34

나눗셈의 원리 ● 계산 방법과 자릿값의 이해

03 세로셈 97~98쪽

① 20	② 20	③ 21	④ 11
⑤ 10	⑥ 23	⑦ 24	⑧ 20
⑨ 10	⑩ 11	⑪ 12	⑫ 31
⑬ 10	⑭ 12	⑮ 11	⑯ 14
⑰ 33	⑱ 34	⑲ 11	⑳ 12
㉑ 13	㉒ 44	㉓ 41	㉔ 43
㉕ 21	㉖ 42	㉗ 22	㉘ 22
㉙ 23	㉚ 31	㉛ 10	㉜ 32

나눗셈의 원리 ● 계산 방법과 자릿값의 이해

04 여러 가지 수로 나누기 99쪽

① 99, 33, 11	② 84, 42, 21	③ 40, 20, 10
④ 64, 32, 8	⑤ 90, 30, 10	⑥ 44, 22, 11
⑦ 44, 22, 11	⑧ 60, 20, 10	⑨ 20, 10, 5
⑩ 24, 12, 8	⑪ 63, 21, 7	⑫ 66, 22, 11

나눗셈의 원리 ● 계산 원리 이해

05 나눗셈으로 곱셈식 완성하기 100쪽

① 42 / 42	② 21 / 21	③ 11 / 11
④ 10 / 10	⑤ 32 / 32	⑥ 31 / 31
⑦ 33 / 33	⑧ 12 / 12	⑨ 12 / 12
⑩ 10 / 10	⑪ 22 / 22	⑫ 23 / 23
⑬ 34 / 34	⑭ 12 / 12	⑮ 13 / 13

나눗셈의 원리 ● 계산 방법 이해

06 구슬의 무게 구하기 101쪽

① 42÷2=21 / 21 g	② 84÷4=21 / 21 g
③ 77÷7=11 / 11 g	④ 50÷5=10 / 10 g
⑤ 69÷3=23 / 23 g	⑥ 44÷4=11 / 11 g

나눗셈의 활용 ● 나눗셈의 적용

07 단위가 있는 나눗셈 102쪽

① 10 / 10 m	② 12 / 12 m	③ 21 / 21 m
④ 10 / 10 m	⑤ 11 / 11 m	⑥ 33 / 33 m
⑦ 11 / 11 m	⑧ 33 / 33 m	⑨ 11 / 11 m
⑩ 31 / 31 g	⑪ 44 / 44 g	⑫ 11 / 11 g
⑬ 11 / 11 g	⑭ 32 / 32 g	⑮ 23 / 23 g
⑯ 43 / 43 g	⑰ 12 / 12 g	⑱ 10 / 10 g

나눗셈의 원리 ● 계산 원리 이해

08 등식 완성하기 103쪽

① 6	② 4
③ 6	④ 4
⑤ 3	⑥ 3
⑦ 2	⑧ 2
⑨ 4	⑩ 2
⑪ 40	⑫ 99
⑬ 14	⑭ 44

나눗셈의 성질 ● 등식

등식

등식은 =의 양쪽 값이 같음을 나타낸 식입니다.
수학 문제를 풀 때 결과를 =의 오른쪽에 자연스럽게 쓰지만 학생들이 =의 의미를 간과한 채 사용하기 쉽습니다.
간단한 연산 문제를 푸는 시기부터 등식의 개념을 이해하고 =를 사용한다면 초등 고학년과 중등으로 이어지는 학습에서 등식, 방정식의 개념을 쉽게 이해할 수 있습니다.

8 내림이 있는 (두 자리 수)÷(한 자리 수)

곱셈은 올림이 있을 수 있으므로 일의 자리부터 곱하지만 나눗셈은 내림이 있을 수 있으므로 높은 자리부터 나눈다는 것을 알려 주세요. 나누는 수의 단 곱셈구구를 이용하여 십의 자리부터 각 자리별로 몫을 구하고, 나눗셈에서 몫이 나타내는 뜻(나누는 수가 나누어지는 수 안에 들어 있는 횟수)이 무엇인지 다시 한번 짚어 주어 나눗셈의 원리를 생각할 수 있도록 도와주세요.

01 세로셈

106~107쪽

① 25	② 18	③ 24	④ 15
⑤ 28	⑥ 13	⑦ 37	⑧ 24
⑨ 23	⑩ 26	⑪ 27	⑫ 12
⑬ 17	⑭ 18	⑮ 19	⑯ 16
⑰ 13	⑱ 13	⑲ 19	⑳ 39
㉑ 19	㉒ 17	㉓ 15	㉔ 29
㉕ 15	㉖ 17	㉗ 29	㉘ 16
㉙ 12	㉚ 14	㉛ 14	

나눗셈의 원리 ● 계산 방법과 자릿값의 이해

02 가로셈

108~109쪽

① 35	② 18	③ 13	④ 12
⑤ 13	⑥ 36	⑦ 19	⑧ 25
⑨ 12	⑩ 27	⑪ 14	⑫ 16
⑬ 15	⑭ 19	⑮ 14	⑯ 16
⑰ 17	⑱ 15	⑲ 12	⑳ 13
㉑ 28	㉒ 12	㉓ 14	㉔ 17

나눗셈의 원리 ● 계산 방법과 자릿값의 이해

03 여러 가지 수로 나누기

110쪽

① 나누어지는 수가 같을 때 나누는 수가 커지면 몫은 작아져요.

× 4 2 ②)8 4 − 8 4 − 4 0	2 8 ③)8 4 6 2 4 2 4 0	2 1 ④)8 4 8 4 4 0	1 4 ⑥)8 4 6 2 4 2 4 0	1 2 ⑦)8 4 7 1 4 1 4 0

②

4 8 2)9 6 8 1 6 1 6 0	3 2 3)9 6 9 6 6 0	2 4 4)9 6 8 1 6 1 6 0	1 6 6)9 6 6 3 6 3 6 0	1 2 8)9 6 8 1 6 1 6 0

③ 나누어지는 수가 같을 때 나누는 수가 작아지면 몫은 어떻게 될까요?

6 ⑧)4 8 4 8 0	8 ⑥)4 8 4 8 0	1 2 ④)4 8 4 8 8 0	1 6 ③)4 8 3 1 8 1 8 0	2 4 ②)4 8 4 8 8 0

④

9 8)7 2 7 2 0	1 2 6)7 2 6 1 2 1 2 0	1 8 4)7 2 4 3 2 3 2 0	2 4 3)7 2 6 1 2 1 2 0	3 6 2)7 2 6 1 2 1 2 0

나눗셈의 원리 ● 계산 원리 이해

04 정해진 수로 나누기

111쪽

① 5로 나누어 보세요.

❶ 나누는 수가 5일 때 ←

❷ 나누어지는 수가 5씩 커지면 몫은 1씩 커져요.

× 1 1 5)5 5 − 5 5 − 5 0	1 2 5)6 0 5 1 0 1 0 0	1 3 5)6 5 5 1 5 1 5 0	1 4 5)7 0 5 2 0 2 0 0	1 5 5)7 5 5 2 5 2 5 0

② 3으로 나누어 보세요.

2 2 3)6 6 6 6 6 0	2 3 3)6 9 6 9 9 0	2 4 3)7 2 6 1 2 1 2 0	2 5 3)7 5 6 1 5 1 5 0	2 6 3)7 8 6 1 8 1 8 0

③ 4로 나누어 보세요.

1 3 4)5 2 4 1 2 1 2 0	1 4 4)5 6 4 1 6 1 6 0	1 5 4)6 0 4 2 0 2 0 0	1 6 4)6 4 4 2 4 2 4 0	1 7 4)6 8 4 2 8 2 8 0

나눗셈의 원리 ● 계산 원리 이해

05 검산하기 112쪽

① 18 / 2×18=36
② 15 / 4×15=60
③ 17 / 5×17=85
④ 24 / 3×24=72
⑤ 29 / 3×29=87
⑥ 12 / 6×12=72
⑦ 12 / 8×12=96
⑧ 12 / 7×12=84
⑨ 46 / 2×46=92

나눗셈의 원리 ● 계산 원리 이해

06 단위가 있는 나눗셈 113쪽

① 26 / 26 g
② 19 / 19 g
③ 12 / 12 g
④ 12 / 12 g
⑤ 12 / 12 g
⑥ 23 / 23 g
⑦ 17 / 17 g
⑧ 16 / 16 g
⑨ 13 / 13 g
⑩ 14 / 14 m
⑪ 15 / 15 m
⑫ 13 / 13 m
⑬ 11 / 11 m
⑭ 17 / 17 m
⑮ 13 / 13 m
⑯ 16 / 16 m
⑰ 29 / 29 m
⑱ 14 / 14 m

나눗셈의 원리 ● 계산 원리 이해

07 계산하지 않고 크기 비교하기 114쪽

① 66÷1에 ○표
② 88÷2에 ○표
③ 90÷2에 ○표
④ 78÷2에 ○표
⑤ 96÷3에 ○표
⑥ 84÷3에 ○표
⑦ 60÷2에 ○표
⑧ 72÷3에 ○표
⑨ 99÷1에 ○표

나눗셈의 원리 ● 계산 방법 이해

08 규칙 찾기 115쪽

①

아랫줄의 수에 4를 곱하면 윗줄의 수가 돼요.

÷4 (윗줄)	52	56	60	64	68	72	76
×4 (아랫줄)	13	14	15	16	17	18	19

윗줄의 수를 4로 나누면 아랫줄의 수가 돼요.

②

÷2 (윗줄)	70	72	74	76	78	80	82
×2 (아랫줄)	35	36	37	38	39	40	41

③

÷6 (윗줄)	60	66	72	78	84	90	96
×6 (아랫줄)	10	11	12	13	14	15	16

④

÷5 (윗줄)	55	60	65	70	75	80	85
×5 (아랫줄)	11	12	13	14	15	16	17

⑤

÷3 (윗줄)	39	42	45	48	51	54	57
×3 (아랫줄)	13	14	15	16	17	18	19

⑥

÷2 (윗줄)	30	32	34	36	38	40	42
×2 (아랫줄)	15	16	17	18	19	20	21

나눗셈의 활용 ● 규칙의 발견과 적용

곱셈과 나눗셈의 관계

덧셈과 뺄셈의 관계가 서로 역연산인 것처럼 곱셈과 나눗셈도 서로 역연산입니다. 이 관계가 중요한 이유는 나눗셈의 계산을 곱셈으로 가능하게 해 주고, 나눗셈의 결과가 맞는지 확인할 때 곱셈을 사용하여 검산하게 됩니다. 역연산의 원리를 이해하는 것은 수 감각의 중요한 요소이므로 반드시 이해하고 학습하도록 지도합니다.

9 나머지가 있는 (두 자리 수)÷(한 자리 수)

나머지가 있는 나눗셈에서 유의해야 할 부분은 나머지의 크기입니다. 나눗셈은 '나누어지는 수 안에 나누는 수가 몇 번 들어가고 몇이 남는지를 구하는 것'이므로 나머지는 나누는 수보다 클 수 없습니다.
또한 나눗셈을 한 후 반드시 검산하게 하여 스스로 계산 과정을 점검해 볼 수 있도록 해 주세요.

01 세로셈 118~119쪽

① 10…1 ② 10…3 ③ 10…2 ④ 11…1
⑤ 12…1 ⑥ 13…2 ⑦ 28…1 ⑧ 11…2
⑨ 12…3 ⑩ 15…1 ⑪ 25…2 ⑫ 14…4
⑬ 13…5 ⑭ 16…2 ⑮ 16…3 ⑯ 11…7
⑰ 19…3 ⑱ 13…2 ⑲ 13…2 ⑳ 12…1
㉑ 15…3 ㉒ 15…5 ㉓ 47…1 ㉔ 16…3
㉕ 18…2 ㉖ 13…6 ㉗ 45…1 ㉘ 13…1
㉙ 17…2 ㉚ 12…3 ㉛ 13…1 ㉜ 17…1

나눗셈의 원리 ● 계산 방법과 자릿값의 이해

02 가로셈 120~121쪽

① 11…1 ② 10…1 ③ 10…2 ④ 10…5
⑤ 12…2 ⑥ 11…6 ⑦ 18…1 ⑧ 13…4
⑨ 14…4 ⑩ 22…2 ⑪ 11…4 ⑫ 12…5
⑬ 11…4 ⑭ 12…2 ⑮ 17…1 ⑯ 27…1
⑰ 23…1 ⑱ 15…2 ⑲ 35…1 ⑳ 23…3
㉑ 12…3 ㉒ 24…2 ㉓ 29…1 ㉔ 17…2

나눗셈의 원리 ● 계산 방법과 자릿값의 이해

03 같은 수로 나누기 122쪽

①

몫은 1 커지고

× 17	× 17	18	18	19
2)34	2)35	2)36	2)37	2)38
− 2	− 2	2	2	2
14	15	16	17	18
− 14	− 14	16	16	18
0	1	0	1	0

2로 나누면 나머지는 0, 1뿐이에요.

나머지는 0이 돼요.

②

18	18	18	19	19
3)54	3)55	3)56	3)57	3)58
3	3	3	3	3
24	25	26	27	28
24	24	24	27	27
0	1	2	0	1

③

13	13	14	14	14
6)82	6)83	6)84	6)85	6)86
6	6	6	6	6
22	23	24	25	26
18	18	24	24	24
4	5	0	1	2

④

11	11	11	12	12
8)93	8)94	8)95	8)96	8)97
8	8	8	8	8
13	14	15	16	17
8	8	8	16	16
5	6	7	0	1

나눗셈의 원리 ● 계산 원리 이해

04 수를 가르기하여 나누기 123쪽

① 10, 8…2 / 18…2 ② 10, 4…1 / 14…1
③ 10, 1…1 / 11…1 ④ 10, 9…1 / 19…1
⑤ 10, 3…3 / 13…3 ⑥ 10, 6…2 / 16…2
⑦ 5, 7…1 / 12…1 ⑧ 8, 6…3 / 14…3
⑨ 6, 3…5 / 9…5 ⑩ 9, 1…3 / 10…3

나눗셈의 원리 ● 계산 원리 이해

05 검산하기

124쪽

① 10⋯1 / 3×10+1=31

② 14⋯1 / 2×14+1=29

③ 12⋯4 / 5×12+4=64

④ 14⋯5 / 6×14+5=89

⑤ 12⋯2 / 8×12+2=98

⑥ 12⋯2 / 7×12+2=86

⑦ 16⋯1 / 6×16+1=97

⑧ 17⋯3 / 4×17+3=71

나눗셈의 원리 ● 계산 원리 이해

검산

계산 결과가 옳은지 그른지를 검사하는 계산으로 계산 실수를 줄일 수 있는 가장 좋은 방법입니다.
또한 검산은 앞서 계산한 것과 다른 방법을 사용해야 하기 때문에 문제 푸는 방법을 다양한 방법으로 생각해 보게 하는 효과도 얻을 수 있습니다.
따라서 나눗셈에서의 검산 뿐만 아니라 덧셈, 뺄셈, 곱셈에서도 검산하는 습관을 길러 주세요.

06 두 배가 되는 나눗셈

125쪽

① 나누어지는 수가 2배가 되면 몫과 나머지도 2배가 돼요.

- 8)26: 몫 ×3, −24, 나머지 2
- 8)52: 몫 ×6, −48, 나머지 4

②
- 7)31: 몫 4, 28, 나머지 3
- 7)62: 몫 8, 56, 나머지 6

③
- 5)41: 몫 8, 40, 나머지 1
- 5)82: 몫 16, 5, 32, 30, 나머지 2

④
- 4)45: 몫 11, 4, 5, 4, 나머지 1
- 4)90: 몫 22, 8, 10, 8, 나머지 2

⑤ 몫과 나머지는 정확히 2배가 아닐 수도 있어요.

- 7)19: 몫 2, −14, 나머지 5
- 7)38: 몫 5, −35, 나머지 3

⑥
- 9)32: 몫 3, 27, 나머지 5
- 9)64: 몫 7, 63, 나머지 1

⑦
- 3)38: 몫 12, 3, 8, 6, 나머지 2
- 3)76: 몫 25, 6, 16, 15, 나머지 1

⑧
- 2)27: 몫 13, 2, 7, 6, 나머지 1
- 2)54: 몫 27, 4, 14, 14, 나머지 0

나눗셈의 원리 ● 계산 원리 이해

07 단위가 있는 나눗셈

126쪽

① 10, 1 m / 10 m, 1 m

② 10, 4 m / 10 m, 4 m

③ 11, 5 m / 11 m, 5 m

④ 37, 1 m / 37 m, 1 m

⑤ 29, 1 m / 29 m, 1 m

⑥ 16, 3 m / 16 m, 3 m

⑦ 12, 3 g / 12 g, 3 g

⑧ 28, 1 g / 28 g, 1 g

⑨ 10, 6 g / 10 g, 6 g

⑩ 12, 1 g / 12 g, 1 g

⑪ 22, 2 g / 22 g, 2 g

⑫ 19, 1 g / 19 g, 1 g

나눗셈의 원리 ● 계산 원리 이해

08 나누어지는 수 구하기

127쪽

① 5, 10, 2, 52

② 2, 30, 1, 61

③ 4, 13, 3, 55

④ 9, 10, 2, 92

⑤ 6, 13, 5, 83

⑥ 7, 11, 1, 78

⑦ 3, 14, 2, 44

⑧ 8, 11, 7, 95

⑨ 5, 17, 3, 88

⑩ 3, 24, 1, 73

나눗셈의 활용 ● 나눗셈의 적용

10 나머지가 없는 (세 자리 수)÷(한 자리 수)

높은 자리부터 자리별로 나누어 계산합니다. 이때 몫의 자릿수가 달라질 수 있으므로 몫을 쓰는 자리에 유의하여 계산할 수 있도록 지도해 주세요. 또한 단순히 몫을 구하는 문제뿐만 아니라 몫의 의미를 생각해 보고, 어림해 볼 수 있는 문제로 구성되어 계산력, 나눗셈 감각까지 길러 줄 수 있습니다.

01 세로셈 130~131쪽

① 213	② 211	③ 126	④ 137
⑤ 63	⑥ 27	⑦ 54	⑧ 104
⑨ 53	⑩ 72	⑪ 78	⑫ 46
⑬ 121	⑭ 161	⑮ 243	⑯ 248
⑰ 99	⑱ 63	⑲ 39	⑳ 32
㉑ 28	㉒ 56	㉓ 49	㉔ 25

나눗셈의 원리 ● 계산 방법과 자릿값의 이해

02 가로셈 132~133쪽

① 321	② 113	③ 153	④ 168
⑤ 36	⑥ 82	⑦ 78	⑧ 24
⑨ 73	⑩ 65	⑪ 52	⑫ 63
⑬ 254	⑭ 134	⑮ 196	⑯ 106
⑰ 55	⑱ 15	⑲ 76	⑳ 55
㉑ 45	㉒ 66	㉓ 69	㉔ 92

나눗셈의 원리 ● 계산 방법과 자릿값의 이해

03 같은 수로 나누기 134쪽

❷ 나누어지는 수가 2씩 커지면 몫은 1씩 커져요.

①

❶ 나누는 수가 2일 때 ←

```
   × 3 0 0       3 0 1       3 0 2       3 0 3
 2)6 0 0      2)6 0 2     2)6 0 4     2)6 0 6
 - 6            6           6           6
       0            2           4           6
                    2           4           6
                    0           0           0
```

②

```
    1 4 4       1 4 5       1 4 6       1 4 7
 3)4 3 2     3)4 3 5     3)4 3 8     3)4 4 1
   3           3           3           3
   1 3         1 3         1 3         1 4
   1 2         1 2         1 2         1 2
     1 2         1 5         1 8         2 1
     1 2         1 5         1 8         2 1
       0           0           0           0
```

③

```
    1 1 8       1 1 7       1 1 6       1 1 5
 7)8 2 6     7)8 1 9     7)8 1 2     7)8 0 5
   7           7           7           7
   1 2         1 1         1 1         1 0
     7           7           7           7
     5 6         4 9         4 2         3 5
     5 6         4 9         4 2         3 5
       0           0           0           0
```

나눗셈의 원리 ● 계산 원리 이해

04 검산하기 135쪽

① 116 / 8×116=928
② 134 / 4×134=536
③ 176 / 3×176=528
④ 128 / 5×128=640
⑤ 105 / 7×105=735
⑥ 134 / 6×134=804
⑦ 36 / 8×36=288
⑧ 73 / 9×73=657
⑨ 42 / 4×42=168

나눗셈의 원리 ● 계산 원리 이해

05 단위가 있는 나눗셈 136쪽

① 166 / 166 g ② 129 / 129 g ③ 28 / 28 g
④ 89 / 89 g ⑤ 19 / 19 g ⑥ 26 / 26 g
⑦ 164 / 164 g ⑧ 119 / 119 g ⑨ 107 / 107 g
⑩ 79 / 79 m ⑪ 81 / 81 m ⑫ 132 / 132 m
⑬ 88 / 88 m ⑭ 144 / 144 m ⑮ 39 / 39 m
⑯ 86 / 86 m

나눗셈의 원리 ● 계산 원리 이해

06 몫 어림하기 137쪽

① 184÷2에 ○표
② 408÷8에 ○표
③ 488÷8에 ○표
④ 202÷2에 ○표
⑤ 966÷6에 ○표
⑥ 786÷6에 ○표

나눗셈의 감각 ● 수의 조작

어림하기

계산을 하기 전에 가능한 답의 범위를 생각해 보는 것은 계산 원리를 이해하는 데 도움이 될 뿐만 아니라 수와 연산 감각을 길러 줍니다. 따라서 정확한 값을 내는 훈련만 반복하는 것이 아니라 연산의 감각을 개발하여 보다 합리적으로 문제를 해결할 수 있는 능력을 길러 주세요.

07 몇 주인지 구하기 138쪽

① 16주 ② 50주 ③ 48주
④ 56주 ⑤ 31주 ⑥ 99주
⑦ 25주 ⑧ 77주 ⑨ 127주
⑩ 100주 ⑪ 37주 ⑫ 71주
⑬ 91주 ⑭ 82주 ⑮ 113주
⑯ 141주 ⑰ 57주 ⑱ 90주
⑲ 45주 ⑳ 121주 ㉑ 129주

나눗셈의 활용 ● 나눗셈의 적용

08 등식 완성하기 139쪽

① 1 ② 1
③ 1 ④ 6
⑤ 4 ⑥ 2
⑦ 5 ⑧ 5
⑨ 2 ⑩ 3
⑪ 5 ⑫ 4
⑬ 2 ⑭ 4
⑮ 3 ⑯ 1

나눗셈의 성질 ● 등식

11 나머지가 있는 (세 자리 수)÷(한 자리 수)

나누는 수가 한 자리 수인 나눗셈의 완성 단계로 이후 4A에서 (두 자리 수)÷(두 자리 수)의 학습으로 이어집니다.
따라서 나눗셈의 계산 원리를 완벽히 이해할 수 있도록 하고 검산식을 통해 '나누어지는 수', '나누는 수', '몫', '나머지'의 관계를 숙지할 수 있도록 지도해 주세요.

01 세로셈 142~143쪽

① 157…2 ② 122…4 ③ 317…2 ④ 117…1
⑤ 43…3 ⑥ 91…1 ⑦ 63…4 ⑧ 35…1
⑨ 108…1 ⑩ 69…3 ⑪ 58…2 ⑫ 91…3
⑬ 248…1 ⑭ 119…1 ⑮ 281…1 ⑯ 116…7
⑰ 82…1 ⑱ 62…4 ⑲ 23…5 ⑳ 55…5
㉑ 43…2 ㉒ 42…1 ㉓ 37…6 ㉔ 48…3

나눗셈의 원리 ● 계산 방법과 자릿값의 이해

02 가로셈 144~145쪽

① 124…5 ② 242…2 ③ 145…1 ④ 142…1
⑤ 64…1 ⑥ 92…3 ⑦ 69…3 ⑧ 61…1
⑨ 26…5 ⑩ 38…1 ⑪ 72…6 ⑫ 110…4
⑬ 224…1 ⑭ 121…2 ⑮ 316…1 ⑯ 158…4
⑰ 35…3 ⑱ 55…6 ⑲ 82…1 ⑳ 82…2
㉑ 32…1 ㉒ 55…3 ㉓ 89…2 ㉔ 45…3

나눗셈의 원리 ● 계산 방법과 자릿값의 이해

03 같은 수로 나누기 146쪽

①

나누어지는 수가 1씩 커지면

131	131	131	132
7)92①	7)92②	7)92③	7)92④
− 7	7	7	7
22	22	22	22
− 21	21	21	21
11	12	13	14
− 7	7	7	14
4	5	6	0

나머지는 1씩 커져요. 나누는 수가 7이니까 나머지는 7보다 작아요.

②

127	127	127	128
5)637	5)638	5)639	5)640
5	5	5	5
13	13	13	14
10	10	10	10
37	38	39	40
35	35	35	40
2	3	4	0

③

83	83	83	82
6)500	6)499	6)498	6)497
48	48	48	48
20	19	18	17
18	18	18	12
2	1	0	5

나눗셈의 원리 ● 계산 원리 이해

04 여러 가지 수로 나누기 147쪽

① 111, 0 / 74, 0 / 55, 2
② 78, 4 / 67, 3 / 59, 0
③ 42, 0 / 31, 2 / 25, 1
④ 131, 0 / 109, 1 / 93, 4
⑤ 128, 0 / 85, 1 / 64, 0
⑥ 200, 0 / 160, 0 / 133, 2
⑦ 44, 4 / 53, 3 / 67, 0
⑧ 71, 2 / 81, 3 / 95, 0
⑨ 44, 2 / 51, 4 / 62, 0
⑩ 109, 0 / 122, 5 / 140, 1

나눗셈의 원리 ● 계산 원리 이해

05 검산하기 148~149쪽

① 124…2 / 8×124+2=994
② 323…1 / 2×323+1=647
③ 71…2 / 6×71+2=428
④ 63…1 / 5×63+1=316
⑤ 78…1 / 6×78+1=469
⑥ 46…3 / 4×46+3=187
⑦ 74…1 / 3×74+1=223
⑧ 44…4 / 7×44+4=312
⑨ 175…1 / 3×175+1=526
⑩ 141…3 / 7×141+3=990
⑪ 162…4 / 5×162+4=814
⑫ 84…1 / 2×84+1=169
⑬ 78…2 / 4×78+2=314
⑭ 102…3 / 6×102+3=615
⑮ 51…3 / 8×51+3=411
⑯ 38…6 / 9×38+6=348
⑰ 62…3 / 9×62+3=561

나눗셈의 원리 ● 계산 원리 이해

06 단위가 있는 나눗셈 150쪽

① 202, 2 m / 202 m, 2 m ② 266, 2 m / 266 m, 2 m
③ 38, 5 m / 38 m, 5 m ④ 82, 4 m / 82 m, 4 m
⑤ 74, 1 m / 74 m, 1 m ⑥ 52, 5 m / 52 m, 5 m
⑦ 34, 5 g / 34 g, 5 g ⑧ 141, 3 g / 141 g, 3 g
⑨ 38, 8 g / 38 g, 8 g ⑩ 97, 1 g / 97 g, 1 g
⑪ 212, 2 g / 212 g, 2 g ⑫ 188, 2 g / 188 g, 2 g

나눗셈의 원리 ● 계산 원리 이해

07 알파벳으로 나눗셈하기 151쪽

① 83, 4 ② 25, 3
③ 96, 6 ④ 167, 1
⑤ 19, 1 ⑥ 110, 4
⑦ 116, 5 ⑧ 214, 1
⑨ 47, 6 ⑩ 37, 2
⑪ 167, 1 ⑫ 272, 1

나눗셈의 활용 ● 나눗셈의 추상화

대입

대입이란 기존에 있던 것을 대신하여 다른 것을 넣는다는 뜻으로 문자를 포함한 식에서 문자를 어떤 수나 식으로 바꾸어 넣는 것입니다.
중등 이후 과정에서 대입은 방정식 등에서 자주 사용되므로 자연스럽게 대입을 미리 경험해보는 것도 사고의 확장에 도움이 됩니다.

12 분수

1보다 큰 분수의 형태를 바꾸어 보면서 분수에서의 1, 즉 전체가 무엇인지 이해하게 합니다. 또한 자연수를 다양한 분모의 분수로 나타내어 분수의 개념을 명확히 알게 합니다. 자연수의 분수만큼을 구하는 것은 두 자연수 사이의 관계를 분수로 표현하는 학습입니다. 자연수와 분수의 곱으로 생각하면 간단히 답을 구할 수 있지만 분수의 곱셈을 배우기 전이므로 '자연수를 분모만큼으로 똑같이 나누어'로 생각할 수 있도록 지도해 주세요.

01 수직선의 수를 바꾸어 나타내기(1) 154~155쪽

① $1, 1\frac{1}{2}, 2, 2\frac{1}{2}, 3, 3\frac{1}{2}$

② $1, 1\frac{1}{3}, 1\frac{2}{3}, 2, 2\frac{1}{3}, 2\frac{2}{3}, 3$

③ $1, 1\frac{1}{5}, 1\frac{2}{5}, 1\frac{3}{5}, 1\frac{4}{5}, 2$

④ $1, 1\frac{1}{6}, 1\frac{2}{6}, 1\frac{3}{6}, 1\frac{4}{6}, 1\frac{5}{6}, 2$

⑤ $1, 1\frac{1}{4}, 1\frac{2}{4}, 1\frac{3}{4}, 2, 2\frac{1}{4}, 2\frac{2}{4}, 2\frac{3}{4}, 3$

⑥ $1, 1\frac{1}{7}, 1\frac{2}{7}, 1\frac{3}{7}, 1\frac{4}{7}, 1\frac{5}{7}, 1\frac{6}{7}, 2$

⑦ $1, 1\frac{1}{8}, 1\frac{2}{8}, 1\frac{3}{8}, 1\frac{4}{8}, 1\frac{5}{8}, 1\frac{6}{8}, 1\frac{7}{8}, 2$

⑧ $1, 1\frac{1}{9}, 1\frac{2}{9}, 1\frac{3}{9}, 1\frac{4}{9}, 1\frac{5}{9}, 1\frac{6}{9}, 1\frac{7}{9}, 1\frac{8}{9}, 2$

분수의 원리

02 가분수를 대분수로 나타내기 156~157쪽

① 2	② 3	③ 9
④ 8	⑤ 20	⑥ 11
⑦ $1\frac{2}{3}$	⑧ $1\frac{2}{5}$	⑨ $4\frac{1}{2}$
⑩ $4\frac{2}{5}$	⑪ $6\frac{1}{4}$	⑫ $3\frac{3}{7}$
⑬ $7\frac{1}{9}$	⑭ $5\frac{5}{6}$	⑮ $2\frac{3}{11}$
⑯ $5\frac{3}{10}$	⑰ $7\frac{1}{12}$	⑱ $2\frac{2}{15}$
⑲ $3\frac{3}{16}$	⑳ $5\frac{2}{17}$	㉑ 9
㉒ 8	㉓ 4	㉔ 8
㉕ 12	㉖ 4	㉗ $1\frac{3}{4}$
㉘ $5\frac{1}{2}$	㉙ $7\frac{5}{6}$	㉚ $5\frac{3}{5}$
㉛ $8\frac{3}{4}$	㉜ $9\frac{2}{9}$	㉝ $8\frac{1}{8}$
㉞ $7\frac{4}{7}$	㉟ $3\frac{9}{10}$	㊱ $4\frac{10}{11}$
㊲ $2\frac{7}{15}$	㊳ $5\frac{5}{14}$	㊴ $3\frac{2}{13}$
㊵ $2\frac{7}{19}$	㊶ 8	㊷ 9
㊸ 17	㊹ 15	㊺ 7
㊻ 5	㊼ $1\frac{1}{8}$	㊽ $3\frac{3}{4}$
㊾ $8\frac{2}{5}$	㊿ $4\frac{5}{7}$	51 $6\frac{3}{4}$
52 $8\frac{2}{3}$	53 $3\frac{4}{9}$	54 $9\frac{3}{8}$
55 $3\frac{2}{17}$	56 $3\frac{19}{20}$	57 $1\frac{7}{18}$
58 $2\frac{11}{15}$	59 $4\frac{7}{19}$	60 $6\frac{12}{13}$

분수의 원리

03 수직선의 수를 바꾸어 나타내기(2) 158~159쪽

① $\frac{2}{2}, \frac{3}{2}, \frac{4}{2}, \frac{5}{2}, \frac{6}{2}, \frac{7}{2}$

② $\frac{3}{3}, \frac{4}{3}, \frac{5}{3}, \frac{6}{3}, \frac{7}{3}, \frac{8}{3}, \frac{9}{3}$

③ $\frac{4}{4}, \frac{5}{4}, \frac{6}{4}, \frac{7}{4}, \frac{8}{4}$

④ $\frac{5}{5}, \frac{6}{5}, \frac{7}{5}, \frac{8}{5}, \frac{9}{5}, \frac{10}{5}$

⑤ $\frac{6}{6}, \frac{7}{6}, \frac{8}{6}, \frac{9}{6}, \frac{10}{6}, \frac{11}{6}, \frac{12}{6}$

⑥ $\frac{7}{7}, \frac{8}{7}, \frac{9}{7}, \frac{10}{7}, \frac{11}{7}, \frac{12}{7}, \frac{13}{7}, \frac{14}{7}$

⑦ $\frac{8}{8}, \frac{9}{8}, \frac{10}{8}, \frac{11}{8}, \frac{12}{8}, \frac{13}{8}, \frac{14}{8}, \frac{15}{8}, \frac{16}{8}$

⑧ $\frac{9}{9}, \frac{10}{9}, \frac{11}{9}, \frac{12}{9}, \frac{13}{9}, \frac{14}{9}, \frac{15}{9}, \frac{16}{9}, \frac{17}{9}, \frac{18}{9}$

분수의 원리

04 대분수를 가분수로 나타내기 160~161쪽

① 11	② 4	③ 30
④ 42	⑤ 40	⑥ 48
⑦ 12	⑧ 35	⑨ 16
⑩ $\frac{7}{3}$	⑪ $\frac{7}{5}$	⑫ $\frac{12}{5}$
⑬ $\frac{15}{4}$	⑭ $\frac{35}{8}$	⑮ $\frac{16}{3}$
⑯ $\frac{49}{8}$	⑰ $\frac{74}{9}$	⑱ $\frac{71}{7}$
⑲ $\frac{28}{13}$	⑳ $\frac{25}{14}$	㉑ $\frac{30}{13}$
㉒ $\frac{32}{11}$	㉓ $\frac{23}{18}$	㉔ $\frac{13}{2}$
㉕ $\frac{25}{3}$	㉖ $\frac{22}{5}$	㉗ $\frac{40}{7}$
㉘ $\frac{46}{7}$	㉙ $\frac{81}{8}$	㉚ $\frac{68}{15}$
㉛ 18	㉜ 45	㉝ 39
㉞ 12	㉟ 21	㊱ 36
㊲ 24	㊳ 77	㊴ 170
㊵ $\frac{51}{20}$	㊶ $\frac{27}{4}$	㊷ $\frac{29}{6}$
㊸ $\frac{44}{7}$	㊹ $\frac{28}{3}$	㊺ $\frac{63}{5}$
㊻ $\frac{59}{14}$	㊼ $\frac{39}{5}$	㊽ $\frac{35}{4}$
㊾ $\frac{48}{9}$	㊿ $\frac{41}{6}$	(51) $\frac{92}{9}$
(52) $\frac{65}{12}$	(53) $\frac{47}{18}$	
(54) $\frac{23}{6}$	(55) $\frac{31}{4}$	
(56) $\frac{82}{5}$	(57) $\frac{89}{19}$	

분수의 원리

05 두 분수의 크기 비교하기 162쪽

① $<$	② $<$	③ $>$
④ $=$	⑤ $>$	⑥ $<$
⑦ $=$	⑧ $<$	⑨ $<$
⑩ $<$	⑪ $>$	⑫ $=$
⑬ $>$	⑭ $<$	⑮ $<$
⑯ $<$	⑰ $=$	⑱ $<$

분수의 원리

06 여러 분수의 크기 비교하기 163쪽

① $\frac{5}{8}$, $\frac{8}{8}$, $\frac{13}{8}$, $2\frac{1}{8}$

② $\frac{7}{9}$, $\frac{19}{9}$, $3\frac{2}{9}$, $\frac{32}{9}$

③ $\frac{12}{7}$, $\frac{19}{7}$, $2\frac{6}{7}$, $\frac{26}{7}$

① $3\frac{4}{5}$, $\frac{17}{5}$, $\frac{15}{5}$, $\frac{9}{5}$

② $5\frac{7}{12}$, $\frac{65}{12}$, $\frac{61}{12}$, $4\frac{11}{12}$

③ $\frac{55}{21}$, $2\frac{11}{21}$, $\frac{49}{21}$, $1\frac{20}{21}$

분수의 원리

07 두 수 사이의 분수 찾기 164~165쪽

① $\frac{12}{5}$, $1\frac{3}{4}$, $2\frac{1}{2}$에 ○표

② $\frac{10}{3}$, $2\frac{3}{5}$, $\frac{20}{17}$에 ○표

③ $4\frac{1}{6}$, $\frac{28}{9}$, $3\frac{6}{7}$에 ○표

④ $\frac{21}{5}$, $4\frac{5}{9}$, $5\frac{5}{17}$에 ○표

⑤ $5\frac{3}{11}$, $\frac{23}{4}$, $\frac{30}{5}$에 ○표

⑥ $\frac{20}{3}$, $6\frac{8}{9}$, $8\frac{7}{10}$에 ○표

⑦ $\frac{42}{6}$, $5\frac{1}{12}$, $7\frac{15}{23}$에 ○표

⑧ $\frac{28}{4}$, $6\frac{7}{9}$, $7\frac{18}{19}$에 ○표

⑨ $4\frac{7}{8}$, $5\frac{4}{5}$, $\frac{15}{7}$에 ○표

⑩ $4\frac{2}{7}$, $\frac{35}{8}$, $5\frac{6}{11}$에 ○표

⑪ $\frac{30}{5}$, $4\frac{5}{16}$, $6\frac{8}{25}$에 ○표

⑫ $\frac{26}{4}$, $5\frac{4}{21}$, $8\frac{15}{16}$에 ○표

분수의 원리

08 분수만큼 색칠하기 166~167쪽

❶ 똑같이 3으로 나눈 것 중의 2를 색칠해요.

① 예

15의 $\frac{2}{3}$는 10 입니다.

❷ 10칸을 색칠했으므로 10이에요.

② 예

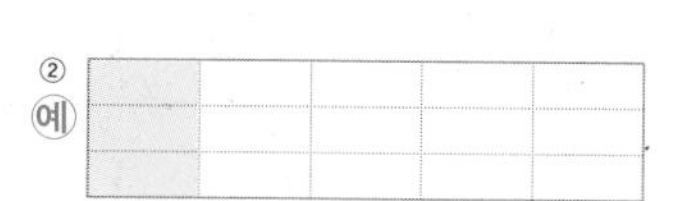

15의 $\frac{1}{5}$은 3 입니다.

③ 예

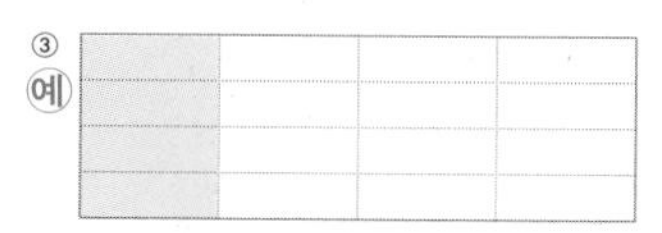

16의 $\frac{1}{4}$은 4 입니다.

④ 예

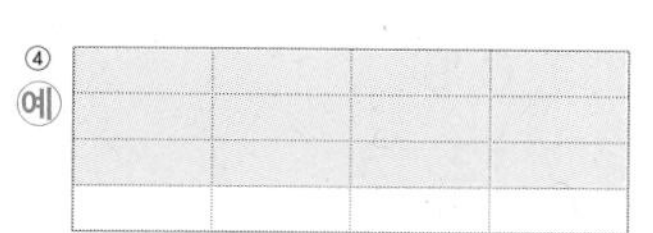

16의 $\frac{3}{4}$은 12 입니다.

⑤ 예

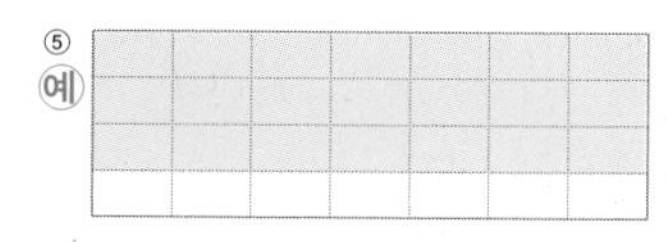

28의 $\frac{3}{4}$은 21 입니다.

⑥ 예

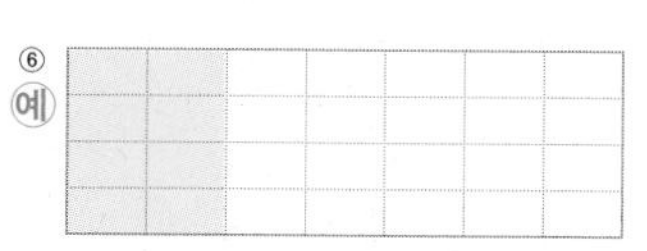

28의 $\frac{2}{7}$는 8 입니다.

⑦ 예

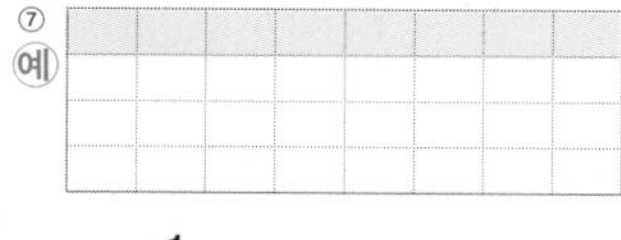

32의 $\frac{1}{4}$은 8 입니다.

⑧ 예

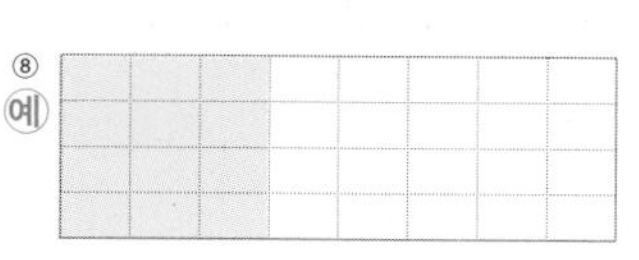

32의 $\frac{3}{8}$은 12 입니다.

⑨ 예

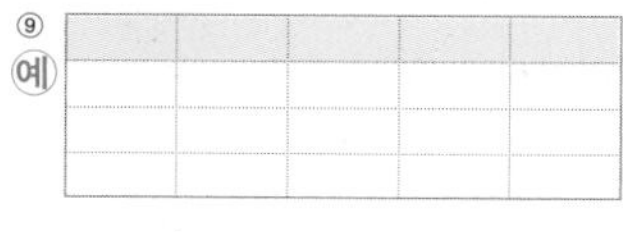

20의 $\frac{1}{4}$은 5 입니다.

⑩ 예

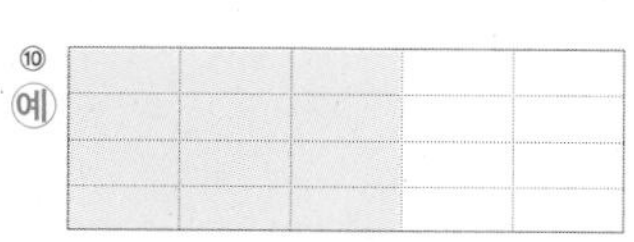

20의 $\frac{3}{5}$은 12 입니다.

⑪ 예

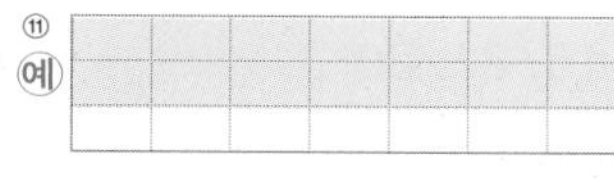

21의 $\frac{2}{3}$는 14 입니다.

⑫ 예

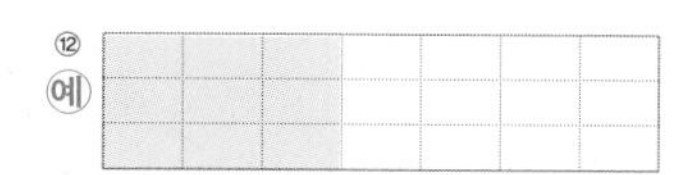

21의 $\frac{3}{7}$은 9 입니다.

⑬ 예

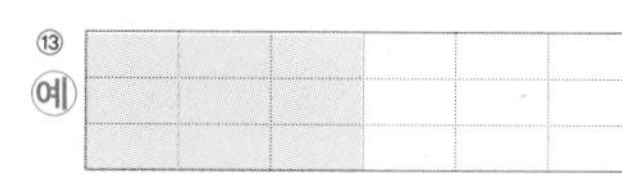

18의 $\frac{1}{2}$은 9 입니다.

⑭ 예

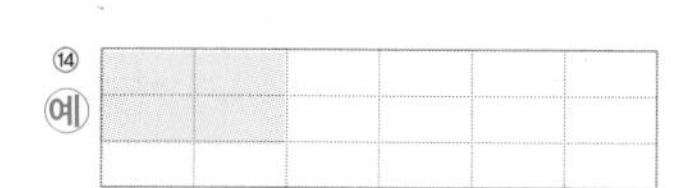

18의 $\frac{2}{9}$는 4 입니다.

⑮ 예

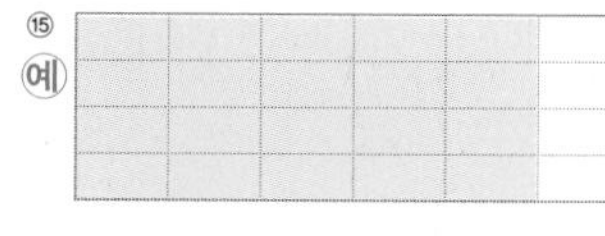

24의 $\frac{5}{6}$는 20 입니다.

⑯ 예

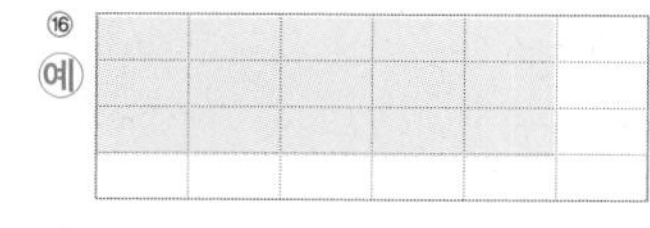

24의 $\frac{5}{8}$는 15 입니다.

분수의 원리

전체의 분수만큼 알아보기

전체가 1보다 큰 이산량에서 분수만큼이 몇인지 구하는데 어려움을 겪는 학생들이 많습니다. 따라서 구체물을 이용하여 전체를 똑같이 나누어 묶은 다음 부분의 수를 세어 보는 과정을 충분히 경험할 수 있도록 지도한 후에 전체가 1보다 큰 연속량에서 분수만큼은 몇인지 구해 보도록 합니다.

09 여러 가지 분수만큼을 구하기 168~169쪽

① 2, 4, 6 ② 3, 6, 9
③ 5, 10, 15 ④ 4, 8, 12
⑤ 5, 10, 15 ⑥ 2, 4, 6
⑦ 3, 6, 9 ⑧ 2, 4, 6
⑨ 3, 6, 9 ⑩ 4, 8, 12
⑪ 6, 12, 18 ⑫ 6, 12, 18

분수의 원리

10 정해진 분수만큼을 구하기 170~171쪽

① 6, 8, 10 ② 4, 5, 6
③ 4, 5, 6 ④ 15, 21, 30
⑤ 4, 10, 20 ⑥ 10, 25, 20
⑦ 6, 4, 10 ⑧ 10, 25, 55
⑨ 3, 6, 21 ⑩ 6, 12, 21
⑪ 22, 55, 77

분수의 원리

11 길이의 분수만큼을 구하기 172쪽

① 50 cm ② 25 cm
③ 75 cm ④ 150 cm
⑤ 120 cm ⑥ 225 cm
⑦ 275 cm ⑧ 260 cm

① 250 m ② 200 m
③ 750 m ④ 1500 m
⑤ 1400 m ⑥ 2600 m
⑦ 2250 m ⑧ 2750 m

분수의 원리

12 무게의 분수만큼을 구하기 173쪽

① 500 g ② 250 g
③ 125 g ④ 200 g
⑤ 600 g ⑥ 750 g
⑦ 375 g ⑧ 625 g
⑨ 1500 g ⑩ 1600 g
⑪ 1750 g ⑫ 1625 g
⑬ 2500 g ⑭ 2250 g
⑮ 2125 g ⑯ 2800 g

분수의 원리

13 들이의 분수만큼을 구하기 174쪽

① 250 mL
② 500 mL
③ 200 mL
④ 125 mL
⑤ 400 mL
⑥ 750 mL
⑦ 375 mL
⑧ 625 mL
⑨ 1500 mL
⑩ 1400 mL
⑪ 1750 mL
⑫ 1375 mL
⑬ 2125 mL
⑭ 2800 mL

분수의 원리

14 시간의 분수만큼을 구하기 175쪽

① 30초
② 20초
③ 12초
④ 6초

① 30분
② 15분
③ 45분
④ 10분

① 12시간
② 8시간
③ 16시간
④ 36시간

① 4개월
② 3개월
③ 2개월
④ 18개월

분수의 원리

수능국어 실전대비 독해 학습의 완성!

디딤돌 수능독해 Ⅰ~Ⅲ

- 글쓴이의 작문 과정을 추론하며 생각을 읽어내는 구조 학습
- 출제자의 의도를 파악하고 예측하는 기출 속 이슈 및 특별 부록

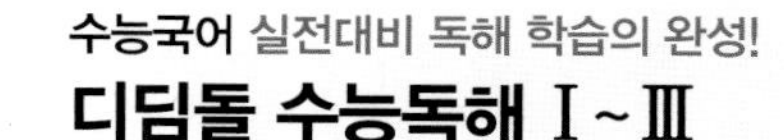

고등 입학 전 완성하는 독해 과정 전반의 심화 학습!

디딤돌 생각독해 Ⅰ~Ⅴ

- 생각의 확장과 통합을 위한 '빅 아이디어(대주제)' 선정 및 수록
- 대주제 별 다양한 영역의 생각 읽기 및 생각의 구조화 학습

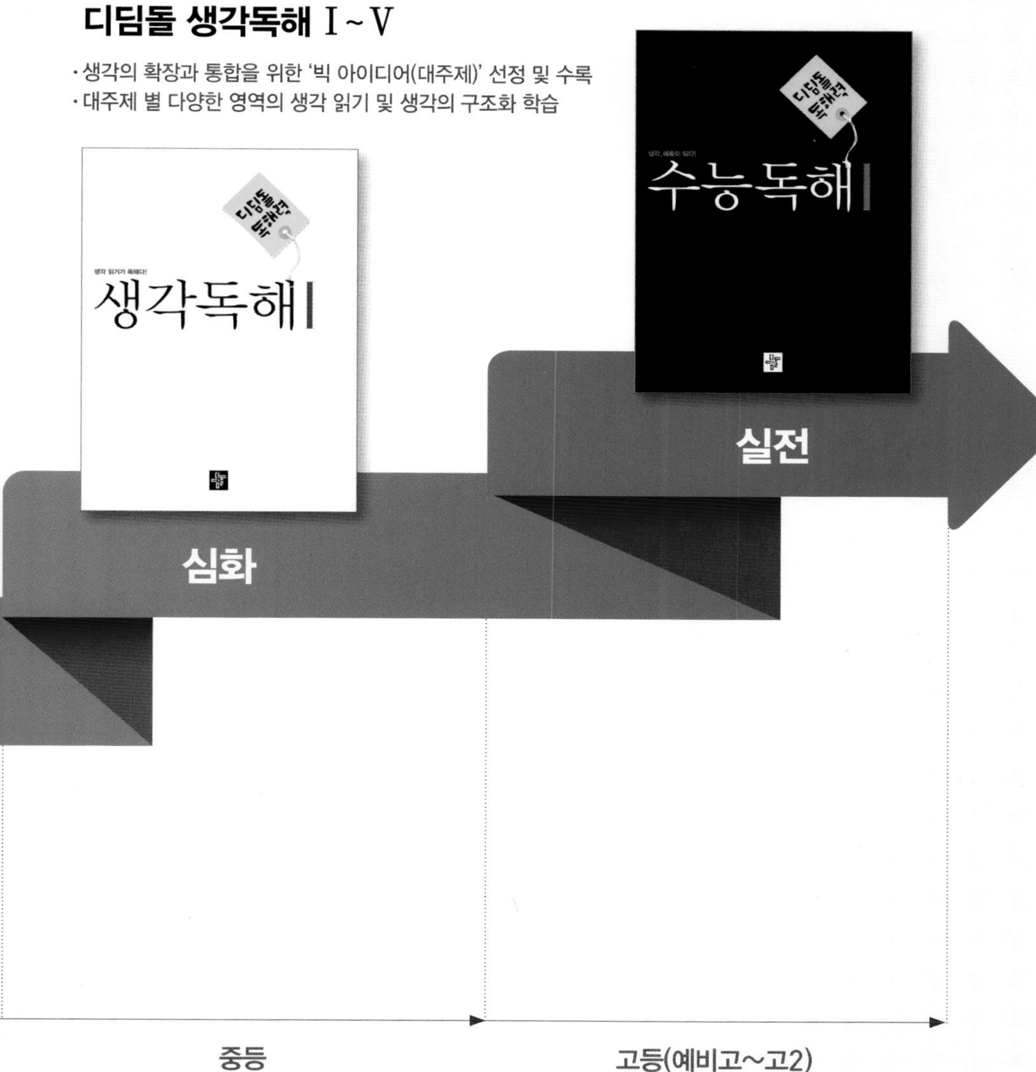

기초부터 실전까지

독해는 

한걸음 한걸음 디딤돌을 걷다 보면 수학이 완성됩니다.

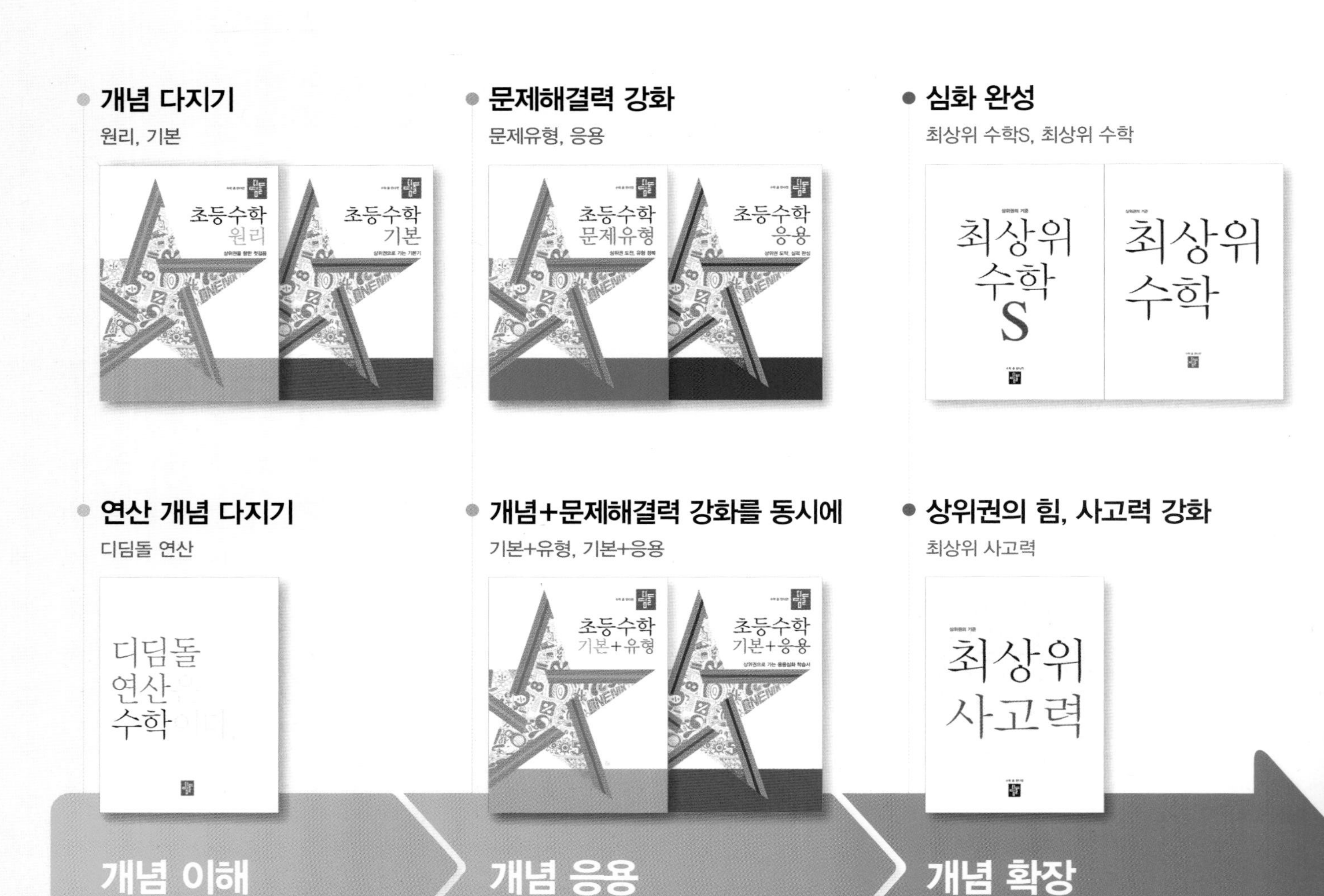

학습 능력과 목표에 따라
맞춤형이 가능한 디딤돌 초등 수학